동물보건사를 위한

동물보건 의학용어집

김정은 · 정재용 · 이종복

박영story

머리말

반려동물 양육 인구의 급증과 함께 수의료 서비스의 수요는 지속적으로 확대되고 있으며, 이에 따라 동물보건사의 역할 또한 그 중요성이 날로 부각되고 있습니다. 특히 진료 보조, 의약품 및 의료기기 관리, 보호자 응대, 입원환자 간호 등 다양한 분야에서 전문성과 직무역량을 겸비한 동물보건사에 대한 사회적 기대는 그 어느 때보다 높아지고 있으며, 급변하는 수의료 환경 속에서 동물보건사의 전문성 함양은 선택이 아닌 필수가 되었습니다.

『동물보건사를 위한 동물보건의학용어집』은 이러한 시대적 요구에 부응하여, 동물보건학과 학생들이 필수교육과정을 이수하면서 기초 지식 체계를 확립할 수 있도록 돕고, 나아가 현장에서 근무하는 동물보건사들이 임상 현장에서 접하는 다양한 의학용어를 능숙하게 이해하고 정확히 사용하는 데 실질적인 도움이 되고자 기획·집필되었습니다.

본 교재는 동물보건사의 직무와 밀접한 학문 분야에서 핵심 용어를 선별하여 수록하였으며, 용어에 대한 명확한 정의와 예시 등을 제시함으로써 이해를 돕고자 하였습니다. 또한, 복잡하게 느껴질 수 있는 의학용어를 보다 쉽게 습득할 수 있도록 시각 자료(그림·표)를 풍부하게 수록하였고, 각 단원의 말미에는 연습문제를 수록하여 학습자가 스스로 이해도를 점검하고 반복 학습할 수 있도록 구성하였습니다. 또한, 동물보건학과 학생들의 체계적인 용어 학습을 지원하고, 현직 동물보건사들이 임상 현장에서 참고할 수 있는 교육용 및 실무용 자료로 활용될 수 있도록 설계되었습니다. 본 교재를 효과적으로 활용하기 위한 방법은 다음과 같이 정리할 수 있습니다.

1. 단원별 주제 학습

각 단원은 동물보건사의 실무와 밀접한 관련이 있는 해부학적 구조, 진단 및 증상, 질병 및 치료 관련 용어로 구분하여 체계적으로 구성되어 있습니다.

- ▸ 학습자는 각 단원 말미에 있는 연습문제를 통해 학습한 내용을 점검해 볼 수 있습니다.
- ▸ 강의자는 수업 진행 시 본 교재의 내용을 강의자료, 퀴즈, 토의 주제 등으로 활용할 수 있으며, 실습 과목과 연계하여 학습 효과를 극대화할 수 있습니다.

2. 그림 및 도표 자료의 적극 활용

본문 곳곳에는 해부학적 구조, 임상 진료 자료 등을 통해 시각적으로 이해할 수 있도록 다양한 그림과 표 자료가 포함되어 있습니다.

이 책이 동물보건사의 직무 전문화와 교육 표준화, 실무 역량 강화에 이바지하고, 나아가 자격시험 대비 및 지속적인 직무교육에도 활용 가능한 기초 교재로 활용될 수 있기를 기대합니다. 마지막으로, 이 책이 예비동물보건사들의 학습 여정에 든든한 동반자가 되어 줄 뿐만 아니라, 동물보건사들이 동물병원 현장에서 실제로 활용 가능한 지식 기반으로 작용할 수 있도록, 전문적이고 멋진 교재가 될 수 있도록 잘 만들어 주신 박영스토리 관계자분들의 노고에 깊은 감사를 드립니다.

2025년 7월

저자 일동

목차

CHAPTER 01

의학용어의 구성

CHAPTER

01 의학용어의 구성

1. 기본 구성요소

의학용어는 보통 세 가지 주요 구성요소인 어근(root word), 접두사(prefix), 접미사(suffix)로 이루어진다.

1 어근(root word)

의학용어의 뿌리로, 용어의 기본 의미를 제공한다. 주로 해부학적 부위, 생리학적 과정을 나타낸다.

예 cardi-: 심장

gastr-: 위

hepa-: 간

2 접두사(prefix)

어근의 앞에 위치하여, 용어의 의미를 강조하고 수식한다. 주로 위치, 수, 시간 또는 상태를 나타내며, 단독으로 사용될 때는 하이픈(-)이 접두사 다음에 올 수 있다.

예 hemi(반, half) + paresis(완전마비) → hemiparesis, hemi-paresis(불완전마비, 반부전마비)

3 접미사(suffix)

접미사는 보통 단독으로 사용할 수 없고, 어근 및 결합형의 끝에 붙어, 어근의 의미를 분명하게 하는 역할을 한다. 보통, 질병, 상태, 시술, 과정을 의미한다.

예 • tis: 염증, dermat(피부) + itis(염증) → dermatitis(피부염)
• ectomy: 절제술, enter(장) + ectomy(절제술) → enterectomy(장절제술)
• megaly: 비대 acro(말단) + megaly (비대증) → acromegaly(말단비대증)

4 결합형 모음(combining form)

결합형 모음 [o]는 어근과 어근 사이 또는 어근과 접미사 사이에 사용한다. 모든 의학용어가 결합형 모음을 사용하고 있지는 않으며, 접두사와 어근 사이에는 사용되지 않는다.

예 oste(골) + o(결합형 모음) + arthr(관절) + itis(염증) → osteoarthritis(골관절염)
cardi(심장) + o(결합형 모음) + logy(학문) → cardiology(심장학)

2. 접두사

1 수를 나타내는 접두사

용어	의미	예
uni, mon/o	one 하나	• unipolar 홑극, 단극 • monocyte 단핵구
bi, di, dipl/o	two 둘	bilateral 양쪽의
tri	three 셋	• triceps 세갈래근 • tricuspid 삼첨판
quadri, tetra	four 넷	• quadriceps 네갈래근 • tetralogy 네증후, 사징
multi, poly	many, much 많은, 다수	multiple 다발
olig/o	few, small, little 적은, 소수	oligouria 소변 감소
primi	firist 첫 번째	primary 일차, 원발

2 크기 및 정도를 나타내는 접두사

용어	의미	예
hemi, semi	half, partial 반	hemilaminectomy 반고리판절제(술), 반측후궁절제(술)
hyper	excessive, over 과도한	hypercalcemia 고칼슘혈증
hypo	deficient 부족한	hypoplasia 형성저하, 저형성
macro	large 큰	macrophage 큰포식세포
micro	small 작은	microfilaria 미세사상충
pan	all 전체, 모두	pandemic 범유행

3 방향, 위치, 장소를 나타내는 접두사

용어	의미	예
anter/o, ante	forward, in front of 앞(쪽)	anteflexion 앞굽음, 전굴
poster/o, retro	backward, behind 뒤(쪽)	postnatal 출생 후의
super/o	• upward, above 위(쪽) • excessive, over 과도한	• superficial 얕은, 표면 • superextend 과도신장
infer/o	downward, below 아래(쪽)	inferior 아래
later/o	side 옆, 가쪽	bilateral 양쪽, 양측
dextr/o	right 오른쪽	dextrocardia 우심증, 오른심장증
sinistr/o	left 왼쪽	sinistrocardia 좌심증, 왼심장증
ab-	away from ~로부터 멀리	abduction 벌림, 외전
ad-	toward ~을 향하여	adduction 모음, 내전
dia, trans, per	across, through ~을 통하여, 가로질러	diaphragm 가로막, 횡격막
circum, peri	around 주변, 둘레	circumduction 휘돌림
endo, intra, inter	in, within 안	endocarditis 심내막염
ex/o, extra	outside 바깥(쪽)	exocrine 외분비
mid-, mes/o	middle 중앙, 중간	midbrain 중뇌
para	near, beside ~의 주위에	parathyroid 부갑상샘

4 색을 나타내는 접두사

용어	의미	예
alba, leuk/o	white 흰색	leukocyte 백혈구
cirrh/o, xanth/o	yellow 노란색	cirrhosis 경화증
cyan/o	blue 푸른색	cyanosis 청색증
erythr/o	red 붉은색	erythrocyte 적혈구
melan/o	black 검은색	melanoma 흑색종
purpur/o	purple 자주색	purpura 자반(증)

5 시간과 속도를 나타내는 접두사

용어	의미	예
acut	sharp 급한	acute 급성
brad/y	slow 느린	bradycardia 서맥
chron/o	time 시간	chronic hepatitis 만성 간염
intra	during 동안에	intraoperative 수술 중의
post-	after 후(뒤)	postoperative 수술 후의
pre, pro	before 전	precursor 전구체
tach/y	rapid 빠른	tachycardia 빈맥

6 부정과 긍정을 나타내는 접두사

용어	의미	예
a, an, ar	no, without ~이 없는	arrhythmia 부정맥
anti, contra	against 반대하는	antibiotic 항생물질
con, co, com, syn	with, together ~와 함께	congenital 선천성의
in, im	not ~이 아닌	imbalance 불균형

7 그 외 접두사

용어	의미	예
auto, idio	self, own 스스로, 자가	autonomic nerve 자율신경
cry/o	cold 차가운, 한냉의	cryosurgery 냉동수술
crypt/o	hidden 숨어 있는	cryptorchidism 잠복고환
dis	separate 분리, 제거	disinfection 소독
dura	hard 단단한	dura mater 경질막
dys	difficult, painful 어려운, 고통스러운	dysfunction 기능장애
hom/o	same 같은	homologus 동종의
mal-	bad 나쁜, 질병의	malignant 악성
neo-	new 새로운	neoplasia 신생물, 종양
norm/o	normal 정상	abnormal 비정상의
orth/o	straight, correct 똑바로, 곧은	orthopedics 정형외과학
pseudo	false 거짓	pseudopregnancy 거짓임신
sym-, con-	together 함께	symphysis 결합
thermo	hear, fire 열, 열이 있는	thermometer 온도계

3. 접미사

1 상태 및 증상을 나타내는 접미사

용어	의미	예
-algia	pain 통증	gastralgia 위통증
-asis	morbid process 질병, 병적 상태	toxocariasis 개회충증
-cele	hernia, tumor 탈장, 종양	mucocele 점액낭종, 점액류
-cyte	cell 세포	erythrocyte 적혈구
-dipsia	thirst 갈증	polydipsia 다음증
-ectasis	dilatation, expansion 확장, 팽창	atelectasis 무기폐
-emeis	vomiting 구토	hematemesis 토혈
-emia	blood condition 혈액 상태	anemia 빈혈
-esis	morbid process 질병, 병적상태	hematopoiesis 조혈, 혈구 형성
-esthesia	sense 감각	anesthesia 마취
-ia, -y	condition, state 상태	pneumonia 폐렴
-iasis	morbid process 질병, 병적상태	ascariasis 회충증
-ism	condition 상태, 질환	embolism 색전증
-itis	inflammation 염증	hepatitis 간염
-lithiasis	stone 돌, 결석	cholelithiasis 담석증
-lysis	destruction 파괴, 분해	hemolysis 용혈
-malacia	softness 연화	osteomalacia 골연화증
-oma	tumor 종양	lymphoma 림프종
-osis	morbid process 질병, 병적 상태	keratosis 각화증
-partum	labor 분만	postpartum 산후
-pathy	disease 질병, 병변	encephalopathy 뇌병증
-penia	deficiency 감소, 결핍	leukopenia 백혈구 감소
-phagia	eat 먹다, 삼킴	dysphagia 삼킴 장애, 연하곤란

-phobia	abnormal fear 두려움	photophobia 눈부심, 광공포증
-plasia	formation 형성	dysplasia 형성 이상
-plegia	paralysis 마비	paraplegia 사지마비
-pnea	breath 호흡	apnea 무호흡
-ptosis	prolapse 처짐, 탈출	proptosis 안구돌출
-rrhage	abnoraml discharge 비정상적인 분비물	hemorrhage 출혈
-rrhea	discharge 유량, 유출	diarrhea 설사
-sclerosis	hardening 경화증	anteriosclerosis 동맥경화증
-sis	morbid process 질병, 병적 상태	ketosis 케톤증
-stasis	stop 멈춤	hemostatis 지혈
-stenosis	narrowing 협착, 폐쇄	tracheal stenosis 기관협착
-sy	disease, symptom 질병, 증상	epilepsy 생검
-uria	urine condition 소변 상태	hematuria 혈뇨

2 진단 및 검사 방법을 나타내는 접미사

용어	의미	예
-gram	record 기록 도표	electrocardiogram 심전도
-graph	to write, drawing 기록	electrocardiograph 심전도계
-graphy	method for recording 기록법	electrocardiography 심전도법
-meter	device for measuring 기록기	hematometer 혈색소계
-metry	device for measuring 기록기	hematocytometry 혈구계측기
-opsy	observation, view 관찰, 보다	biopsy 생검
-scope	to examine, to observe 검사, 관찰	microscope 현미경
-scopy	process to examine 검사 절차	microscopy 현미경검사법

3 치료 및 수술을 나타내는 접미사

용어	의미	예
-centesis	a puncture, a pricking 천자	pericardiocentesis 심장막천자술
-ectomy	a cutting out, removal 제거	cystectomy 방광절제술
-lysis	dissolution, breaking down 분리	spondylolysis 척추분리증
-rrhaphy	a seam, suture 봉합	angiorrhaphy 혈관봉합술
-plasty	molded, formed 성형	dermoplasty 피부성형술
-stomy	mouth, opening 누공	gastrostomy 위창냄술
-tomy	a cutting, incision 절단, 절개	gastrotomy 위절개술

4. 단수형과 복수형

의학용어를 정확하게 사용하려면 단수형과 복수형의 형태를 올바르게 이해하는 것이 중요하다. 특히 단수형을 복수형으로 바꿀 때에는 몇 가지 기본적인 규칙을 숙지하고 있어야 한다.

1 단수형 [is] → 복수형 [es]

단수형	복수형
analysis 분석	analyses
diagnosis 진단	diagnoses
paralysis 마비	paralyses
prognosis 예후	prognoses

2 단수형 [us] → 복수형 [i]

단수형	복수형
alveolus 허파꽈리	alveoli
bronchus 기관지	bronchi
calculus 결석	calculi
embolus 색전	emboli

3 단수형 [um] → 복수형 [a]

단수형	복수형
acetabulum 절구	acetabula
atrium 심방	atria
bacterium 세균	bacteria
diverticulum 곁주머니	diverticula

4 단수형 [a] → 복수형 [ae]

단수형	복수형
patella 무릎뼈	patellae
scapula 어깨뼈	scapulae
sclera 공막	sclerae
vertebra 척추	vertebrae

5 단수형 [ix, ex] → 복수형 [ices]

단수형	복수형
appendix 부속물	appendices
cervix 자궁목, 목	cervices
cortex 겉질, 피질	cortices

6 단수형 [oma] → 복수형 [ta], [omas]

단수형	복수형
adenoma 샘종, 선종	adenomata, adenomas
carcinoma 암종	carcinomata, carcinomas
fibroma 섬유종	fibromata, fibromas
sarcoma 육종	sarcomata, sarcomas

7 단수형 [nx] → 복수형 [nges]

단수형	복수형
larynx 후두	larynges
meninx 뇌척수막, 수막	meninges
phalanx 마디뼈, 가락뼈	phalanges

8 단수형 [on] → 복수형 [a] 또는 [ons]

단수형	복수형
ganglion 신경절	ganglia, ganglions
spermatozoon 정자	spermatozoa, spermatozoons
neuron 신경	neurons

9 단수형 [ax] → 복수형 [aces]

단수형	복수형
anthrax 탄저	antraces
thorax 가슴, 흉부	thoraces

연습 TEST

A 빈칸에 알맞은 한글 및 영어 의학용어를 쓰시오.

문번	한글 의학용어	영어 의학용어
01	둘	
02	셋	
03	넷	
04		multi, poly
05		olig/o
06		hemi, semi
07		hyper
08		hypo
09	전체, 모두	
10		super/o
11		infer/o
12		dextr/o
13	왼쪽	
14		ab-
15	을 향하여	
16	안	
17		ex/o, extra
18	의 주위에	
19		cyan/o
20		erythr/o
21	검은색	
22	자주색	
23	느린	
24		chron/o

25		tach/y
26	스스로, 자가	
27	숨어 있는	
28		dys
29		mal-
30	새로운	
31		orth/o
32		pseudo
33		thermo
34	세포	
35	갈증	
36	감각	
37	염증	
38		-lithiasis
39		-lysis
40	종양	
41		-pathy
42		-penia
43	먹다, 삼킴	
44	마비	
45		-pnea
46	처짐, 탈출	
47		-rrhea
48		-sclerosis
49	협착, 폐쇄	
50		-ectomy
51	절단, 절개	

정답

01	bi, di, dipl/o	02	tri	03	quadri, tetra	04	많은, 다수	05	적은, 소수
06	반	07	과도한	08	부족한	09	pan	10	위(쪽)
11	아래(쪽)	12	오른쪽	13	sinistr/o	14	로부터 멀리	15	ad-
16	endo, intra, inter	17	바깥(쪽)	18	para	19	푸른색	20	붉은색
21	melan/o	22	purpur/o	23	brad/y	24	시간	25	빠른
26	auto, idio	27	crypt/o	28	어려운, 고통스러운	29	나쁜, 질병의	30	neo-
31	똑바로, 곧은	32	거짓	33	열, 열이 있는	34	-cyte	35	-dipsia
36	-esthesia	37	-itis	38	돌, 결석	39	파괴, 분해	40	-oma
41	질병, 병변	42	감소, 결핍	43	-phagia	44	-plegia	45	호흡
46	-ptosis	47	유량, 유출	48	경화증	49	-stenosis	50	제거
51	-tomy								

CHAPTER 02

해부구조 및 방향에 따른 용어

CHAPTER

02 해부구조 및 방향에 따른 용어

1. 해부구조에 관한 일반용어

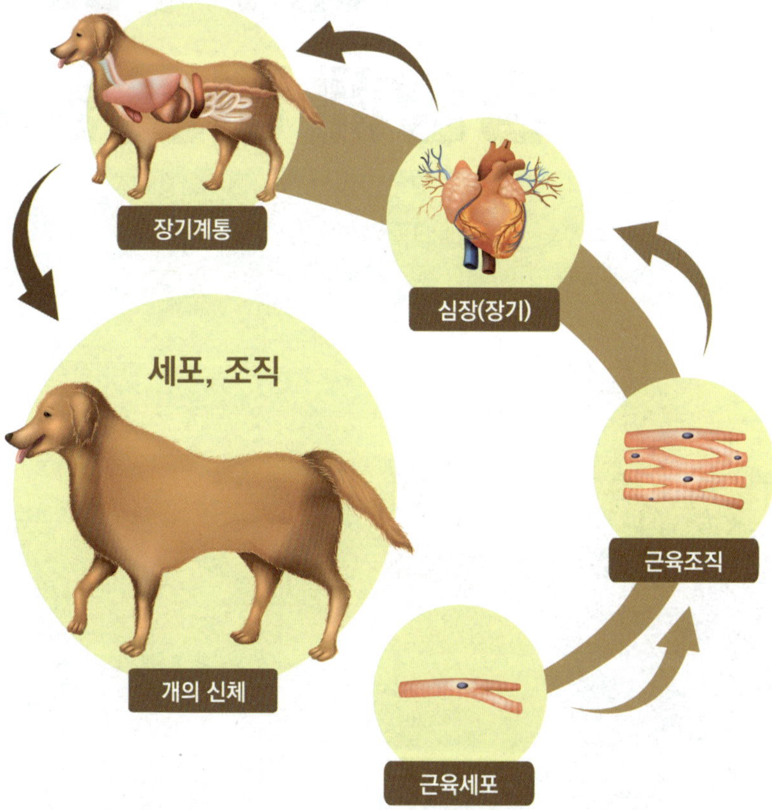

그림 2-1 개 신체의 구조적 단계(세포, 조직, 기관, 기관계)

세포 Cell / sel

생물체를 구성하는 가장 작은 단위이다. 동물세포는 여러 가지 생리적 기능을 수행하는 구조적인 단위로, 세포막, 세포질, 핵 등을 포함하며, 각 세포는 특정 기능을 담당한다.

세포막 Cell membrane / sel ˈmembreɪn

동물세포를 둘러싸는 원형질막으로, 세포 내부와 외부 사이의 물질을 선택적으로 투과시키는 역할을 한다.

핵 Nucleus / ˈnuːkliəs

진핵세포에 존재하는 세포 소기관으로, 유전물질을 포함하는 세포의 핵심부위이다. 세포의 생리적 기능과 분열을 조절한다.

염색체 Chromosome / ˈkroʊməsoʊm

세포의 핵 내에서 유전 정보를 가지고 있는 긴 실 모양의 염색사가 뭉쳐져 있는 구조이다. DNA와 단백질로 이루어져 있다. 개는 78개(39쌍), 고양이는 38개(19쌍)의 염색체를 가지고 있다.

사립체 Mitochondria / maɪtəˈkɑːndrɪə

세포 내에서 에너지를 생산하는 주요 소기관으로, 세포 호흡을 통해 ATP(세포의 에너지 단위)를 생성한다.

세포질그물, 소포체 Endoplasmic reticulum / endoʊˈplæzmɪk rɪˈtɪkjʊləm

세포 내에서 단백질 합성, 지질 합성, 물질의 이동 등을 담당하는 막 구조이다. 거친면 소포체(조면 소포체, rough endoplasmic reticulum)와 매끈면 소포체(활면 소포체, smooth endoplasmic reticulum)로 나뉜다.

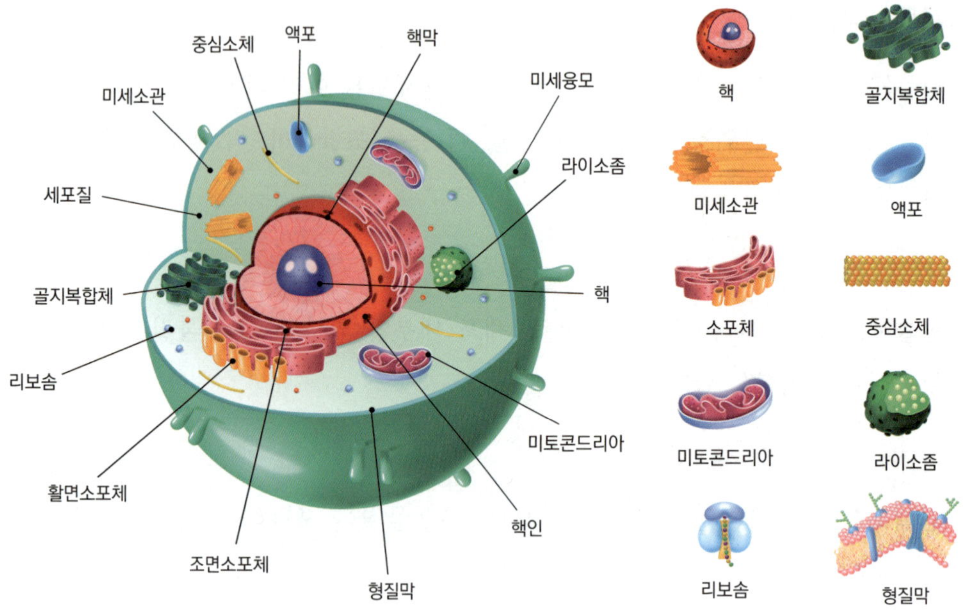

그림 2-2 동물세포 구조

▎줄기세포 Stem cell / stem sel

특정한 기능을 가진 세포로 분화할 수 있는 능력이 있는 세포이다. 무한히 분열하여 새로운 세포를 생성할 수 있는 특성이 있다.

▎근육세포 Muscle cell / 'mʌsəl sel

근육을 구성하는 기본 단위이다. 이 세포는 수축과 이완을 통해 신체의 움직임을 가능하게 하며, 일반적으로 길고 원통 모양을 하고 있다.

▎상피세포 Epithelial cell / epɪ'θɪliəl sel

몸의 표면을 덮거나 내부 장기의 표면을 둘러싸고 있는 세포이다. 보호, 흡수, 분비, 감각 기능 등을 담당하며, 피부, 호흡기, 소화기 등 몸의 여러 부위에 존재한다.

▎신경세포 Nerve cell / nɜːrv sel

신경계를 구성하는 세포로, 전기적 신호를 전달하는 기능을 한다. 신경세포는 감각 정보를 뇌로 전달하거나 뇌에서 운동 명령을 근육에 전달하는 역할을 하고, 길고 복잡한 형태를 가진다.

지방세포 Fat cell / fæt sel

지방을 저장하는 세포로, 에너지 저장소 역할을 한다. 체온 조절 및 내장 기관 보호에도 중요하다.

조직 Tissue / tɪʃuː

조직은 유사한 세포들이 모여 특정한 기능을 수행하는 집합체이다. 동물의 주요 조직에는 상피조직, 결합조직, 근육조직, 신경조직이 있다.

상피조직 Epithelial tissue / eɛpɪ'θɪliəl 'tɪʃuː

동물의 피부 및 내장기관의 표면을 덮어 보호하는 조직이다.

상피 Epithelium / epɪ'θɪliəm

상피의 종류는 세포층의 수에 따라 단층(simple), 중층(stratified)으로, 세포의 형태에 따라 편평(squamous), 입방(cuboidal), 원주(columnar)로 나눌 수 있다.

단층편평상피 Simple squamous epithelium / 'sɪmpl 'skweɪməs epɪ'θɪliəm

단층입방상피 Simple cuboidal epithelium / sɪmpl kjuː'bɔɪdəl epɪ'θɪliəm

단층원주상피 Simple columnar epithelium / 'sɪmpl kə'lʌmnər epɪ'θɪliəm

중층편평상피 Stratified squamous epithelium / strætɪfaɪd 'skweɪməs epɪ'θɪliəm

중층입방상피 Stratified cuboidal epithelium / 'strætɪfaɪd kjuː'bɔɪdəl epɪ'θɪliəm

중층원주상피 Stratified columnar epithelium / strætɪfaɪd kə'lʌmnər epɪ'θɪliəm

거짓중층상피 Pseudostratified epithelium / suːdoʊ'strætɪfaɪd epɪ'θɪliəm

이행상피 Transitional epithelium / træn'zɪʃənl epɪ'θɪliəm

내피 Endothelium / endoʊ'θiːliəm

혈관과 림프관을 둘러싸고 있는 세포층이다. 혈액과 림프의 흐름을 제어하고, 물질의 교환을 돕는 중요한 역할을 한다.

그림 2-3 상피세포 분류

샘상피 Glandular epithelium / 'glændjʊlər epɪ'θiːliəm

분비 기능을 가진 세포들로 구성된 상피이다. 주로 내분비샘과 외분비샘을 형성하는데, 호르몬이나 효소 등을 분비한다.

외분비샘 Exocrine gland / eksəkrɪn glænd

땀샘, 침샘, 소화 효소 등 물질을 체내의 특정 부위로 분비하는 샘이다.

내분비샘 Endocrine gland / endoʊkrɪn glænd

갑상샘, 부신, 췌장 등 호르몬을 혈액이나 림프를 통해 전신으로 분비하는 샘이다.

결합조직 Connective tissue / kə'nɛktɪv 'tɪʃuː

신체를 지지하고 연결하는 역할을 하며, 뼈, 혈액, 연골 등을 예로 들 수 있다. 세부 유형은 다음과 같다.

치밀결합조직 Dense connective tissue / dens kə'nektɪv 'tɪʃuː

지방조직 Adipose tissue / 'ædɪpoʊs 'tɪʃuː

성긴결합조직 Loose connective tissue / l uːs kə'nektɪv 'tɪʃuː

액체결합조직 Liquid connective tissue / 'lɪkwɪd kə'nektɪv 'tɪʃuː

근육조직 Muscular tissue / 'mʌskjʊlər 'tɪʃuː

수축과 이완을 통해 신체 운동이나 내장 기관의 운동을 담당하는 조직으로, 골격근(skeletal muscle), 내장근(visceral muscle), 심장근(cardiac muscle)이 있다.

신경조직 Nervous tissue / 'nɜːrvəs 'tɪʃuː

신경세포(뉴런, neuron)와 신경아교세포(neuroglia)로 구성되어, 외부 또는 내부에서 발생한 여러 종류의 신경 신호를 전달하고 처리하는 역할을 한다.

기관 및 계통 Organ system / 'ɔːrgən 'sɪstəm

기관은 여러 종류의 조직들이 결합하여 특정 기능을 수행하는 기능적인 단위이다. 각 기관은 고유한 형태와 기능이 있으며, 예를 들어, 심장은 근육조직, 결합조직, 신경조직이 모여 혈액을 순환시키는 기능을 수행하는 기관이다. 계통(기관계)은 비슷한 기능을 하는 여러 기관들이 특정 생리적 기능을 수행하기 위해 모인 것이다.

소화계통 Digestive system / daɪ'dʒestɪv 'sɪstəm

음식물의 소화와 영양소 흡수를 위한 기능을 한다. 위, 소장, 대장 등 소화관과 소화효소를 분비하는 간, 췌장 등 부속기관으로 구성된다.

호흡계통 Respiratory system / 'respərətɔːri 'sɪstəm

산소를 공급하고 이산화탄소를 배출하는 기능을 한다. 코, 후두, 기도, 폐로 구성된다.

비뇨계통 Urinary system / jʊərɪnɛri ˈsɪstəm

몸의 노폐물을 체외로 배출하는 역할을 한다. 신장, 요관, 방광, 요도로 구성된다.

순환계통 Circulatory system / sɜːrkjʊləˌtɔːri ˈsɪstəm

혈액을 순환시켜 영양분, 산소, 노폐물을 운반하는 역할을 한다. 심장과 혈관으로 구성된다.

생식계통 Reproductive system / ˌriːprəˈdʌktɪv ˈsɪstəm

내외부 생식기에 의해 수컷과 암컷으로 구분할 수 있으며, 생식과 관련한 기능을 한다. 수컷의 경우 고환과 음경, 암컷의 경우 자궁과 난소로 구성된다.

내분비계통 Endocrine system / endəkrɪn ˈsɪstəm

호르몬을 체내에 분비하여 기관과 세포의 기능을 조절한다. 뇌하수체, 갑상샘, 부신, 췌장의 랑게르한스섬 등 내분비샘과 내분비 세포 등이 있다.

면역계통 Immune system / ɪˈmjuːn ˈsɪstəm

주로 외부로부터 들어온 병원체, 이물질을 방어하여, 신체를 보호하는 역할을 한다. 림프절, 위 점막, 비장 등이 있다.

뼈대계통 Skeletal system / skelɪtl ˈsɪstəm

뼈대를 구성하고, 몸을 지지하는 기능을 한다. 뼈, 연골, 관절 등으로 구성된다.

근육계통 Muscular system / mʌskjʊlər ˈsɪstəm

몸의 움직임과 자세를 유지하는 역할을 한다. 사지근육, 몸통근육, 머리근육으로 구성된다.

피부계통 Integumentary system / ɪnˈtegjʊmentəri ˈsɪstəm

외부 환경으로부터 신체를 보호하고 체온을 조절하며 감각을 수용하는 역할을 한다. 피부, 털, 손톱, 땀샘, 기름샘 등으로 구성된다.

신경계통 Nervous system / nɜːrvəs ˈsɪstəm

감각 정보 처리, 운동 조절, 의식, 기억 등 다양한 기능을 통해 신체의 모든 활동을 조정하고 통합하는 역할을 한다. 뇌, 척수, 말초신경 등으로 구성된다.

감각계통 Sensory system / sensəri ˈsɪstəm

외부의 자극을 인식하고 뇌로 전달하는 역할을 한다. 눈, 귀, 코, 혀, 피부 등이 포함되며, 각각의 감각기관은 시각, 청각, 후각, 미각, 촉각 등을 감지하여 신체가 주변 환경에 적응하도록 돕는다.

2. 위치와 방향에 관한 용어

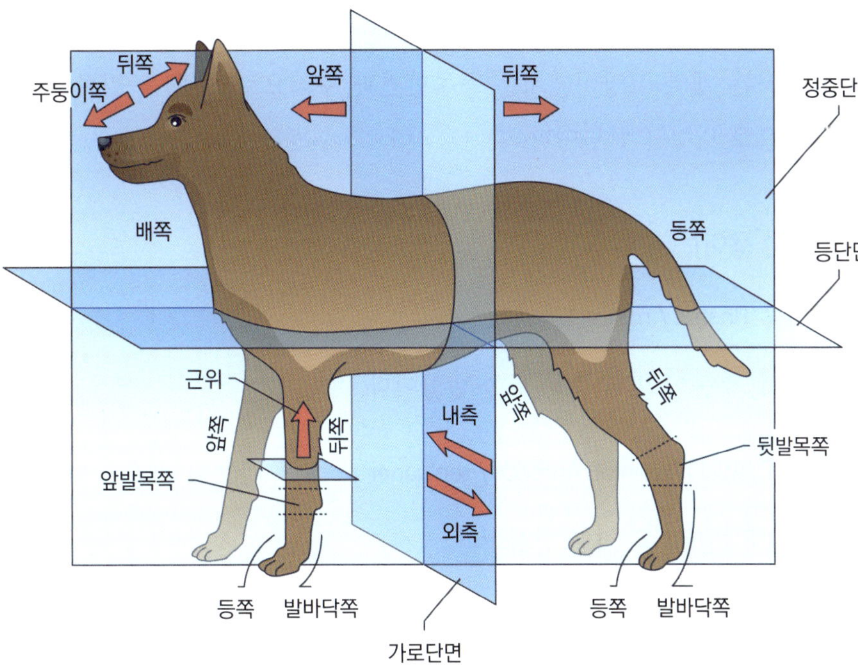

그림 2-4 개에서 위치와 방향에 관한 용어

[단면 표시 용어]

▌정중단면 Median plane / miːdiən pleɪn

몸을 좌우 대칭으로 나누는 세로(수직) 단면으로, 몸의 중앙을 통과한다.

▌시상면 Sagittal plane / sædʒɪtl pleɪn

몸을 좌우로 나누는 수직 평면이다. 앞뒤가 아닌 좌우를 나누며, 특히 몸의 중앙을 통과하면 정중단면이라고 한다.

▌등쪽단면 Dorsal plane / dɔːrsəl pleɪn

몸을 등쪽(dorsal)과 배쪽(ventral)으로 나누는 수평 평면이다. 이 평면은 몸을 위쪽과 아래쪽으로 구분하는 단면이다.

▌가로단면 Transverse plane / trænsvɜːrs pleɪn

사지보행을 하는 개와 고양이에서는 등쪽단면과 수직으로, 신체를 앞쪽(rostral)과 뒤쪽(caudal)으로 나누는 단면이다.

[몸의 방향 표시 용어]

▌앞쪽, 주둥이쪽 Rostral / rɒstrəl

머리 부위에서, 주둥이 및 코쪽을 향한 방향이다.

▌앞쪽, 머리쪽 Cranial / 'kreɪniəl, Anterior / æn'tɪəriər

몸의 앞쪽, 특히 머리쪽을 향한 방향이다.

▌뒤쪽, 꼬리쪽 Caudal / 'kɔːdəl, Posterior / pɒs'tɪəriər

몸의 뒤쪽, 특히 꼬리쪽을 향한 방향이다.

▌등쪽, 배측 Dorsal / dɔːrsəl

개와 고양이에서는 몸의 위쪽, 즉 등쪽 방향이다.

▌배쪽, 복측 Ventral / ventrəl

개와 고양이에서는 몸의 아래쪽, 즉 배쪽 방향이다.

▌안쪽, 내측 Medial / miːdiəl

몸의 정중선에 가까운 방향이다.

▌가쪽, 외측 Lateral / ˈlætərəl

몸의 정중선에서 벗어난, 바깥쪽 방향이다.

▌몸쪽, 근위 Proximal / prɒksɪməl

몸의 중심에 가까운 쪽 및 사지에서 몸통에 가까운 쪽이다.

▌먼쪽, 원위 Distal / dɪstəl

몸의 중심에서 먼쪽 및 사지에서 몸통에 먼 쪽이다.

▌오른쪽 Right / raɪt, Dexter / dekstər

몸의 오른쪽을 나타낸다.

▌왼쪽 Left / left, Sinster / sɪnɪstər

몸의 왼쪽을 나타낸다.

▌얕은, 표층 Superficial / suːpərˈfɪʃəl

몸의 표면과 가까운 쪽으로, 몸의 중심과 먼 쪽이다.

▌깊은, 심층 Deep / diːp

몸의 중심과 가까우며, 몸의 표면과 먼 쪽이다.

▌위 Superior / suːˈpɪəriər

몸의 머리쪽 또는 장기의 위쪽이다.

아래 Inferior / ɪn'fɪəriər

몸의 아래쪽, 머리에서 먼 쪽이다.

앞발바닥쪽 Palmar / pɑːlmɑːr

앞발바닥 쪽을 나타낸다.

뒷발바닥쪽 Plantar / 'plæntɑːr

뒷발바닥 쪽을 나타낸다.

[몸의 운동 표시 용어]

굽힘 Flexion / 'flekʃən

관절이 구부러지거나 각도가 줄어드는 운동이다. 예를 들어, 앞다리굽이관절을 굽히는 동작을 말한다.

폄 Extension / ɪk'stenʃən

관절이 펴지거나 각도가 늘어나는 운동이다. 예를 들어, 앞다리굽이관절을 펴는 동작을 말한다.

벌림, 외전 Abduction / æb'dʌkʃən

몸의 중심선에서 바깥으로 멀어지는 운동이다. 예를 들어, 개가 앞다리를 옆으로 내딛는 동작을 말한다.

모음, 내전 Adduction / æd'dʌkʃən

몸이 중심선 안쪽으로 움직이는 운동이다. 예를 들어, 개가 뒷다리를 안으로 내딛는 동작을 말한다.

회전 Rotation / roʊ'teɪʃən

몸의 중심을 축으로 회전하는 운동이다. 예를 들어, 개가 꼬리를 특정 방향으로 돌리는 동작을 말한다.

▍올림 Elevation / elɪ'veɪʃən

몸의 한 부위가 위쪽으로 이동하는 운동이다. 예를 들어, 개가 걷거나 뛰는 도중 앞다리를 들어 어깨가 위쪽으로 올려지는 동작을 말한다.

▍내림 Depression / dɪ'preʃən

몸의 한 부위가 아래쪽으로 이동하는 운동이다. 예를 들어, 머리나 꼬리를 아래로 내리는 동작을 말한다.

▍수축 Constriction / kən'strɪkʃən

몸의 구조가 좁아지거나 압축되는 운동이다. 주로 혈관, 호흡기, 근육 등에서 나타난다. 예를 들면, 개의 눈이 밝은 빛에 노출되면 동공이 수축하는 작용을 말한다.

▍확장 Dilation / daɪ'leɪʃən

몸의 구조가 넓어지거나 확장되는 운동이다. 주로 혈관, 호흡기, 근육 등에서 나타난다. 예를 들면, 개가 더운 환경에 있을 때 혈관이 확장되는 작용을 말한다.

[체강 표시 용어]

▍배안, 복강 Abdominal cavity / æb'dɒmɪnəl 'kævəti

복부를 구성하는 내부 공간으로, 주로 소화기계와 비뇨기계 장기가 위치한다.

▍가슴안, 흉강 Thoracic cavity / θɔː'ræsɪk 'kævəti

심장, 폐, 기도 및 혈관 등 호흡기계 및 순환기계 장기가 위치한다.

▍골반안, 골반강 Pelvic cavity / pelvɪk 'kævəti

복부 아래쪽, 골반뼈로 둘러싸인 공간으로, 대장, 직장, 생식기계, 비뇨기계 등 생식과 배설에 중요한 장기가 위치한다.

머리뼈안, 두개강 Cranial cavity / kreɪniəl ˈkævəti

뇌가 위치하는 공간으로, 머리뼈에 둘러싸여 있다.

척수안, 척수강 Spinal cavity / spaɪnəl ˈkævəti

뇌에서부터 나온 척수가 위치한 공간으로, 척추에 의해 둘러싸여 있다.

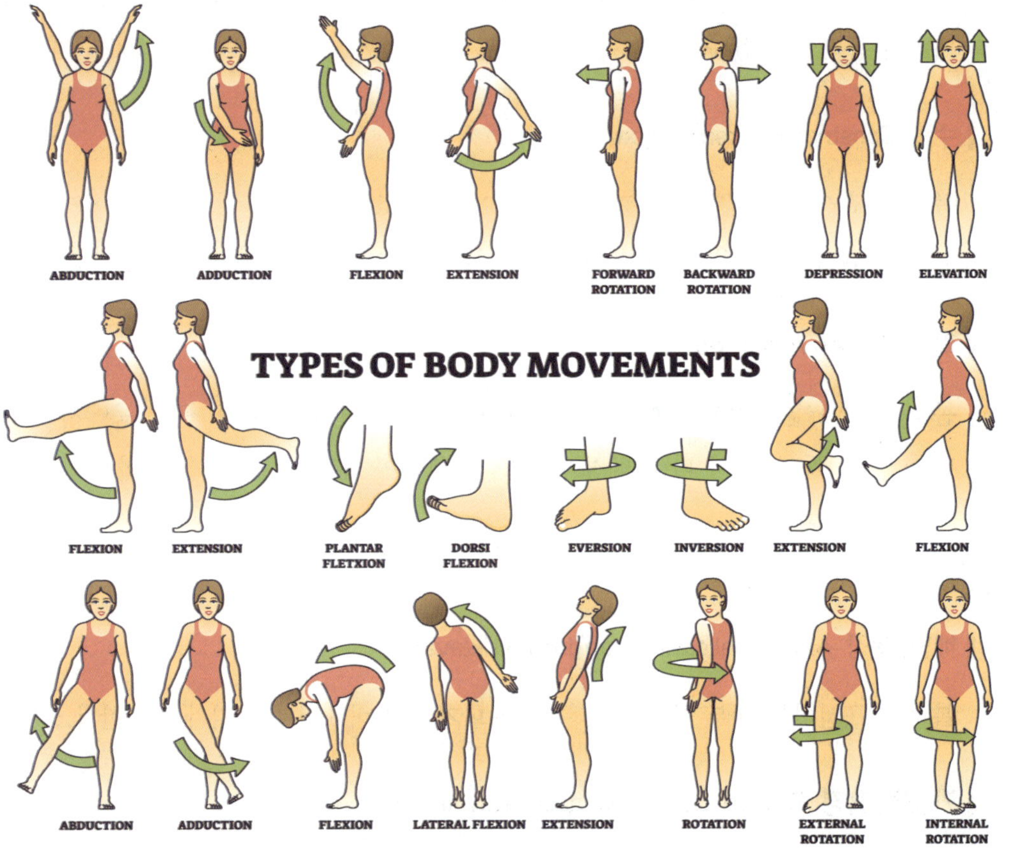

※ 용어의 이해를 돕기 위해 사람의 몸의 운동 형태를 제시함

그림 2-5 몸의 운동표시 용어

연습 TEST

A 빈칸에 알맞은 한글 및 영어 의학용어를 쓰시오.

세포 관련 용어

문번	한글 의학용어	영어 의학용어
01		Cell
02		Nucleus
03	세포질	
04	세포막	
05		Mitochondria
06		Ribosome
07		Endoplasmic reticulum
08		Golgi apparatus
09	리소좀	
10	중심체	

조직 관련 용어

문번	한글 의학용어	영어 의학용어
01		Tissue
02	상피조직	Nucleus
03	결합조직	
04	근육조직	
05		Nervous tissue

정답 세포 관련 용어

01	세포	02	핵	03	Cytoplasm	04	Cell membrane	05	미토콘드리아
06	리보솜	07	소포체	08	골지체	09	Lysosome	10	Centrosome

정답 조직 관련 용어

01	조직	02	Epithelial tissue	03	Connective tissue	04	Muscle tissue	05	신경조직

계통 관련 용어

문번	한글 의학용어	영어 의학용어
01	기관계통	
02	피부계통	
03	뼈대계통	
04		Muscular system
05		Circulatory system
06		Respiratory system
07	소화계통	
08	비뇨계통	
09	생식계통	
10		Endocrine system
11		Nervous system
12		Immune system
13		Sensory system

정답 계통 관련 용어

01	Body system	02	Integumentary system	03	Skeletal system	04	근육계통	05	순환계통
06	호흡계통	07	Digestive system	08	Urinary system	09	Reproductive system	10	내분비계통
11	신경계통	12	면역계통	13	감각계통				

방향 관련 용어

문번	한글 의학용어	영어 의학용어
01		Anterior
02	뒤쪽	
03	배쪽	
04	등쪽	
05		Cranial
06		Caudal
07		Superior
08		Inferior
09	몸쪽	
10	먼쪽	
11	안쪽	
12		Lateral
13		Superficial
14		Deep

정답 방향 관련 용어

01	앞쪽	02	Posterior	03	Ventral	04	Dorsal	05	머리쪽
06	꼬리쪽	07	위쪽	08	아래쪽	09	Proximal	10	Distal
11	Medial	12	바깥쪽	13	표면쪽	14	깊은쪽		

B 다음 그림의 빈칸에 해당하는 알맞은 용어를 쓰시오.

• 개에서 위치와 방향에 관한 용어

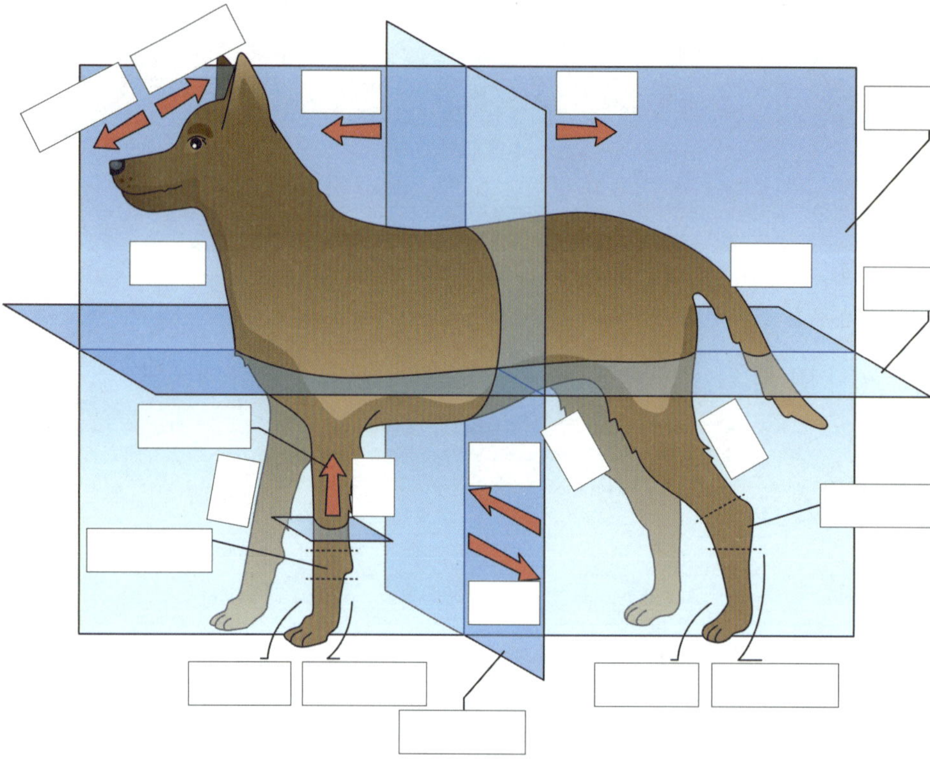

정답 p.29

CHAPTER 03

근골격계통 (Musculoskeletal system)

CHAPTER

03 근골격계통 (Musculoskeletal system)

1. 뼈대계통(Skeletal system)

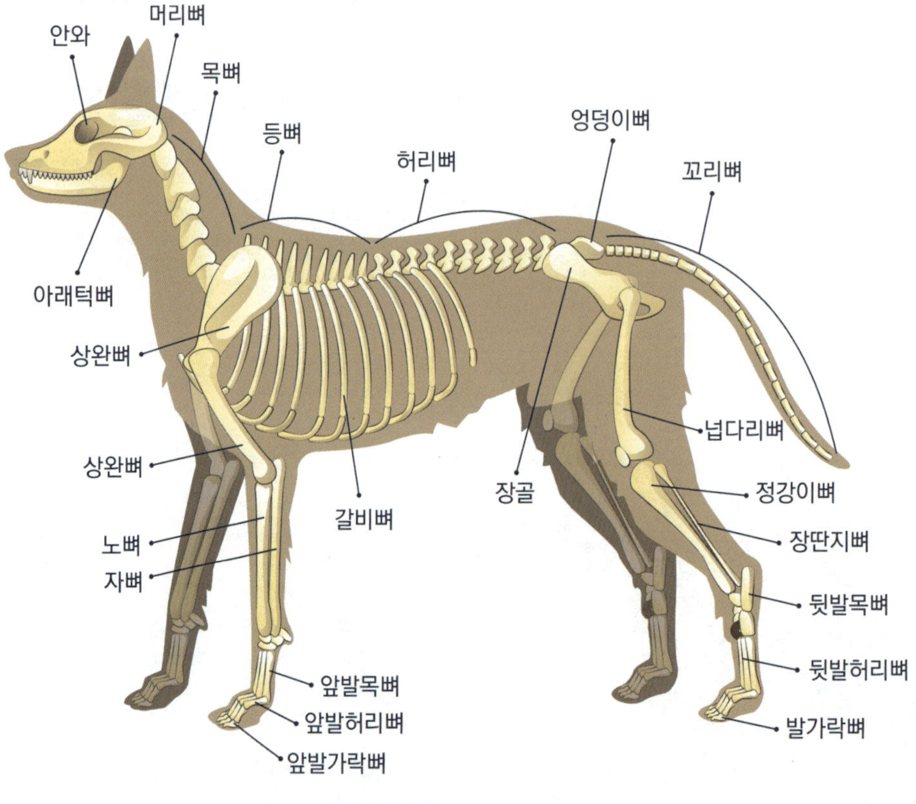

그림 3-1 개의 뼈대 구조

해부용어 Anatomical terminology

뼈의 분류 Classification of bone

일반적으로 뼈의 모양과 크기에 따라 분류하는 방법이 가장 흔하며, 다음의 다섯 가지로 분류하고 있다.

긴뼈 Long bone / lɔːŋ boʊn

너비에 비해 길이가 긴 뼈이다.

예 넙다리뼈(femur), 정강이뼈(경골, tibia), 종아리뼈(비골, fibular)와 같이 주로 사지(limb)를 구성하는 뼈이다.

짧은뼈 Short bone / ʃɔːrt boʊn

너비와 길이가 비슷하거나 동일한 뼈이다.

예 발가락뼈 등이 있다.

납작뼈 Flat bone / flæt boʊn

주로 내부 장기를 보호하는 역할을 담당하는 뼈이다.

예 뇌를 보호하는 머리뼈인 이마뼈(frontal bone), 두정골(parietal bone), 측두골(temporal bone) 등이 있다.

불규칙뼈 Irregular bone / ɪ'regjələr boʊn

특정 모양을 규정짓기 어려운 뼈이다.

예 척추뼈 등이 있다.

둥근뼈 Round bone / raʊnd boʊn

둥근 형태의 뼈이다.

예 관절 부하가 많은 부위에 존재하는 무릎뼈와 같은 종자골 등이 있다.

뼈의 구조 Structure of bone

긴뼈 Long bone / lɔːŋ boʊn

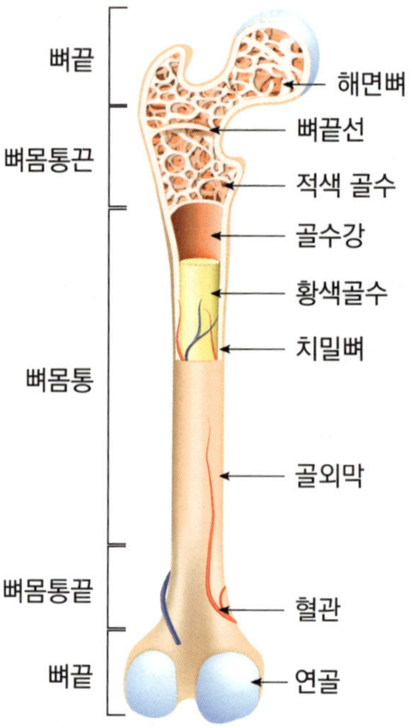

그림 3-2 개의 긴뼈 구조

뼈끝 Epiphysis / ipífəsis

뼈의 양쪽에 존재하며, 인접한 뼈와 관절을 형성한다.

뼈몸통 Diaphysis / daiǽfəsis

뼈끝과 골간단을 제외한 가운데 부분이다.

뼈몸통끝, 골간단 Metaphysis / mitǽfisis

뼈몸통과 뼈끝 사이를 연결하는 부위이다.

뼈끝선 Epiphyseal line / i-ˌpi-fə-ˈsē-əl laɪn

성장판 연골이 뼈로 석회화된 부분이다.

관절연골 Articular cartilage / ɑːˈtɪkjʊlə kɑə-təlɪʤ

인접한 뼈와 관절을 이루는 부분으로, 부드러운 유리 연골로 되어 있다.

해면뼈 Spongy bone / spʌnʤi boʊn

뼈끝을 채우는 골조직으로, 뼈에 발생하는 압력에 대항하는 지지력을 제공한다.

치밀뼈 Compact bone / kəmˈpækt boʊn

혈관의 통로인 하버스 관을 중심으로 뼈층판이 동심원으로 배열된 뼈단위(osteon)와 뼈 기질이 조밀하게 채워진 단단한 뼈 조직이다.

골외막 Periosteum / pèriástiəm

뼈를 둘러싸는 가장 바깥막으로 단단하고 광택이 나는 결합조직이다.

골내막 Endosteum / endástiəm

골수강을 두르고 있는 막으로 섬세하고 작은 혈관으로 덮여 있어 뼈와 혈구를 생성한다.

적색골수 Red bone marrow / rɛd boʊn ˈmɛroʊ

뼈지주(bone trabeculae) 사이 공간을 차지하고, 혈구를 생성한다.

황색골수 Yellow bone marrow / ˈjɛloʊ boʊn ˈmɛroʊ

주요 혈관과 지방조직으로 구성되어, 주로 뼈몸통의 골수강을 차지하고 있다.

영양동맥 Nutrient artery / ˈnuːtriənt ˈɑːrtəri

뼈의 영양공급을 담당한다.

골수강 Medullary cavity/médəlèri ˈkævəti

속이 빈 골의 내부를 말하며, 주로 황색골수로 채워져 있다.

머리뼈 Cranial bone / ˈkreɪniəl boʊn

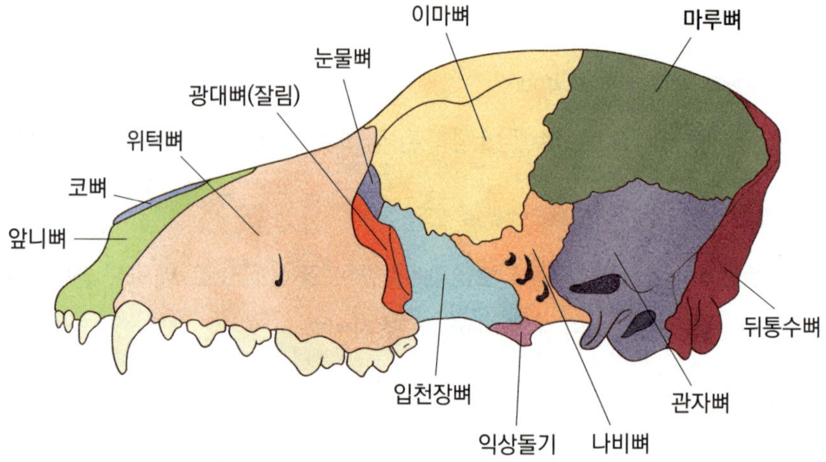

그림 3-3 개의 머리뼈 구조

이마뼈, 전두골 Frontal bone / ˈfrʌntəl boʊn

머리뼈의 등쪽(dorsal) 앞면, 즉 안와(orbit) 위쪽을 덮는 두 쌍의 뼈이다. 봉합관절(suture joint)의 형태로 하나의 뼈로 융합되어 있다.

마루뼈, 두정골 Parietal bone / pəˈraɪətəl boʊn

머리뼈의 등쪽(dorsal)과 가쪽(lateral)을 형성한다. 쌍으로 된 두 뼈는 중간에 연결되어 시상능선(sagittal crest)을 이루고 있다.

관자뼈, 측두골 Temporal bone / ˈtɛmpərəl boʊn

머리뼈의 측면을 구성하는 두 개의 뼈로 등쪽(dorsal)으로는 마루뼈(두정골, parietal bone)와 연결되어 있다. 관자뼈의 배쪽(ventral)은 고실융기(tympanic bulla)가 존재하며, 고막(tympanic memebrane)에 의해 바깥귀길(외이도, esternal aucustic meatus)이 구분된다.

뒤통수뼈, 후두골 Occipital bone / ɑːkˈsɪpɪtl boʊn

머리뼈의 뒤쪽과 두개 바닥(cranial floor)을 형성하는 단일뼈이다. 대후두공(foramen magnum)이라는 큰 구멍이 있어 뇌와 척수가 연결되는 통로가 된다.

나비뼈, 접형골 Sphenoid bone / ˈsfiːnɔɪd boʊn

머리뼈의 아래쪽과 바닥의 일부분을 형성하는 불규칙한 뼈이다. 뇌하수체를 수용하고 보호하는 역할을 한다.

벌집뼈, 사골 Ethmoid bone / ˈɛθmɔɪd boʊn

비강과 머리뼈 안의 경계에 존재하는 단일뼈이다. 수많은 구멍을 가진 체판(사상판, cribriform plate)을 통해 후각신경(olfactory nerve)이 지나고 뇌의 후각망울(olfactory bulb)로 연결된다.

귀뼈 Ear bone / ɪr boʊn

망치뼈 Malleus / ˈmælɪəs

고막(tympanic membrane)에 닿는 첫 번째 뼈이다.

모루뼈 Incus / ˈɪŋkəs

망치뼈(malleus)의 진동을 난원창과 접하는 등자뼈에 전달하는 역할을 한다.

등자뼈 Stapes / ˈsteɪpiːz

난원창과 직접 접하여 소리의 진동을 전달한다.

얼굴뼈 Facial bone / ˈfeɪʃəl boʊn

앞니뼈 Incisive bone / ɪnˈsaɪsɪv boʊn

두개골의 가장 주둥이쪽에 위치하는 한 쌍의 뼈로, 앞니가 부착된다.

눈물뼈, 누골 Lacrimal bone / ˈlækrəməl boʊn

안와 앞쪽 모서리에 있다. 눈물주머니로 이어지는 눈물관이라는 개구부가 있다.

위턱뼈, 상악골 Maxilla / mækˈsɪlə

위턱의 대부분을 차지하며, 안와의 아랫부분을 형성한다. 송곳니와 어금니가 들어가는 이틀(치조, tooth socket)이 존재한다.

코뼈, 비골 Nasal bone / ˈneɪzl boʊn

한 쌍의 삼각형으로 된 뼈이다. 비강의 등쪽 부분을 형성한다.

광대뼈, 권골 Zygomatic bone / ˌzaɪgəˈmætɪk boʊn

관자뼈의 광대돌기와 융합하여, 광대뼈활(zygomatic arch)을 구성한다.

구개골 Palatine bone / ˈpælətɪn boʊn

입천장의 뒤쪽 부분과 비강의 가쪽 부분을 형성한다.

접형골, 익상골 Pterygoid bone / ˈtɛrɪgɔɪd boʊn

두개골의 내부에 위치하여 외부에서 보이지 않는 작은 뼈이다.

코선반뼈, 비갑개 Turbinate bone / ˈtɜːrbɪnət boʊn

비강의 가쪽벽을 형성하는 복잡한 구조를 가진 매우 작은 뼈이다. 흡입된 공기를 따뜻하게 하고, 가습하며, 정화하는 점막으로 덮여 있다.

아래턱뼈, 하악골 Mandible / ˈmændɪbəl

연골관절로 연결된 한 쌍의 뼈이다.

서골 Vomer / ˈvoʊmɜːr

비강 내에 있는 뼈이다. 비강 위쪽과 바닥에 수직으로 존재한다. 사골의 수직판과 함께 비강 중격을 형성한다.

혀뼈장치 Hyoid apparatus / ˈhaɪɔɪd ˌæpəˈrætəs

연골로 결합된 여러 개의 작은 뼈로, 두 개의 작은 연골 막대에 의해 관자뼈에 매달려 있다. 혀, 인두, 후두를 지지하고 음식물을 삼키는 것을 돕는다.

척추 Vertebral column / ˈvɜːtɪbrəl ˈkɒləm

목뼈, 경추 Cervical vertebra / ˈsɜːrvɪkəl ˈvɜːtɪbrə

목뼈는 7개로 구성되며, 첫째와 둘째 목뼈는 다른 목뼈들과는 구조와 기능이 다르다.

고리뼈, 환추 Atlas / ˈætləs

관절돌기가 변형되어 있고, 가시돌기가 없으며, 척추 몸통이 거의 없다.

중쇠뼈, 축추 Axis / ˈæksɪs

길쭉한 가시돌기를 가지고 있고, 척추 몸통이 앞쪽으로 돌출되어 생긴 치아돌기

(dens)를 가지고 있다.

등뼈, 흉추 Thoracic vertebra / θɔːˈræsɪk ˈvɜːtɪbrə

13개로 구성되며, 척추 몸통이 짧고, 가시돌기가 잘 발달되어 있다. 특히 11번째 가시돌기가 수직으로 서 있는 것이 특징이다.

허리뼈, 요추 Lumbar vetebra / ˈlʌmbɑːr ˈvɜːtɪbrə

7개로 구성되며, 몸통이 크고 가로돌기가 긴 것이 특징이다.

엉덩이뼈, 천추 Sacral vertebra / ˈseɪkrəl ˈvɜːtɪbrə

3개의 뼈로 구성되며, 성견이 되면 척추 몸통과 돌기들이 융합되어 하나의 뼈를 이룬다.

꼬리뼈, 미추 Coccygeal vertebra / ˌkɒksɪˈdʒiːəl ˈvɜːtɪbrə

동물마다 크기와 모양이 다르며, 대체로 앞쪽 3~5개의 뼈는 척추의 형태를 갖추고 있으나, 뒤쪽으로 갈수록 단순한 원통 모양을 가진다.

갈비뼈(늑골)와 복장뼈(흉골) Rib & Sternum

갈비뼈, 늑골 Rib / rɪb

13쌍의 납작한 뼈이다. 갈비뼈(늑골, rib)는 가슴우리(흉곽, thoracic cage)를 형성하고 내부 장기를 보호하는 역할을 한다. 가장 뒤쪽에 있는 13번째 갈비연골은 허구리(flank)에서 독립적으로 존재하여 뜬갈비뼈(뜬늑골, floating rib)라고 한다.

복장뼈, 흉골 Sternum / ˈstɜːrnəm

8개의 분절인 복장뼈분절(sternebrae)로 이루어져 있고, 각각의 복장뼈는 복장뼈사이연골(흉골사이분절, intersternebral cartilage)에 의해 연결된다. 첫째복장뼈분절은 복장뼈자루(흉골자루, manubrium of sternum)이라 하고, 곤봉과 같이 확장된 형태를 가진다. 복장뼈분절의 가장 아래쪽은 납작하고, 칼돌기(xiphoid process)라고 한다. 이 돌기의 뒤쪽 끝은 얇은 칼돌기연골(xiphoid cartilage)이 이어져 있다.

사지뼈대 Appendicular skeleton / ˌæpənˈdɪkjʊlər ˈskɛlɪtən

육지생활을 하는 대부분의 척추동물은 두 쌍의 앞다리(thoracic limbs)와 뒷다리

(pelvic limbs)를 가지고 있다. 앞다리(thoracic limbs)는 앞다리 연결대(thoracic girdle), 뒷다리(pelvic limbs)는 뒷다리 연결대(pelvic girdle)에 의해 몸통 뼈대에 연결된다.

앞다리뼈 Thoracic limb / θɔːˈræsɪk lɪm

앞다리연결대(thoracic girdle)는 어깨뼈와 쇄골로 구성된다. 앞다리는 몸통과 뼈가 직접 연결되지 않고 근육에 의해 몸통에 부착된다. 사지 보행을 하는 동물의 경우 앞다리로 체중을 지탱할 수 있도록 한다.

어깨뼈, 견갑골 Scapula / ˈskæpjʊlə

삼각형 모양의 납작뼈(flat bone)이다. 몸통 가운데에 가시(spine)가 있으며, 이를 중심으로 위쪽을 가시위오목(supraspinous fossa), 아래쪽을 가시아래오목(infraspinous fossa)이라고 한다.

빗장뼈, 쇄골 Clavicle / ˈklavɪkəl

작은 타원형으로 개에서는 흔히 퇴화하거나 종자골의 형태로 남아 있다.

상완뼈, 상완골 Humerus / ˈhjuːmərəs

앞다리를 구성하는 긴 뼈로, 몸통 가까운 쪽은 어깨뼈와 관절을 이루고, 먼쪽은 노뼈와 자뼈와 앞다리굽이관절(elbow joint)을 이룬다.

노뼈(요골)와 자뼈(척골) Radius & Ulna / ˈreɪ.di.əs & ˈʌl.nə

두 뼈가 관절하여 전완을 구성한다. 노뼈는 자뼈보다 짧고 튼튼하며, 자뼈의 몸통 가까운 쪽은 자뼈꿈치머리(olecranon)가 있어 앞다리굽이관절의 주요 부분을 형성한다.

앞발목뼈, 완골 Carpal bone / ˈkɑːrpl boʊn

7개의 작고 불규칙한 뼈들이 앞발목을 형성하며, 2열로 배열되어 있다.

앞발허리뼈(완절골)와 앞발가락뼈(지골) Metacarpal bone & Digital phalanges / ˌmɛtəˈkɑːrpəl boʊn & ˈdɪdʒɪtəl fəˈl æn.dʒiz

앞발허리뼈는 5개의 뼈로 구성되어 있다. 첫째 앞발허리뼈는 퇴화되어 있지만 뒷발허리뼈와 달리 항상 존재한다. 개와 고양이는 4개의 앞발가락뼈가 있으며, 각각 첫마디뼈(proximal phalanx), 중간마디뼈(middle phalanx), 끝마디뼈(distal phalanx)로 구성된다.

뒷다리뼈 Hind limbs / haɪnd lɪmz

뒷다리 연결대(pelvic girdle)인 골반(pelvis)은 두 개의 엉덩뼈(관골, hip bone)가 두덩결합(치골결합, pubic symphysis)을 하고 있으며, 몸통뼈대의 엉치뼈(천골, sacrum)와 엉치관절(sacral joint)을 구성한다. 각각의 엉덩뼈(관골, hip bone)는 엉덩뼈(장골, ilium), 두덩뼈(치골, pubis), 궁덩뼈(좌골, ischium) 등 3개의 뼈가 융합되어 형성된다. 이 3개의 뼈가 만나는 곳에 절구 모양의 절구뼈(acetabulm)를 구성하고, 넙다리뼈의 머리 부분과 만나 엉덩관절(고관절, hip joint)을 형성한다.

엉덩뼈, 장골 Ilium / ˈɪliəm

골반에서 가장 큰 뼈이다. 엉덩뼈의 등쪽은 엉덩뼈 날개라고 부르는 크고 평평한 돌출부가 있다.

두덩뼈, 치골 Pubis / ˈpjuːbɪs

골반에서 가장 작은 뼈이다. 골반의 앞배쪽에 위치한다.

궁둥뼈, 좌골 Ischium / ˈɪskiəm

골반에서 꼬리가 위치하는 곳이다.

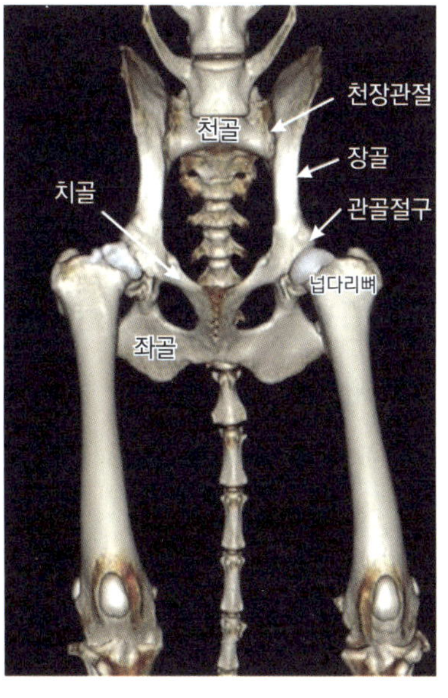

출처: www.animalsurgicalcenter.com

그림 3-4 개의 골반뼈 구조

넙다리뼈, 대퇴골 Femur / ˈfiːmər

뒷다리를 구성하는 가장 긴 뼈이다. 넙다리뼈 머리 부분은 골반의 절구오목과 관절하며 먼쪽으로는 정강뼈(경골, tibia)와 무릎관절(stifle joint)을 형성한다. 종자골의 일종인 무릎뼈(patella)는 넙다리뼈에 있는 도르래 고랑(trochlear groove)에 위치한다.

정강뼈, 경골 Tibia / ˈtɪbiə

뒷다리의 체중을 지탱하는 뼈로, 넙다리뼈와 무릎관절을 형성한다.

종아리뼈, 비골 Fibula / ˈfɪbjʊlə

가늘고 약한 뼈로, 뒷다리에서 힘줄과 인대의 부착지점이 되고 발목 관절을 안정화시키는 기능을 한다.

뒷발목뼈, 부골 Tarsal bone / ˈtɑːrsəl boʊn

7개의 뼈가 2열로 배열되어 있다. 몸쪽 두 개의 뼈인 목말뼈(거골, talus)와 뒷발꿈치뼈(종골, calcaneus)가 체중을 지탱하는 데 있어 중요하다.

뒷발허리뼈(부전골)와 뒷발가락뼈(지골) Metatarsal bone & Pedal phalanges / ˌmɛtəˈtɑːrsəl boʊn & ˈpɛdəl fəˈlæn.dʒiz

4개의 뼈로 구성되어 있고, 개에서 1번 뒷발허리뼈는 없는 경우가 많다.

뼈대계통 관련 증상 및 질병 용어 Symptoms and Disease terminology

가골 Callus / kæləs

뼈가 부러진 후 결손부에 새로 생긴 불완전한 뼈 조직을 말한다.

골수염 Osteomyelitis / àstioumàiəláitis

여러 가지 원인으로 골수에 생긴 염증을 말한다.

골절 Fracture / fræktʃə(r)

뼈가 부분적이거나 완전히 부러진 상태를 말한다.

폐쇄골절, 단순골절 Closed fracture / kloʊzd ˈfræktʃər, Simple fracture / ˈsɪmpəl ˈfræktʃər

개방된 피부 상처가 없는 단순 골절을 말한다.

분쇄골절 Comminuted fracture / ˈkɒmɪnjuːtɪd ˈfræktʃər

뼈가 여러 조각으로 부서지고 분쇄된 골절을 말한다.

완전골절 Complete fracture / kəmˈpliːt ˈfræktʃər

뼈가 완전히 횡단 또는 파괴된 골절을 말한다.

복잡골절, 개방골절 Compound fracture / ˈkɑːmpaʊnd ˈfræktʃər, Open fracture / ˈoʊpən ˈfræktʃər

피부 개방 상처를 통해 부러진 뼈가 밖으로 튀어나온 상태를 말한다.

압박골절 Compression fracture / kəmˈprɛʃən ˈfræktʃər

눌리는 힘(압박력) 때문에 척추에 발생한 골절을 말한다.

불완전골절, 생나무골절 Incomplete fracture / ˌɪnkəmˈpliːt ˈfræktʃə, Green-stick fracture / ˈgriːn stɪk ˈfræktʃər

뼈가 부분적으로 부러진 상태로, 뼈의 연속성이 일부 남아 있는 상태를 말한다. 특히 어린 동물에서 발생한다.

부정유합 Malunion / mæljúːniən

정상적인 해부학적 위치가 아닌 상태로 뼈가 유합된 상태를 말한다.

비빔소리, 마찰음 Crepitation / ˌkrepɪˈteɪʃn

머리카락을 비빌 때 나는 소리와 비슷하며, 부러진 뼈가 마주칠 때 나는 소리를 말한다.

뼈막염, 골막염 Periostitis / ˌpɛriɒsˈtaɪtɪs

뼈를 둘러싸는 골막에 생긴 염증을 말한다.

뼈병증, 골병증 Osteopathy / ɑːstiɑːpəθi

뼈 조직에서 일어나는 병적인 상태를 말한다.

뼈연화, 골연화 Osteomalacia / ɑ̀stioumәléiʃə,-ʃiə,-siə

무기질 침착 장애로 인해 뼈가 제대로 형성되지 않아 뼈가 물러지고 쉽게 골절이 발생하는 질환이다.

뼈염, 골염 Osteitis / àstiáitis

뼈에 생긴 염증을 말한다.

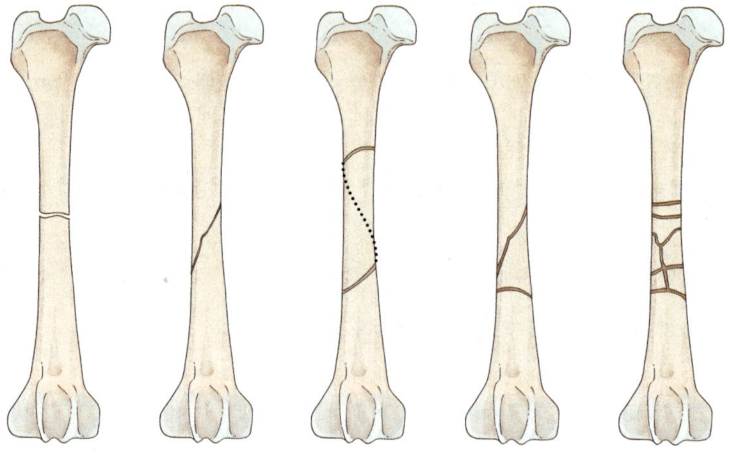

그림 3-5 골절의 분류

뼈엉성증, 골다공증 Osteoporosis / ɑːstioʊpəroʊsɪs

골다공증은 뼛속에 구멍이 많이 생긴다는 뜻으로, 뼈의 양과 강도가 줄어들어 쉽게 부러지는 질환이다.

뼈육종 Osteosarcoma / ɒstioʊsɑːr'koʊmə

특히 중간엽 기원의 원시적 형질 전환 세포(육종)에서 발생한 종양으로, 개에서 발생하는 원발성 골종양 중 가장 흔한 질병이다.

뼈종, 골종 Osteoma / àstióumə

뼈 또는 다른 조직에 생긴 골조직 종양이다.

지연 유합 Delayed union / dɪ'leɪd juːniən

뼈가 치유되는 데 예상보다 오랜 시간이 걸렸거나 걸리고 있는 경우를 의미한다. 결국에는 추가 수술 없이도 치유되는 상태를 말한다.

척수염 Myelitis / màiəláitis

여러 가지 원인으로 척수에 생긴 염증을 말한다.

❙ 뼈대계통 관련 질병 치료 용어 Therapy Terminology

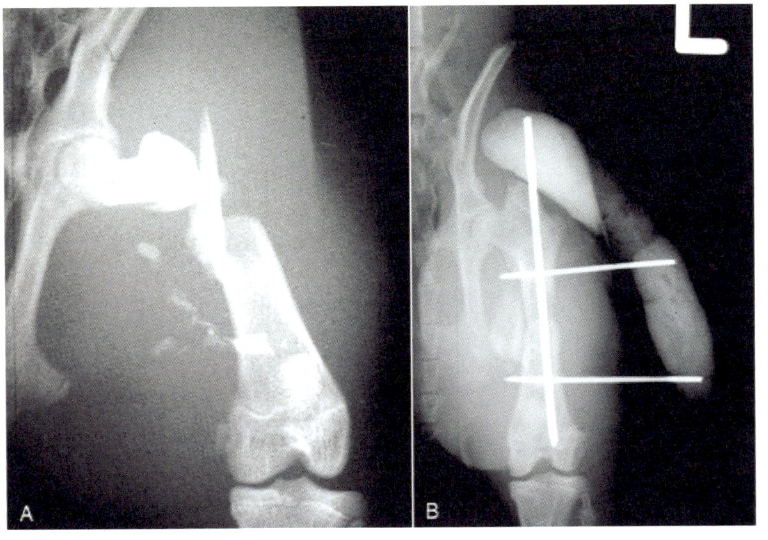

출처: Orthopedics in Small Mammals, Ashley Zehnder, DVM, Diplomate ABVP(Avian), Amy S. Kapatkin, DVM, MS, Diplomate ACVS

그림 3-6 토끼의 대퇴골 골절 수복 전과 후의 방사선 사진(골수내핀 내고정과 외고정을 함께 적용한 수술)

개방골절교정, 개방정복술 Open reduction / 'oʊpən rɪ'dʌkʃən

골절을 치료하기 위해 골절부위의 피부를 절개하여 부러진 뼈를 맞추어 고정하는 수술을 말한다.

내부고정 Internal fixation / ɪn'tɜːrnəl fɪk'seɪʃən

골절 부위를 수술적으로 노출시켜, 정상 배열시킨 후 여러 가지 내고정 기구(플레이트, 스크류, 골수내핀 등)를 이용하여 고정하는 방법을 말한다.

뼈이식, 골이식 Bone graft / boʊn græft

뼈의 일부가 부족하여, 뼈유합이 잘되지 않거나 불가능한 경우 뼈의 유합을 돕기 위해 뼛조각을 이식하는 수술을 말한다.

외부고정 External fixation / ɪks'tɜːrnəl fɪk'seɪʃən

골절 부위를 고정한 후 피부 밖에서 핀 또는 여러 가지 외고정 기구를 이용하여 고정하는 방법을 말한다.

절단 Amputation / ˌæmpju'teɪʃən

다리 또는 기타 신체의 일부를 제거하기 위하여 자르거나 끊는 것을 말한다.

정형외과 수술 Orthopedic surgery / ˌɔːrθə'piːdɪk 'sɜːdʒəri

사지, 척추, 그 외 관련 부속기관의 기능과 형태를 유지할 수 없는 상태를 회복시키기 위해 수행하는 수술치료를 말한다.

정형외과용덧대, 정형외과용스플린트 Orthopedic splint / ˌɔːrθə'piːdɪk splɪnt

신체 중 일부를 움직이지 못하게 고정하거나, 지지하는 정형외과 치료를 위한 기구를 말한다.

폐쇄골절교정, 폐쇄정복술 Closed reduction / kloʊzd rɪ'dʌkʃən

피부를 절개하지 않고, 골절 부위를 수복하는 방법으로, 부러진 뼈를 피부 밖에서 조작하여 원래의 배열을 유지시키기 위한 수술이다.

2. 관절계통(Joint system)

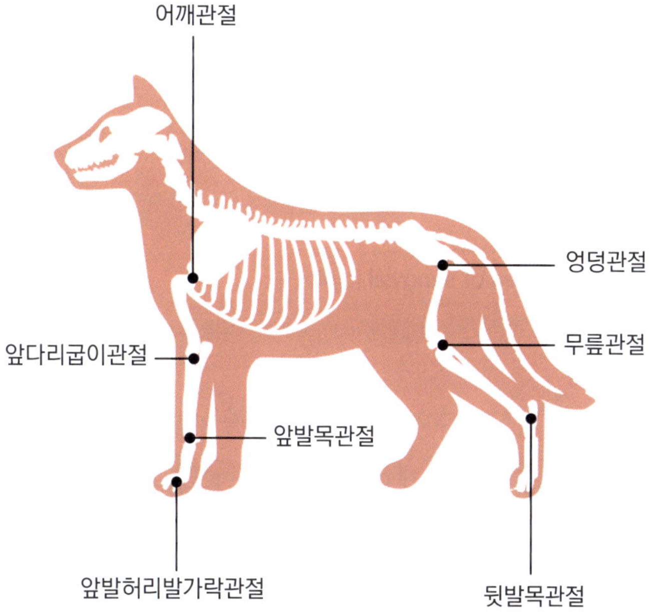

그림 3-7 개의 관절 위치

해부용어 Anatomical terminology

관절의 구조와 종류 Structures of joint

관절의 분류 Classification of joint

뼈와 뼈가 연결되는 부위를 관절이라고 한다. 관절은 움직일 수 없는 부동관절과 움직임이 가능한 가동관절로 구분할 수 있다.

섬유관절 Fibrous joint / ˈfaɪbrəs dʒɔɪnt

치밀한 결합조직으로 구성된 관절을 말한다. 이 관절은 움직일 수 없어 부동관절이라고 하며, 여러 개의 뼈가 적은 양의 섬유조직으로 결합되는 봉합관절(예: 머리뼈), 인대에 의해 결합되는 인대관절(예: 노뼈와 자뼈 몸통사이 관절), 한쪽 뼈가 다른 쪽에 못처럼 박혀 있는 관절로 못박이관절(예: 치아틀)이 이에 속한다.

유리연골관절 Hyaline cartilage joint / ˈhaɪəlɪn ˈkɑːrtəlɪdʒ dʒɔɪnt

연골로 구성된 관절을 말한다. 이 관절은 움직일 수 없어 부동관절이라고 하며, 아래턱의 하악결합과 양쪽 관골 사이의 골반결합 등이 있다.

윤활관절 Synovial joint / sɪˈnoʊviəl dʒɔɪnt

윤활액이 포함된 관절낭으로 둘러싸인 관절을 말한다. 앞다리굽이관절, 무릎관절, 대퇴관절 등이 있다.

윤활관절의 구조 Structures of synovial joint

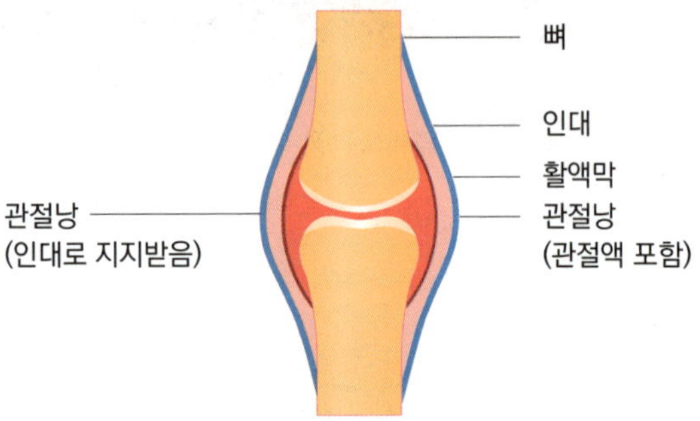

그림 3-8 윤활관절의 구조

관절면 Articular surface / ɑːrˈtɪkjələr ˈsɜːrfɪs

관절연골(유리연골)로 덮여 있으며, 개의 관절연골 두께는 약 1mm 정도이다. 신경 및 혈관이 없어 손상 시 재생이 느리다.

관절주머니, 관절낭 Articular capsule / ɑːrˈtɪkjələr ˈkæpsjuːl

내면을 덮는 윤활막을 통해 윤활액을 생산한다.

곁인대 Collateral ligament / kəˈlætərəl ˈlɪgəmənt

관절낭 바깥에 위치하는 튼튼한 인대로 관절을 지지한다.

윤활관절의 분류 Type of synovial joint

앞다리 관절 Forelimb joint

어깨관절 Shoulder joint / ˈʃoʊldɚ dʒɔɪnt

견갑골(어깨뼈)의 관절오목과 상완골 머리를 말한다.

앞다리굽이관절 Elbow joint / ˈɛlboʊ dʒɔɪnt

상완골 관절융기, 요골머리 오목, 척골의 도르래패임을 말한다.

앞무릎관절, 완관절, 앞발목관절 Carpal joint / ˈkɑːrpəl dʒɔɪnt

요골(노뼈)과 척골(자뼈)의 원위, 앞발목뼈 근위를 말한다.

뒷다리 관절 Hindlimb joint

엉치엉덩관절, 천장골관절 Sacroiliac joint / sækroʊˈɪliæk dʒɔɪnt

골반의 천골날개와 장골날개의 관절로 강력한 인대로 연결된다.

엉덩관절, 고관절 Hip joint / hɪp dʒɔɪnt

관골구(acetabulum)와 대퇴골(넙다리뼈) 머리의 관절, 절구관절(ball-and-socket joint) 형태이다.

무릎관절 Knee joint / niː dʒɔɪnt, Stifle joint / ˈstaɪfəl dʒɔɪnt

대퇴골무릎관절, 대퇴경골관절이 형성하며, 종자골의 일종인 무릎뼈 위로 이를 지지하는 무릎 인대가 주행한다.

뒷발목관절 Tarsal joint / ˈtɑːrsəl dʒɔɪnt

7개의 뒷발목골(tarsal bone), 원위 경골(tibia)과 비골(fibular), 근위 뒷발허리뼈(metatarsal bone)가 연결되는 관절들을 말한다.

뒷발허리관절 Metatarsal joint / ˌmɛtəˈtɑːrsəl dʒɔɪnt

발가락과 발목을 연결하는 뼈인 뒷발허리뼈(metatarsal bone)와 발가락(phalnges) 사이의 관절이다.

관절계통 관련 증상 및 질병 용어 Symptoms and Disease terminology

경골 압박 검사 Tibial crest compression test / ˈtɪbiəl krɛst kəmˈprɛʃən tɛst

동물환자의 무릎뼈를 약간 구부린 상태에서 검사자의 한 손(검지손가락)은 동물환자의 경골 능선을 압박하고, 다른 손으로 뒷꿈치를 구부려서 관절의 비정상적인 움직임을 확인하는 검사이다.

긴장, 염좌 Strain / streɪn

근육이 충격으로 인해 늘어나거나 부분적으로 찢어진 상태를 말한다.

관절염 Arthritis / ɑːrθraɪtɪs

관절을 구성하는 조직에 발생한 염증을 말한다. 통증, 열감, 신체 변형 등을 일으킨다.

류마티스 관절염 Rheumatoid arthritis / ˈruːmətɔɪd ɑːrˈθraɪtɪs

면역 매개성으로 개의 관절에 염증이 생긴 만성 관절 질환이다.

무릎 앞당김 검사 Cranial drawer test / ˈkreɪniəl ˈdrɔːər tɛst

넙다리뼈를 고정시키고, 경골을 앞뒤로 움직여서, 전십자인대 파열 여부를 확인하는 검사이다.

무릎뼈 탈구 Patella luxation / pəˈtɛlə lʌkˈseɪʃən

무릎뼈가 정상 위치에서 벗어난 것을 말한다.

부분탈구, 부분이탈 Subluxation / sʌblʌkˈseɪʃən

뼈가 정상 위치에서 부분적으로 벗어난 것을 말한다.

뼈관절염, 골관절염 Osteoarthritis / ɑːstiːoʊˈɑːrθraɪtɪs

만성 또는 진행성으로 뼈 또는 관절에 발생하는 염증성 질환을 말한다.

삠, 염좌 Sprain / spreɪn

관절을 지지해주는 인대가 외부 충격 등에 의해서 늘어나거나 부분적으로 찢어진 경우를 말한다.

십자인대 파열 Cruciate ligament rupture / ˈkruːʃieɪt lɪgˈmɛnt ˈrʌptʃər

무릎관절을 지지하는 십자인대의 부분 또는 완전 단열을 의미한다.

엉덩관절형성이상, 고관절형성이상 Hip dysplasia / hɪp dɪsˈpleɪʒə

엉덩관절이 비정상적으로 발달하여, 파행과 관절염을 일으키는 질환이다.

척추사이원반 탈출증 Herniated intervertebral disc / ˈhɜːr.ni.eɪ.tɪd ˌɪn.tərˈvɜːr.tɪ.bəl dɪsk

척추 디스크가 여러 가지 원인에 의해 정상적인 위치에서 벗어나 척수를 압박하는 상태를 말한다.

퇴행관절염 Degenerative arthritis / dɪdʒɛnəˈreɪtɪv ɑːrˈθraɪtɪs

만성 또는 진행성으로 발생한 관절의 염증상태를 말한다.

파행, 절뚝거림 Lameness / lǽmnis

통증 또는 손상으로 인해 하나 이상의 사지를 사용할 수 없어, 걸음걸이에 이상이 생긴 상태를 말한다.

활막염 Synovitis / sɪnoʊˈvaɪtɪs

관절의 활막 내벽에 염증이 발생한 상태를 말한다.

관절계통 관련 질병 치료 용어 Therapy terminology

경골 고원 평준화 골절개술 Tibial plateau leveling osteotomy / tɪbiəl ˈplæteɪ.oʊ ˈlɛvəlɪŋ ɒstiːˈɒtəmi

경골의 각도를 조정하여 무릎의 안정성을 높이기 위한 방법으로, 무릎 십자인대 단열 치료법 중 하나이다. 약어로 TPLO라고 한다.

경골조면전진술 Tibial tuberosity advancement / tɪbiəl ˌtuːbəˈrɒsɪti ædˈvɑːnsmənt

경골 조면을 전방으로 이동시켜 무릎의 안정성을 높이기 위한 방법으로, 무릎 십자인대 단열 치료법 중 하나이다. 약어로 TTA라고 한다.

고리판절제(술), 척추궁절제(술) Laminectomy / ˌlæmɪˈnɛktəmi

척추의 추궁(lamina)을 절제하여 척주관을 여는 수술 절차를 말한다.

관절경검사 Arthroscopy / ɑːrˈθrɒskəpi

관절에 작은 절개를 통해 내시경을 삽입하여 검사 또는 치료를 수행하는 최소 침습적 수술 절차이다.

관절절개(술) Arthrotomy / ɑːr'θrɒtəmi

관절조직의 검사 및 치료를 위해 관절에 절개창을 만드는 수술 절차이다.

관절조영(술) Arthrography / ɑːr'θrɒgrəfi

관절의 구조와 형태를 확인하기 위해 관절 내에 방사성 물질을 주사하고, X-ray 촬영을 하는 영상의학검사이다.

반고리판절제(술), 반측후궁절제(술) Hemilaminectomy / ˌhiː.mɪˈlæmɪˈnɛktəmi

영향을 받은 한쪽 척추의 추궁(lamina)을 절제하여 척주관은 여는 수술 절차이다.

오토라니 검사 Ortolani test / ˈɔːrtəˌlæni tɛst

개의 고관절형성이상(hip dysplasia)을 진단하는 방법이다.

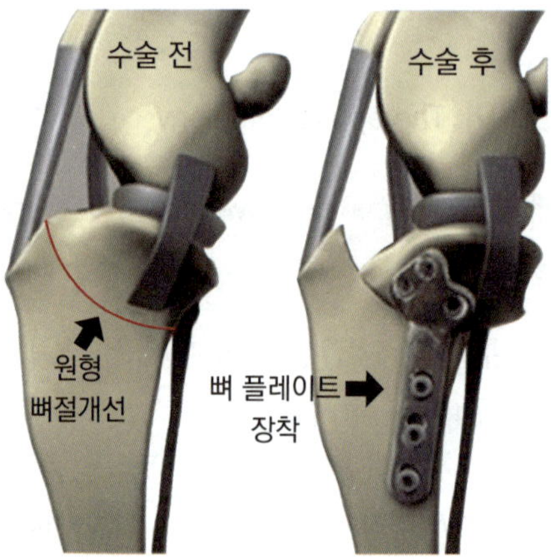

그림 3-9 경골 고원 평준화 골절개술(TPLO) 수술 전후

3. 근육계통(Muscle system)

해부용어 Anatomical terminology

▌근육의 구조 Structure of muscle

근섬유 Muscle fiber / ˈmʌsəl ˈfaɪ.bər

근육을 구성하는 가늘고 긴 섬유형태의 세포이다.

근막 Fascia / 'fæʃə

근육의 바깥을 싸고 있는 결합조직성의 얇은 막으로, 과도한 근육의 수축을 막는 작용을 한다.

힘줄, 건 Tendon / 'tɛndən

근육을 뼈에 연결하는 치밀한 결합조직이다.

인대 Ligament / 'lɪgəmənt

뼈와 뼈를 연결하는 치밀한 결합조직이다.

미오신 필라멘트 Myosin filament / maɪəsɪn 'fɪləmənt

근수축 작용에 관여하는 구성된 굵기가 굵은 미오신 단백질로 근원섬유를 구성한다.

액틴 필라멘트 Actin filament / æktɪn 'fɪləmənt

근수축 작용에 관여하는 구성된 굵기가 가는 액틴 단백질로 근원섬유를 구성한다.

근육의 유형 Types of muscle

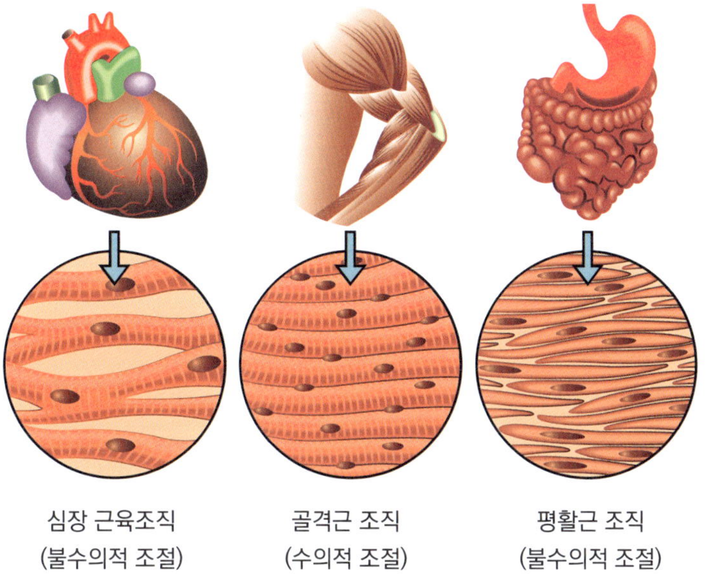

그림 3-10 근육의 유형

가로무늬근육, 횡문근 Striated muscle / straɪeɪtɪd 'mʌsl

현미경으로 관찰했을 때 가로무늬가 있는 근육이다. 주로 뼈대근육을 구성하며, 의식적으로 움직일 수 있는 수의근육이다.

민무늬근육, 평활근 Smooth muscle / smuːð 'mʌsl

심장근을 제외한 대부분의 내장장기의 벽을 구성하는 가로무늬가 없는 근육이다. 의식적으로 움직일 수 없으므로 불수의근육이다.

수의근육 Voluntary muscle / vɒləntɛri 'mʌsl

의지에 따라 움직일 수 있는 근육이다.

불수의근육 Involunatry muscle / ɪn'vɒləntɛri 'mʌsl

의지와 관계없이 자율적으로 움직이는 근육이다.

심장근육 Myocardium / maɪoʊ'kaːrdiəm

심장의 벽을 이루는 두꺼운 근육으로, 가로무늬근이나 생리적으로 불수의근육에 속한다.

골격근육 Skeletal muscle / skɛlɪtəl 'mʌsl

뼈대를 구성하는 근육으로 가로무늬가 있고 수의성 운동을 한다.

내장근육 Visceral muscle / vɪsərəl 'mʌsl

주로 내장과 관련된 근육으로, 심장근을 제외하고 민무늬 근육이며, 불수의 근육이다.

머리근육

깨물근, 교근 Masseter muscle / mæsɪtər 'mʌsl

아래턱뼈에 위치하며 턱을 닫는 역할을 한다.

관자근, 측두근 Temporal muscle / tɛmpərəl 'mʌsl

머리뼈의 관자오목에서 일어나 아래턱뼈의 근육돌기에 닿는 근육으로, 턱을 닫는 역할을 한다.

몸통근육

가로돌기가시근무리 Transversospinalis group / trænsvɜːrsəʊ'spaɪnælɪs gruːp

척추의 가로돌기 위에 위치하는 근육 중 가장 안쪽, 즉 가시돌기와 인접해서 위치하는 근육무리를 말한다.

가장긴근무리 Longissimus group / lɒn'dʒɪsɪməs gruːp

척추의 가로돌기 위에 위치하는 근육으로, 머리에서 골반에 이르는 몸에서 가장 긴 근육무리이다. 등이나 목을 곧게 펴는 역할을 한다.

바깥갈비사이근 External intercostal muscle / ekstɜːnəl ˌɪntə'kɒstəl 'mʌsl

속갈비사이근 바깥에 위치하며, 들숨에 관여한다.

속갈비사이근 Internal intercostal muscle / ɪn'tɜːnəl ˌɪntə'kɒstəl 'mʌsl

바깥갈비사이근 안쪽에 위치하며, 날숨에 관여한다.

가로막, 횡격막 Diaphragm / daɪəfræɡm

가슴안과 배안을 나누는 얇은 근육이다. 가운네는 힘술, 주변은 근육으로 이뤄진 돔모양의 막성 구조물이다.

앞다리근육

상완머리근 Brachiocephalicus muscle / brækioʊsɪ'fælɪkəs 'mʌsl

상완의 위쪽 앞쪽을 지나가는 근육이다. 어깨를 펴고, 앞다리를 앞으로 내밀 수 있도록 한다.

넓은등근, 광배근 Latissimus dorsi muscle / lə'tɪsɪməs 'dɔːrsaɪ 'mʌsl

어깨뼈 뒤를 지나가는 삼각형 모양의 크고 넓은 근육이다. 앞다리를 뒤로 당기는 역할을 한다.

가슴근, 흉근 Pectoral muscle / 'pɛktərəl 'mʌsl

얕은 가슴근과 깊은 가슴근으로 구분되며, 앞다리를 앞뒤로 움직이게 하는 역할을 한다.

상완세갈래근 Triceps brachii muscle / 'traɪsɛps 'breɪkiː 'mʌsl

앞다리의 위쪽(상완)에 위치하고 네 개로 갈라진다. 앞다리굽이관절을 펴는 역할을 한다.

상완두갈래근 Biceps brachii muscle / 'baɪsɛps 'breɪkiː 'mʌsl

개와 고양이에서는 한 갈래로 긴 방추형 근육이다. 앞다리굽이관절을 굽히는 역할을 하므로, 상완세갈래근의 길항근이다.

상완근 Brachialis muscle / bræki'eɪlɪs 'mʌsl/

상완뼈에서 뒤쪽에서 일어나 노뼈와 자뼈의 몸통에 붙는 근육으로, 앞다리굽이관절을 굽히는 역할을 한다.

뒷다리근육

볼기근, 둔근 Gluteal muscle / gluː'tiːəl 'mʌsl

얕은, 중간, 깊은 볼기근의 세 개로 구성된다.

넙다리네갈래근, 대퇴사두근 Quadriceps femoris muscle / 'kwɒdrɪˌsɛps 'fɛmərɪs 'mʌsl

넙다리 앞쪽에 존재하는 큰 근육이다. 네 개의 근육으로 구성되며 무릎관절을 펴는 역할을 한다.

넙다리두갈래근, 대퇴이두근 Biceps femoris muscle / 'baɪsɛps 'fɛmərɪs 'mʌsl

넙다리뒤근무리(hamstring group)를 구성하는 가장 큰 근육으로, 엉덩관절을 펴고, 무릎관절을 굽히는 역할을 한다.

반힘줄근 Semitendinous muscle / sɛmɪtɛndɪ'nəs 'mʌsl

넙다리뒤근무리(hamstring group)를 구성하는 근육으로, 엉덩관절을 펴고, 무릎관절을 굽히는 역할을 한다.

반막근 Semimembranosus muscle / sɛmɪˌmɛmbrə'nəʊsəs 'mʌsl

넙다리뒤근무리(hamstring group)를 구성하는 근육으로, 넙다리두갈래근과 반힘줄근 사이에 위치한다. 엉덩관절을 펴고, 무릎관절을 굽히는 역할을 한다.

장딴지근 Gastrocnemius muscle / gæstrɒk'niːmiəs 'mʌsl

넙다리뼈 뒤쪽에서 일어나 뒷발꿈치의 발꿈치뼈(calcaneus)에 닿는다.

뒷발꿈치힘줄, 아킬레스건 Achilles tendon / ə'kɪliːz 'tɛndən

뒷발꿈치를 지나가는 크고 강력한 힘줄이다.

근육계통 관련 증상 및 질병 용어 Symptoms and Disease terminology

경직 Rigidity / rɪ'dʒɪdəti

근육의 긴장도가 증가되어 뻣뻣하고 굳어지는 것이다.

근막염 Fascitis / fæʃi'aɪtɪs

근막에 염증이 생긴 것이다.

근섬유증 Myofibrosis / maɪoʊfaɪ'broʊsɪs

근육조직이 섬유조직으로 대치되는 질환이다.

근염 Myositis / maɪoʊ'saɪtɪs

근육에 염증이 생겨, 근섬유가 손상되는 질환이다.

근육경련 Cramp / kræmp

통증을 동반하는 근육의 수축이다.

근위축 Muscle atrophy / 'mʌsl 'ætrəfi

정상적으로 성장한 근육조직의 크기가 여러 원인으로 인해 줄어드는 현상이다.

연축 Spasm / 'spæzəm

의지와 관계없이 일어나는 갑작스러운 근육의 수축이다.

떨림, 진전 Tremor / 'trɛmər

의지와 관계없이 규칙적 또는 불규칙적인 근육의 수축과 이완 현상이다.

중증근무력증 Myasthenia gravis / maɪəs'θiːniə 'grævɪs

신경의 작용이 근육으로 잘 전달되지 못하는 것으로, 근육이 쉽게 피로해지는 질환이다.

지방종 Lipoma / laɪˈpoʊmə

성숙지방세포로 구성된 양성종양이다. 피하에서 흔히 발생한다.

평활근종 Leiomyoma / leɪoʊmaɪˈoʊmə

민무늬근에서 발생하는 양성종양이다. 위 또는 자궁 등에서 발생할 수 있다.

근육계통 관련 질병 치료 용어 Therapy terminology

근막절제 Fasciectomy / fæsiˈɛktəmi

근막을 외과적으로 절개하는 것이다.

근성형 Myoplasty / ˈmaɪəʊplæsti

결손 또는 변형된 근육을 회복시키기 위한 수술이다.

근육봉합 Myorrhaphy / maɪˈɒrəfi

분리된 근육을 봉합하는 것이다.

근육절개 Myotomy / maɪˈɒtəmi

근육조직을 외과적으로 절단 또는 절개하는 것이다.

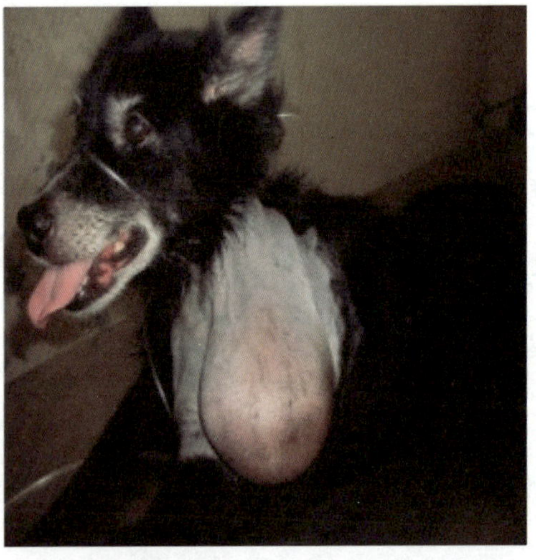

출처: Journal of Entomology and Zoology Studies 2020; 8(3): 17-1

그림 3-11 개의 피부 지방종

연습 TEST

A 빈칸에 알맞은 한글 및 영어 의학용어를 쓰시오.

긴뼈의 해부

문번	한글 의학용어	영어 의학용어
01	뼈끝	
02	뼈몸통	
03	골간단	
04		Epiphyseal line
05		Articular cartilage
06		Spongy bone
07		Compact bone
08	골외막	
09	골내막	
10		Red bone marrow
11		Yellow bone marrow
12	영양동맥	
13		Medullary cavity

정답 긴뼈의 해부

01	Epiphysis	02	Diaphysis	03	Metaphysis	04	뼈끝선	05	관절연골
06	해면뼈	07	치밀뼈	08	Periosteum	09	Endosteum	10	적색골수
11	황색골수	12	Nutrient artery	13	골수강				

얼굴 및 머리뼈

문번	한글 의학용어	영어 의학용어
01	이마뼈	
02		Parietal bone
03		Temporal bone
04	뒤통수뼈	
05	나비뼈	
06	벌집뼈	
07		Malleus
08	모루뼈	
09	등자뼈	
10	앞니뼈	
11		Lacrimal bone
12		Maxilla
13	코뼈	
14	광대뼈	
15		Palatine bone
16		Pterygoid bone
17		Turbinate bone
18	아래턱뼈	
19	서골	
20		Hyoid apparatus

정답 얼굴 및 머리뼈

01	Frontal bone	02	마루뼈	03	관자뼈	04	Occipital bone	05	Sphenoid bone
06	Ethmoid bone	07	망치뼈	08	Incus	09	Stapes	10	Incisive bone
11	눈물뼈	12	위턱뼈	13	Nasal bone	14	Zygomatic bone	15	구개골
16	접형골	17	코선반뼈	18	Mandible	19	Vomer	20	혀뼈장치

몸통뼈

문번	한글 의학용어	영어 의학용어
01		Atlas
02		Axis
03	목뼈	
04	등뼈	
05		Lumbar vertebra
06	엉덩이뼈	
07		Coccygeal vertebra
08	갈비뼈, 늑골	
09		Floating rib
10		Sternum
11		Manubrium of sternum
12	칼돌기	
13	칼돌기연골	

정답 몸통뼈

01	고리뼈	02	중쇠뼈	03	Cervical vertebra	04	Thoracic vertebra	05	허리뼈
06	Sacral vertebra	07	꼬리뼈	08	Rib	09	뜬갈비뼈	10	복장뼈
11	복장뼈자루	12	Xiphoid process	13	Xiphoid cartilage				

사지뼈대

문번	한글 의학용어	영어 의학용어
01		Appendicular skeleton
02		Thoracic limb
03	뒷다리	
04	어깨뼈	
05		Clavicle
06	상완뼈	
07		Radius
08	자뼈	
09		Carpal bone
10		Metacarpal bone
11		Digital phalanges

정답 사지뼈대

01	사지뼈대	02	앞다리	03	Pelvic limb	04	Scapula	05	빗장뼈, 쇄골
06	Humerus	07	노뼈	08	Ulna	09	앞발목뼈	10	앞발허리뼈
11	앞발가락뼈								

B 다음 그림의 빈칸에 해당하는 알맞은 용어를 쓰시오.

• 개의 관절 위치

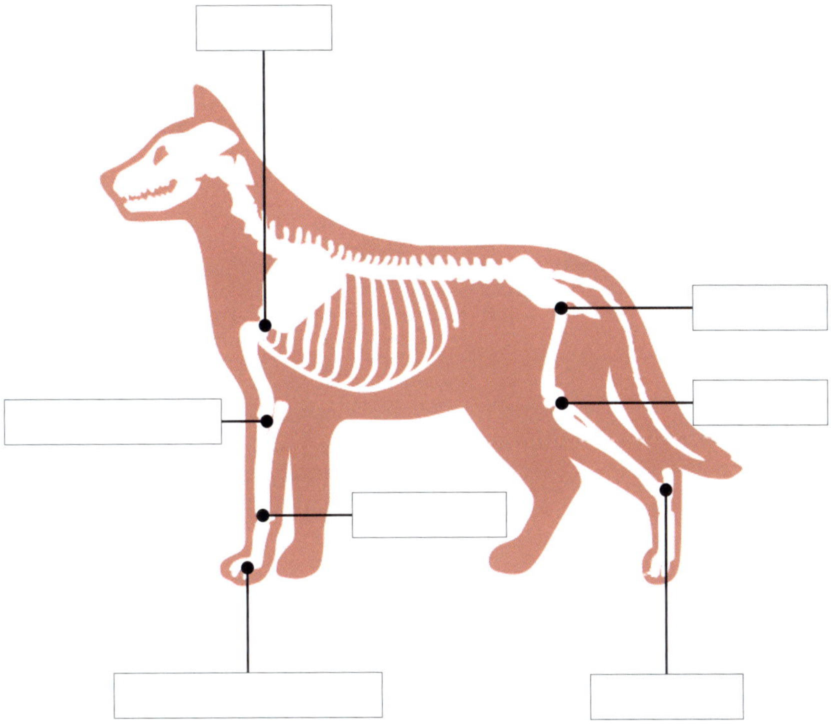

정답 p.55

• 윤활관절의 구조

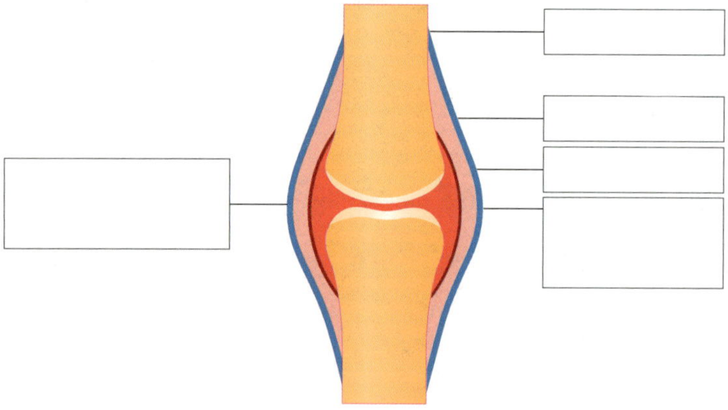

정답 p.56

CHAPTER 04

심장혈관계통 (Cardiovascular system)

CHAPTER

04 심장혈관계통 (Cardiovascular system)

1. 심장(Heart)

해부용어 Anatomical terminology

심장혈관 계통(cardiovascular system)은 신체의 혈액순환을 담당하는 기관으로 심장(heart), 혈관(blood vessels), 혈액(blood)으로 구성된다.

심장구조

심장은 주기적인 수축으로 혈액을 전신으로 보내는 근육 기관으로, 좌우 두 개의 심방과 심실 등 모두 네 개의 공간으로 이루어져 있다. 좌우 심방과 심실은 중격으로 구분되어 있으며, 심방과 심실 사이에는 판막이 존재한다.

심장끝 Apex of heart / 'eɪpɛks əv hɑːrt

심장의 가장 아래 끝부분을 말한다.

심장바닥 Base of heart / beɪs əv hɑːrt

심장의 바닥부분으로, 대동맥과 대정맥이 존재한다.

중격 Septum / 'sɛptəm

심장의 좌우를 분리하는 근육성 벽이다.

심장막, 심외막 Pericardium / pɛrɪ'kɑːrdiəm

심장 근육층에 붙어서 심장의 바깥을 감싸는 막이다.

심장근육 Myocardium / maɪoʊ'kɑːrdiəm

심장벽을 이루는 두꺼운 근육조직으로, 끊임없이 수축과 이완을 하는 기능을 한다.

심내막 Endocardium / ɛndoʊ'kɑːrdiəm

심장의 안쪽을 덮고 있는 막이다. 편평상피인 내피와 그 아래 결합조직으로 구성된다.

심방 Atrium / 'eɪtriəm

우심방 Right atrium / raɪt 'eɪtriəm

전신순환을 거친 혈액을 대정맥을 통해 받아 우심실로 내보내는 심장의 한 부분이다.

좌심방 Left atrium / lɛft 'eɪtriəm

폐에서 산소화된 혈액을 폐정맥을 통해 받아 좌심실로 내보내는 심장의 한 부분이다.

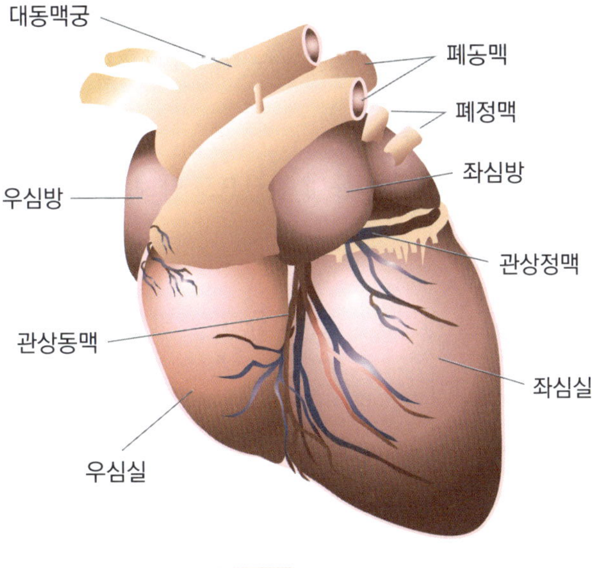

그림 4-1 개의 심장 외부

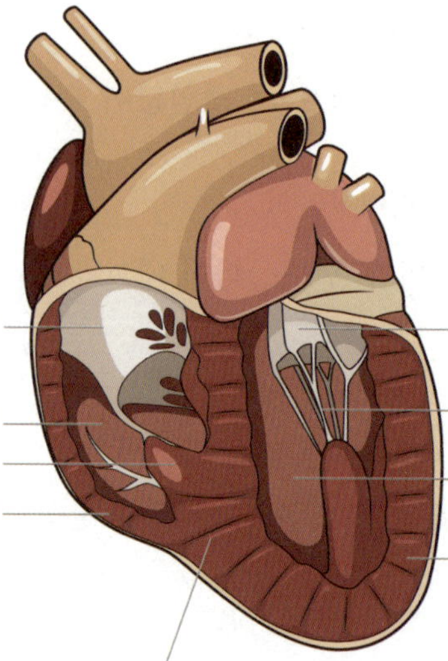

그림 4-2 개의 심장 내부

심실 Ventricle / ˈvɛntrɪkəl

우심실 Right ventricle / raɪt ˈvɛntrɪkəl

우심방에서 오는 피를 폐동맥을 통해 폐로 내보내는 심장의 한 부분이다.

좌심실 Left ventricle / lɛft ˈvɛntrɪkəl

좌심방에서 오는 피를 대동맥을 통해 전신으로 내보내는 심장의 한 부분이다.

판막 Valve / vælv

심장이나 혈관 속에서 피가 거꾸로 흐는 것을 막는 막이다.

방실판막 Atrioventricular valve / eɪtrioʊvɛnˈtrɪk.jələ vælv

심장 좌우의 방실구에 위치하여, 심실 수축 시 심방으로 혈액이 역류되는 것을 막는 기능을 한다.

이첨판 Bicuspid valve / baɪˈkʌspɪd vælv

좌심방과 좌심실 사이에 있는 두 개의 첨판으로 구성된 판막이다. 승모판(mitral valve)이라고도 한다.

삼첨판 Tricuspid valve / traɪ'kʌspɪd vælv

우심방과 우심실 사이에 있는 세 개의 첨판으로 구성된 판막이다.

반월판 Semilunar valve / sɛmi'luːnə vælv

우심실과 폐동맥 구멍 사이, 좌심실과 대동맥 구멍 사이에 있는 반달 모양의 주머니 형태를 가진 판막이다.

대동맥판 Aortic valve / eɪ'ɔːrtɪk vælv

좌심실과 대동맥의 연결 부위인 대동맥 구멍에 있는 판막으로, 대동맥에서 좌심실로 혈류가 역류되지 않도록 한다.

폐동맥판 Pulmonary valve / 'pʌlmənɛri vælv

우심실과 폐동맥 구멍 사이에 있는 판막이다. 폐동맥에서 우심실로 혈류가 역류되지 않도록 한다.

관상동맥 Coronary artery / 'kɔːrənɛri 'ɑːrtəi

심장에서 나가는 대동맥 부위에서 시작하여 심장을 둘러싸며, 심장에 혈액을 공급하는 혈관이다.

대동맥 Aorta / eɪ'ɔːrtə

심장에서 온몸으로 혈액을 보내는 가장 큰 혈관이다.

대정맥 Vena cava / viːnə 'keɪvə

전대정맥 Cranial vena cava / 'kreɪniəl ˌviːnə 'keɪvə

머리, 가슴, 앞다리로 순환된 혈액이 심장으로 다시 돌아오는 큰 혈관이다.

후대정맥 Caudal vena cava / 'kɔːdəl viːnə 'keɪvə

복부, 뒷다리로 순환된 혈액이 심장으로 다시 돌아오는 큰 혈관이다.

폐동맥 Pulmonary artery / 'pʌlmənɛri 'ɑːrtəi

우심실 내 혈액을 폐로 내보내기 위한 혈관으로, 심장에서 나와 좌우 폐동맥으로 갈라진다.

폐정맥 Pulmonary vein / ˈpʌlmənɛri veɪn

폐에서 나온 혈액을 좌심방으로 보내는 혈관으로, 정맥이지만 동맥혈이 흐른다.

심장전도계통 Cardiac conduction system / ˈkɑːrdiæk kənˈdʌkʃən ˈsɪstəm

이들은 주기적으로 전기자극을 발생시켜, 심방근육과 심실근육에 전달하여, 심장이 수축과 이완을 할 수 있도록 한다. 특수한 심장근세포로 구성되어 있으며, 다음과 같은 구조로 구분할 수 있다.

동방결절 Sinoatrial node(S-A node) / sàinouéitriəl noʊd

심장전도계의 자극전도가 시작되는 부위이다. 전대정맥과 우심방이 만나는 위치에 존재한다. 일명 심박동조율기(pace maker)라고 한다.

방실결절 Atrioventricular node(A-V node) / eɪtrioʊvɛntrɪkjələ noʊd

우심방의 심내막 밑에 있으며, 동방결절로부터 온 전기적 흥분을 심실 사이에 있는 방실다발로 전달하는 특수한 세포 집단이다.

방실다발 Atrioventricular bundle / eɪtrioʊvɛntrɪkjələ ˈbʌndəl

심방 사이의 중격에 위치하며, 좌우로 갈라져 동방결절로부터 온 전기적 흥분을 좌우 심실에 전달하는 역할을 한다. 히스다발(bundle of His)이라고도 한다.

푸르킨예섬유 Purkinje fiber / ˈpɜːrkɪndʒi faɪbə

여러 개의 가지로 나뉘어, 심실벽 전체에 존재하는 심장전도근육섬유로 좌우 심실의 수축을 일으킨다.

수축기 Systole / ˈsɪstəli

심장 내 혈액을 심장 밖으로 내보내기 위한 심장의 수축 상태를 말한다.

확장기 Diastole / daɪæstəli

심장근육의 긴장이 풀려 이완된 상태로, 심실 내 압력이 낮아져 심방으로부터 혈류가 심실 내로 유입되는 시기이다.

심박동 Cardiac pulse / ˈkɑːrdiæk pʌls

심장이 혈액을 내보내고, 받아들이기 위해 수축과 이완하는 움직임을 말한다.

혈압 Blood pressure / blʌd preʃə

혈액이 혈관에 주는 압력을 말한다. 보통 동맥의 압력을 말하며, 심장이 수축할 때 동맥에 걸리는 수축기압(최고혈압)과 심장이 이완할 때 동맥에 걸리는 확장기압(최저혈압)이 있다.

심전도 Electrocardiogram / ɪlɛktroʊkɑːrdioʊgræm

심장의 전기적 흥분을 신체 표면에서 측정하여 파장형으로 기록한 것이다. 부정맥, 심장근육비대, 심장근육장애 등 심장의 이상을 진단할 수 있다.

P-파 P-wave / piː weɪv

심방의 수축으로 인해 생기는 파장이다.

QRS-파 QRS-wave / kjuː ɑːr ɛs weɪv

심실의 수축으로 생기는 파장으로, 심실은 수축하고 심방은 이완한다.

T- 파 T-wave / tiː weɪv

심실이 이완될 때 생기는 파장이다.

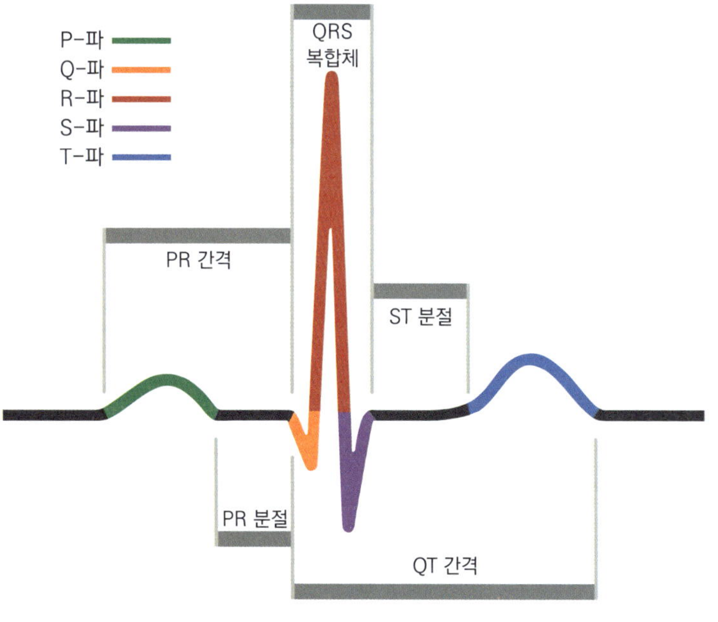

그림 4-3 정상 개의 심전도

심장 관련 증상 및 질병 용어 Symptoms and Disease terminology

부정맥 Arrhythmia / ərɪðmiə

심장박동의 속도, 리듬, 강도가 불규칙하거나, 비정상적인 상태이다.

세동 Fibrillation / faɪbrɪleɪʃən

심장이 비정상적으로 빠르고 불규칙하게 뛰는 상태이다.

빈맥 Tachycardia / æki'kɑːrdiə

심박수가 비정상적으로 빠른 상태이다.

서맥 Bradycardia / brædi'kɑːrdiə

심박수가 비정상적으로 느린 상태이다.

심정지 Cardiac arrest / 'kɑːrdiæk ərɛst

심장박동이 멈춰 심장이 혈액을 밖으로 내보낼 수 없는 상태이다.

심비대 Cardiomegaly / kɑːrdioʊmɛgəli

심장근육이 두꺼워져서 심장이 커진 상태를 말한다.

심근병증 Cardiomyopathy / kɑːrdioʊmaɪɒpəθi

심근에 영향을 미치는 질병의 총칭이다.

두근거림 Palpitation / pælpɪteɪʃən

심장박동이 빠르고, 센 것을 말한다. 흥분 또는 심장병 등에 의해 일어나는 증상이다.

청색증 Cyanosis / saɪənoʊsɪs

산소공급이 부족하여, 피부와 점막이 푸르게 변한 것을 말한다.

잡음 Murmur / 'mɜːrmə

심장을 통과하는 혈류에 의해 발생하는 생리적 또는 병적인 청진음이다.

역류 Regurgitation / rɪgɜːdʒɪteɪʃən

심장판막 등의 이상으로 인해 혈액이 심장으로 돌아가는 것이다. 그 외 소화되지 않는 음식물이 소화기관 내에서 거꾸로 흘러가는 것을 의미하기도 한다.

대동맥판협착 Aortic stenosis / eɪɔːrtɪk stənoʊsɪs

심장의 대동맥판막이 좁아지거나 대동맥 자체가 좁아진 것이다.

폐동맥판협착 Pulmonary stenosis / pʌlmənɛri stənoʊsɪs

우심실에서 폐로 혈액이 흐르는 폐동맥의 판막이 좁아진 것이다.

삼첨판폐쇄부전증 Tricuspid valve insufficiency / traɪkʌspɪd vælv ɪnsəfɪʃənsi

여러 이유로 우심실에 존재하는 삼첨판이 제대로 닫히지 않아 혈액이 우심실에서 우심방으로 역류하는 상태이다.

동맥관잔존증 Patent ductus arteriosus / ˈpeɪtənt dʌktəs ɑːrtɪoʊsəs

태아 시기에 혈액 순환을 돕는 동맥관(ductus arteriosus)이 출생 후에도 닫히지 않는 선천적 심장 질환이다.

난원공개존증 Patent foramen ovale / peɪtənt fɔːrəmən oʊˈvæli

좌심방과 우심방을 연결하는 구멍인 난원공(foramen ovalen)은 태아 시기에 정상적으로 열려 있다가, 출생 후 폐순환이 시작되면서 자연스럽게 닫혀야 하는데, 출생 후에도 닫히지 않은 상태이다.

심방중격결손 Atrial septal defect / eɪtriəl sɛptəl diːfɛkt

좌심방과 우심방을 분리하는 중격에 비정상적으로 구멍이 존재하는 선천성 심장 질환이다. 이로 인해 산소가 풍부한 혈액이 좌심방에서 우심방으로 비정상적으로 흘러 폐로 과도한 혈류가 유입된다.

심실중격결손 Ventricular septal defect / ˈvɛntrɪkjʊlə sɛptəl diːfɛkt

심실중격에 구멍이 생겨 좌심실의 혈액이 우심실로 역류하는 질환이다. 이로 인해 폐에 과부하를 일으킬 수 있다.

방실중격결손 Atrioventricular septal defect / eɪtrioʊvɛntrɪkjələ sɛptəl diːfɛkt

심방과 심실 사이의 중격이 결손된 상태로, 방실판막의 기형 및 심실중격결손이 동반된다.

팔로사징 Tetralogy of fallot / tɛˈtrælədʒi əv fəˈloʊ

네 가지 주요 심장기형, 즉 심실중격결손(ventricular septal defect), 우심실 비대(right ventricular hypertrophy), 폐동맥 협착(pulmonary stenosis), 대동맥 기승(overriding aorta)이 동시에 나타나는 선천성 심장질환이다.

울혈성심부전 Congestive heart failure / kənˈdʒɛstɪv ˈhɑːrt ˈfeɪljə

심장이 신체로 충분한 혈액을 배출하지 못해 전신 혈액순환에 문제가 생기는 상태이다. 개에서는 다양한 심장 질환의 말기로 발생하며, 체액이 정체(울혈)되어 폐, 복부, 또는 여러 조직에 체액이 축적된다.

심내막염 Endocarditis / ɛndoʊkɑːrˈdaɪtɪs

세균, 곰팡이 등의 감염으로 인해 심내막 특히 심장 판막(특히, 대동맥판 또는 승모판)에 발생한 염증 상태이다. 비정상적인 혈류를 유발하고 전신적인 합병증을 초래할 수 있다.

심근염 Myocarditis / ˌmaɪoʊkɑːrˈdaɪtɪs

심장의 근육(심근)에 염증이 발생하는 질환으로, 감염성 또는 비감염성 원인에 의해 발생한다.

심장질병 치료 용어 Therapy terminology

도플러 초음파검사 Doppler ultrasound / dä-plər ʌltrəsaʊnd

초음파를 이용하여 혈류의 속도의 방향을 측정하는 검사 방법이다. 혈액 흐름의 장애 여부를 확인할 수 있다.

심초음파검사 Echocardiography / èkoukàːrdiάgrəfi

초음파 기술을 이용하여 심장의 구조와 기능을 실시간으로 관찰하는 비침습적인 검사방법이다. 심장 초음파는 심장 내 혈류, 심장벽, 판막, 심장 기능 등을 평가할 수 있으며, 심장 질환의 진단과 치료에 사용한다.

심장천자 Cardiocentesis / kὰːrdiəsentísis

심장에 직접적으로 바늘을 삽입하여 심장 내 액체(주로 혈액이나 흉수)를 채취하거나 제거하는 침습적 기법이다. 심장의 상태를 평가하거나 치료적 목적(예: 심장 내 출혈이나 심낭삼출액(심장 주위에 액체가 고여 있는 상태)을 제거)으로 사용한다.

심폐소생술 Cardiopulmonary resuscitation / kɑːrdioʊpʌlmənɛri rɪsʌsɪteɪʃən

심장과 폐 기능이 정지되었을 때, 혈액 순환과 호흡을 인위적으로 재개시키는 응급처치법이다. 혈액과 산소를 계속 공급하여, 뇌와 다른 중요한 장기들이 손상되지 않도록 하는 것이 돕는다.

심박조율기 Pacemaker / ˈpeɪsmeɪkə(r)

심장의 정상적인 박동을 유지하기 위해 전기적 신호를 보내는 기기이다. 심박조율기는 심장이 너무 느리게 뛰거나 불규칙하게 뛰는 경우 이를 교정하는 역할을 한다. 심박조율기는 전극을 통해 심장에 전기 신호를 보내어, 심장이 규칙적이고 효율적으로 박동하도록 돕는다.

심장막절개 Pericardiectomy / pèrikὰːrdiékəmi

심장을 둘러싼 심장막(pericardium)을 부분적 또는 전체적으로 제거하는 수술이다. 심장막은 심장을 보호하고, 심장의 움직임을 제한하는 역할을 하지만, 특정 상황에서는 심장막이 두꺼워지거나 딱딱해져서 심장 기능을 방해할 수 있으므로, 심장막절개를 통해 심장막을 제거하거나, 교정하여 심장 기능을 개선할 수 있다.

혈압계 Sphygmomanometer / sfigmoumənámətə

혈압을 측정하는 기기이다.

2. 혈관(Blood vessel)

해부용어 Anatomical terminology

그림 4-4 혈구세포의 종류

혈액 Blood / blʌd

혈액은 산소, 영양분, 호르몬을 조직세포에 공급하고, 이산화탄소 및 요소와 같은 노폐물을 수송하는 기능을 한다. 혈장(plasma)이라는 액체성분과 혈구세포(blood cells)로 구성된다.

적혈구 Red blood cell / red blʌd sɛl, Erythrocyte / ɪrɪθrəsaɪt

적색골수에서 생성되는 성숙한 적혈구로, 산소를 신체조직에 수송하는 역할을 한다.

그물적혈구, 세망적혈구 Reticulocyte / rɪtɪkjələsaɪt

골수에서 생성되어 혈액으로 방출된 핵이 없는 미성숙한 적혈구이다. 망상적혈구라고도 하며, 산소를 운반하는 능력이 없다.

혈색소 Hemoglobin / hí:məglòubi

적혈구에 포함되어 있는 혈색소로 철분을 포함한 헴(heme) 색소와 글로빈(globin)이라는 단백질이 결합하여 만들어진다. 산소와 결합하여, 신체조직에 운반된다.

백혈구 White blood cell, Leukocyte / waɪt blʌd sel, ˈluːkəsaɪt

감염물질로부터 몸을 보호하는 혈액세포이다. 백혈구는 혈액뿐만 아니라 림프와 조직에도 존재하며, 세균이나 바이러스 등의 외부 침입자를 탐지하고 없애는 기능을 한다.

과립백혈구 Granulocyte / ˈgrænjələsaɪt

백혈구의 종류로 세포 내 과립(granules)을 가지고 있는 백혈구이다. 다음 세 가지 유형으로 나눌 수 있다.

호중구 Neutrophil / ˈnuːtrəfɪl

중성 염료에 염색되는 세포질을 가진 다형핵백혈구로, 세균과 이물을 탐식하는 역할을 한다. 가장 흔한 과립백혈구이다.

호산구 Eosinophil / iːəsɪnəfɪl

산성 염료에 붉게 염색되는 세포질을 가진 백혈구로, 탐식작용과 알러지 반응에 관여한다.

호염구 Basophil / ˈbeɪsəfɪl

염기성 염료에 푸르게 염색되는 세포질을 가진 백혈구로, 알러지 반응에 관여하고, 과립백혈구 중 가장 작은 비율을 차지한다.

무과립백혈구 Agranulocyte / eɪgrænjəloʊsaɪt

세포질 속에 과립이 없는 백혈구이다.

림프구 Lymphocyte / ˈlɪmfoʊsaɪt

골수와 림프절에서 만들어지는 무과립성 백혈구이다. B-cell과 T-cell이 있다.

단핵구 Monocyte / ˈmɒnoʊsaɪt

하나의 큰 핵을 가지고 있는 세포로, 탐식작용을 하는 백혈구이다.

혈소판 Platelet / ˈpleɪtlɪt

혈구 세포 중 가장 작은 세포로, 혈액의 응고작용에 관여한다.

혈장 Plasma / plæzmə

혈액 중 혈구세포를 제외한 액체성분을 말한다.

대동맥 Aorta / eɪɔːrtə

심장에서 나오는 가장 큰 혈관으로, 산소화된 혈액을 심장에서 전신으로 운반하는 주요 경로이다.

동맥 Artery / 'ɑːrtəi

심장에서 나온 산소화된 혈액을 몸의 각 부위로 운반하는 혈관이다. 두꺼운 근육층과 탄성을 가진 벽이 있어, 혈액이 심장에서 나올 때의 높은 압력을 견딜 수 있다.

대정맥 Vena cava / 'viːnə 'keɪvə

몸의 각 부위에서 산소가 부족한 혈액을 심장으로 되돌려 보내는 가장 큰 정맥이다.

정맥 Vein / veɪn

산소가 부족한 혈액을 심장으로 되돌려보내는 혈관이다. 정맥은 전신의 조직에서 사용된 혈액을 심장으로 다시 운반하는 역할을 하므로, 동맥에 비해 내벽이 얇고 탄력성이 낮으며, 내부에 판막이 있어 혈액이 역류하지 않도록 돕는다.

모세혈관 Capillary / 'kæpəleri

혈액과 조직 사이에서 물질 교환이 일어나는 가장 작은 혈관이다. 모세혈관은 동맥과 정맥을 연결하는 역할을 하며, 산소, 이산화탄소, 영양분, 노폐물 등의 물질이 혈액과 세포 사이에서 교환될 수 있도록 돕는다.

동맥관 Ductus arteriosus / 'dʌktəs ɑːrtɪoʊsəs

태아에서 대동맥과 폐동맥을 연결하는 혈관이다. 태아는 폐로 호흡하지 않기 때문에 모체로부터 받은 산소가 공급된 혈액을 대동맥 또는 폐동맥으로 보내는 역할을 한다.

온몸순환 Systemic circulation / sɪ'stemɪkɪ sə̀ːrkjuléiʃən

심장에서 시작하여 전신을 거쳐 다시 심장으로 돌아오는 혈액의 순환이다. 이 순환은 산소가 풍부한 혈액을 대동맥을 통해 전신의 조직에 공급하고, 산소가 부족한 혈액을 정맥을 통해 심장으로 돌려보내는 역할을 한다.

폐순환 Pulmonary circulation / pʌlməneri sə:rkjuléiʃən

우심실에서 폐로 혈액을 보내고, 폐에서 산소화된 혈액을 좌심방으로 되돌려보내는 순환 시스템이다. 이 순환은 산소와 이산화탄소의 교환을 위한 중요한 과정이다.

태아순환 Fetal circulation / ˈfi:təl sə:rkjuléiʃən

태아가 태반을 통해 산소와 영양분을 공급받고, 이산화탄소와 노폐물을 제거하는 순환 시스템이다. 태아는 폐호흡을 하지 않으므로, 폐를 우회하는 특수한 혈관들이 존재한다.

문맥 Portal vein / ˈpɔ:rtəl veɪn

위장관, 간, 비장 등에서 흡수된 영양분이 포함된 혈액을 간으로 운반하는 특수한 정맥이다. 문맥은 간문맥이라고도 하며, 혈액은 간을 거쳐서 대사와 해독 과정을 거친 후 전신순환으로 들어간다.

혈관 관련 증상 및 질병 용어 Symptoms and Disease terminology

저산소증 Hypoxia / haɪpɑ:ksiə

혈액 중 산소 농도가 비정상적으로 낮아 전신 또는 조직에 산소공급이 원활하게 이뤄지지 않는 상태이다.

혈관수축 Vasoconstriction / veɪzoʊkənstrɪkʃən

혈관 벽이 수축하여 혈관 지름이 감소한 것이다. 특히 세동맥의 수축상태를 의미한다.

혈관확장 Vasodilatation / veɪzoʊdaɪləteɪʃən

혈관 벽이 확장되어 혈관 지름이 증가한 것이다. 세동맥 확장은 국소로 가는 혈류를 증가시킨다.

울혈 Congestion / kəndʒestʃən

혈액이나 체액이 특정 부위에 비정상적으로 축적된 상태이다. 주로 정맥순환의 문제나 혈액 흐름의 장애로 인해 발생한다.

부종 Edema / ɪdiːmə

체액이 조직이나 간질에 비정상적으로 축적된 상태이다. 혈액순환 장애, 신장 질환, 심장 질환 등에 의해 발생한다.

용혈 Hemolysis / himáləsis

적혈구가 파괴되어 헤모글로빈이 방출된 상태이다. 빈혈이나 황달이 발생할 수 있다.

지혈 Hemostasis / hìːməstéisis

혈관수축, 혈소판 응집, 응고 반응 등으로 인해 신체의 출혈을 멈추는 생리적인 과정이다.

출혈 Hemorrhage / 'héməridʒ

혈관이 손상되어 혈관 밖으로 혈액이 유출되는 상태이다. 외상이나 혈액응고 장애 등 내적원인에 의해 발생할 수 있다.

빈혈 Anemia / ə'niːmiə

혈액 내 적혈구 수 또는 헤모글로빈의 수치가 낮은 상태이다. 철분결핍, 비타민 B12 결핍, 출혈, 골수 장애 등으로 발생할 수 있다.

패혈증 Septicemia / sèptəsíːmiə

세균이 혈액을 통해 전신 감염되어, 고열, 저혈압, 호흡곤란, 장기부전으로 폐사에 이르게 할 수 있는 상태이다.

동맥류 Aneurysm / ænjərɪzəm

동맥벽이 약해져 부풀어 오른 상태이다.

동맥염 Arteritis / àːrtəráitis

여러 가지 이유로 동맥에 발생한 염증으로, 동맥의 협착이나 파열을 일으킬 수 있다.

동맥경화증 Arterosclerosis / ɑːtɪərɪəʊsklerəʊsɪs

고혈압, 당뇨병, 고지혈증 등으로 인해 동맥벽이 두꺼워지고, 단단해지는 상태이다. 혈액 흐름의 저항을 증가시켜 심혈관 질환의 위험을 높인다.

정맥염 Phlebitis / flə'baɪtɪs

정맥에 발생한 염증이다. 감염, 외상, 혈전에 의한 자극 등으로 발생할 수 있으며, 통증, 발적, 부종 등을 일으킨다.

혈전 Thrombus / θrámbəs

혈관 내에 비정상적으로 형성된 혈액 덩어리이다. 정상적인 응고과정이 과도하게 일어나거나, 혈액의 흐름이 느려지는 질병으로 인해 2차적으로 발생할 수 있다.

혈전증 Thrombosis / θrɑːmboʊsɪs

혈류 내 혈전이 생겨 혈류의 흐름을 차단하는 상태이다. 조직의 산소공급이 중단되어, 장기 손상을 일으킬 수 있다.

색전 Embolus / 'embələs

혈관 내에 존재하는 지방, 공기, 혈전 등을 말한다.

색전증 Embolism / embəlɪzəm

색전으로 인해 혈관이 차단되어, 혈류의 흐름을 막아 조직 및 장기 손상을 일으킬 수 있다.

허혈 Ischemia / ɪs'kiːmɪə

혈액 공급이 부족하여 조직에 산소와 영양분이 제대로 공급되지 않는 상태이다. 이로 인해 조직 손상이나 괴사가 발생할 수 있다.

경색 Infarct / 'ɪnfɑːrkt

허혈로 인해 조직이 죽거나 손상된 상태이다. 심장경색(심장 발작)이나 뇌경색(뇌졸중) 등이 대표적인 예이다.

경색증 Infarction / ɪnfɑːrkʃən

경색이 발생하는 과정을 의미하며, 조직의 괴사나 상실이 발생하는 병리적인 상태이다. 이 과정에서 조직의 산소 부족으로 조직 손상에 이어, 폐사할 수 있다.

혈관질병 치료 용어 Therapy terminology

동맥절개 Arteriotomy / ɑːrtiəriɑ́təmi

동맥을 절개하여 내부에 접근하는 외과적 절차이다. 이 절차는 혈관 우회 수술이나 혈관 수술에서 주로 사용되며, 혈관을 열어 혈액 흐름을 조절하거나 혈전 제거, 혈관 재건 수술을 위해서 사용한다.

연결, 문합 Anastomosis / ənæstəmoʊsɪs

두 혈관, 기관, 또는 구조물을 수술적으로 연결하는 것이다. 혈관 우회 수술이나 장기 이식에서 중요한 역할을 하며, 두 혈관을 연결하여 정상적인 혈액 순환을 회복하기 위해 사용한다.

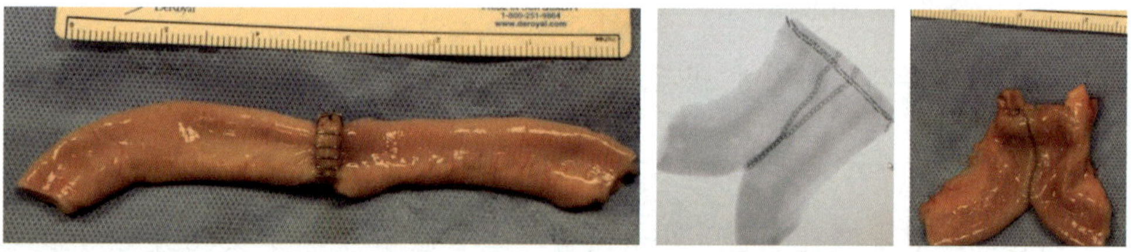

a) b) c)

출처: Topics in Companion Animal Medicine Volume 41, November 2020, 100457

그림 4-5 개 사체 소장문합술 시연

혈관조영 Angiography / æ̀ndʒiɑ́grəfi

혈관을 조영제를 사용하여 X-ray 또는 CT 스캔으로 촬영하는 진단 방법이다. 이 검사는 혈관의 상태를 확인하고, 협착, 동맥류, 혈전 등을 진단하는 데 사용한다.

정맥천자 Venipuncture / vɛnɪpʌŋktʃər

정맥에 바늘을 삽입하여 혈액을 채취하거나 약물을 주입하는 것이다. 일반적으로 혈액 검사, IV(정맥주사), 약물 투여 등을 위해 사용한다.

카테터삽입 Catheterization / kæθɪtəraɪzeɪʃən

체내에 액체를 주입하거나 체외로 배출하기 위해 혈관, 심장, 요도 등에 얇은 도관(catheter)을 삽입하는 것이다. 정맥 카테터 삽입, 배뇨 카테터 삽입 등이 일반적이다.

골수이식(술) Bone marrow transplantation / boʊn mærəʊ trænsplænteɪʃən

환자의 골수를 건강한 골수로 교체하는 수술이다. 백혈병, 빈혈, 면역 질환 등으로 골수가 손상된 경우, 건강한 기증동물의 골수를 이식하여 혈액세포를 수복하기 위한 것이다.

수혈 Transfusion / trænsfjuːʒən

건강한 동물의 혈액 또는 혈액 성분을 동물환자에게 주입하는 것이다. 과도한 출혈, 빈혈, 수술 후 회복 등을 위해 사용되며, 수혈 전 혈액형 검사를 통해 적절한 혈액을 수혈하도록 한다.

연습 TEST

A 빈칸에 알맞은 한글 및 영어 의학용어를 쓰시오.

심장 전도계 및 심장 기능 관련 용어

문번	한글 의학용어	영어 의학용어
01	심장전도계통	
02	동방결절	
03		Atrioventricular node(A-V node)
04	방실다발	
05	푸르킨예섬유	
06		Systole
07	확장기	
08	심박동	
09	혈압	
10	심전도	

정답 심장 전도계 및 심장 기능 관련 용어

01	Cardiac conduction system	02	Sinoatrial node (S-A node)	03	방실결절	04	Atrioventricular bundle / bundle of His	05	Purkinje fiber
06	수축기	07	Diastole	08	Cardiac pulse	09	Blood pressure	10	Electrocardiogram

심장 관련 증상 및 질병 용어

문번	한글 의학용어	영어 의학용어
01	부정맥	
02		Fibrillation
03		Tachycardia
04		Bradycardia
05	심정지	
06	심비대	
07	심근병증	
08		Palpitation
09		Cyanosis
10		Murmur
11	역류	
12	대동맥판협착	
13		Pulmonary stenosis
14	삼첨판폐쇄부전증	
15	동맥관잔존증	
16		Patent foramen ovale
17		Atrial septal defect
18	심실중격결손	
19		Atrioventricular septal defect
20	팔로사징	
21		Congestive heart failure
22		Endocarditis
23		Myocarditis

정답 심장 관련 증상 및 질병 용어

01	Arrhythmia	02	세동	03	빈맥	04	서맥	05	Cardiac arrest
06	Cardiomegaly	07	Cardiomyopathy	08	두근거림	09	청색증	10	잡음
11	Regurgitation	12	Aortic stenosis	13	폐동맥판협착	14	Tricuspid valve insufficiency	15	Patent ductus arteriosus
16	난원공개존증	17	심방중격결손	18	Ventricular septal defect	19	방실중격결손	20	Tetralogy of Fallot
21	울혈성심부전	22	심내막염	23	심근염				

심장 질환 진단 및 치료 용어

문번	한글 의학용어	영어 의학용어
01	도플러 초음파검사	
02		Echocardiography
03		Cardiocentesis

정답 심장 질환 진단 및 치료 용어

01	Doppler ultrasound	02	심초음파검사	03	심장천자

B 다음 그림의 빈칸에 해당하는 알맞은 용어를 쓰시오.

• 개의 심장 외부

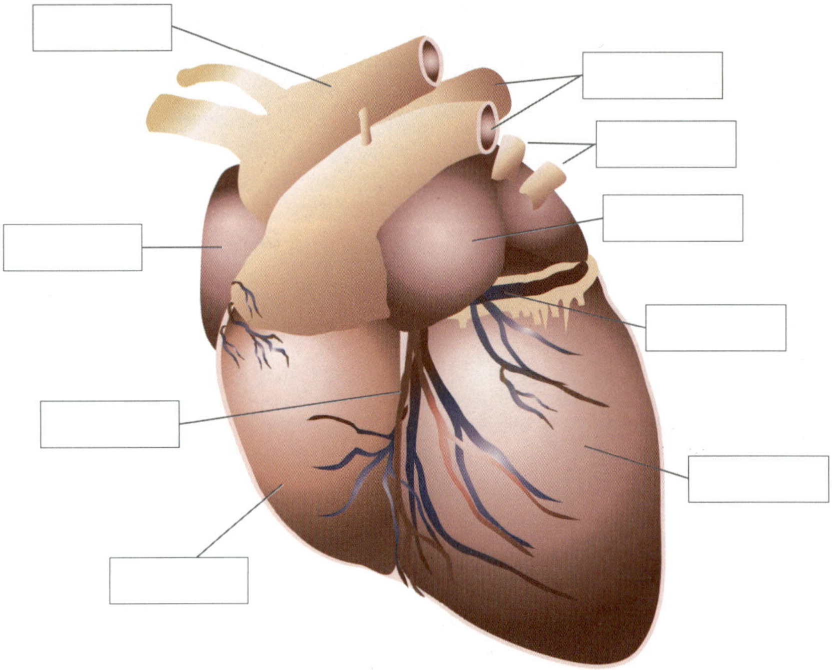

정답 p.75

CHAPTER 05

소화기계통 (Digestive system)

CHAPTER

05 소화기계통 (Digestive system)

1. 소화기(Digestive organ)

입에서 항문까지 음식의 소화 및 흡수에 관여하는 관 모양 또는 주머니 모양의 장기들을 말한다. 입 → 인두 → 식도 → 위 → 소장 → 대장 → 항문까지 하나의 관으로 이어지며, 그 외 소화액을 분비하는 부속기관들이 있다.

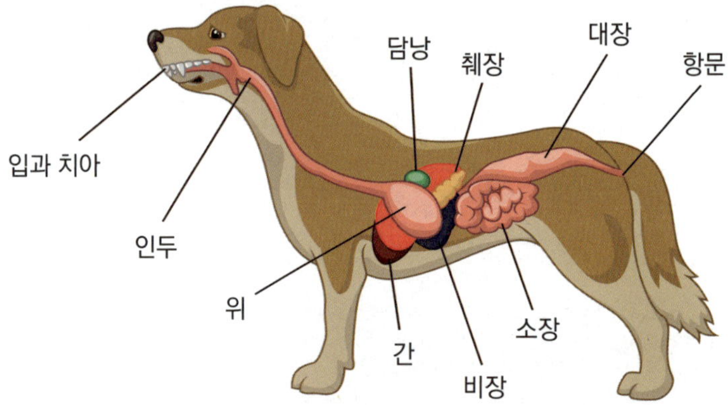

그림 5-1 개의 소화기관

해부용어 Anatomical terminology

구강 Oral cavity / ˈɔːrəl ˈkævɪti

치아 Tooth / tuːθ

음식을 씹기 위해 사용하는 구조물로, 위턱과 아래턱 내에 존재한다.

사기질, 법랑질 Enamel / ɪˈnæml

치아의 바깥층을 이루는 가장 단단한 조직으로, 치아를 보호하는 역할을 한다.

상아질 Dentin / déntn

상아질 아래에 위치하며, 내부에 치수 공간이 있다.

치아머리, 치관 Crown / kraʊn

치아의 위쪽 부분으로 입안에서 보이는 부분이다.

이틀, 치조 Alveolar / ælviːələr

치아가 들어가는 턱뼈에 난 구멍을 포함하는 부분이다.

치아뿌리, 치근 Root / ruːt

치아의 아래쪽 부분으로 턱뼈에 들어가 있으며, 시멘트질로 덮여 있다.

시멘트질 Cementum / siméntəm

치아뿌리를 덮고 있는 단단한 결합조직이다.

치아주위인대 Periodontal ligament / perioʊdaːntl lɪgəmənt

치아를 이틀에 연결하고 충격을 흡수하는 섬유 조직이다.

앞니, 절치 Incisior / ɪnsaɪzər

위아래 앞니뼈에 위치하며, 음식을 자르는 데 사용하는 치아이다.

송곳니, 견치 Canine / keɪnaɪn

뾰족한 모양으로, 음식을 찢는 데 사용하는 치아이다.

작은어금니, 소구치 Premolar / priːmóulər

송곳니와 큰어금니 사이에 위치하며, 음식을 갈거나 잘게 부수는 기능을 하며, 개와 고양이에서는 위아래 작은어금니가 거의 맞물리지 않는다.

큰어금니, 대구치 Molar / moʊlər

턱의 가장 안쪽에 위치하고, 음식을 갈거나 잘게 부수는 기능을 하며, 개와 고양이에서는 위아래 작은어금니가 거의 맞물리지 않는다.

저작, 씹기 Mastication / mæ̀stəkéiʃən

음식을 씹는 과정을 말한다.

침샘 Salivary gland / sæləveri glænd

침을 분비하는 샘이다.

침 Saliva / səlaɪvə

침샘에서 구강 내로 분비되는 액체이다. 씹기와 삼키기를 쉽게 하고, 완충, 살균 등의 기능을 한다.

귀밑샘 Parotid gland / pərɑːtɪd glænd

양쪽 귀 아래쪽에 위치한 큰 샘이다.

턱밑샘 Mandibular gland / mændɪbjʊlər glænd

아래턱 아래쪽에 위치하고, 혀 밑으로 개구한다.

혀밑샘 Sublingual gland / sʌblɪŋgwəl glænd

귀밑샘과 턱밑샘보다 작으며, 혀 아래쪽에 위치한다.

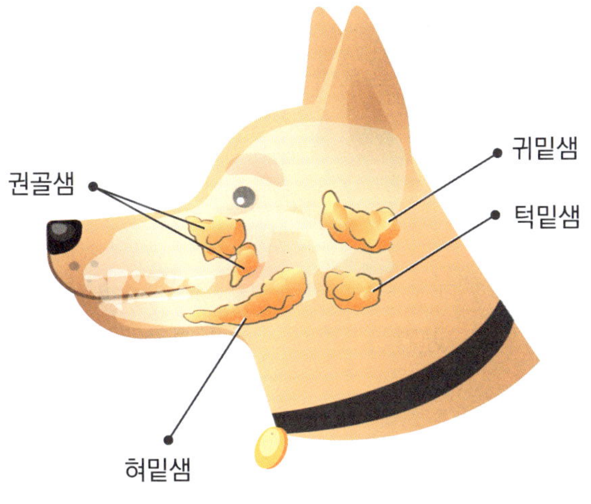

그림 5-2 개의 침샘 위치

혀 Tongue / tʌŋ

말하기, 맛보기, 음식을 이동시키는 데 사용되는 근육성 구조물이다.

맛봉오리, 미뢰 Taste buds / teɪst bʌdz

혀와 구강 내에서 맛을 감지하는 구조물이다.

잇몸 Gingiva / dʒindʒáivə

치아 주변을 덮고 있는 연조직이다.

연구개 Soft palate / sɔːft pælət

입천장의 뒤쪽으로, 근육과 점막으로 이루어진 부드러운 부분이다.

경구개 Hard palate / hɑːrd pælət

입천장의 앞쪽으로, 상악골과 구개골과 같은 뼈로 된 구조물로, 구강과 비강을 분리한다.

인두 Pharynx / ferɪŋks

코인두, 비인두 Nasopharynx / neɪzoʊferɪŋks

코 뒤쪽에 위치하며, 비강과 인두를 연결하므로, 공기가 지나가는 통로가 된다.

입인두 Oropharynx / ɔːroʊ'fernŋks

구강의 뒤쪽, 입과 연결된 인두 부분이다. 공기와 음식물이 모두 지나가는 교차점 역할을 한다.

후두인두 Laryngopharynx / lærɪŋgoʊfernŋks

인두(pharynx)의 가장 아랫부분으로, 후두(larynx)와 식도(esophagus)로 이어지는 구조이다. 음식물은 식도로, 공기는 후두를 통해 폐로 전달된다.

후두덮개 Epiglottis / epɪglaːtɪs

후두의 입구를 덮는 연골 구조로, 음식을 삼킬 때 후두를 닫아 음식물이 기도로 들어가는 것을 방지한다.

성대 Vocal cord / voʊkəl kɔːrd

후두 내부에 위치한 조직으로, 소리를 내는 데 중요한 역할을 한다. 공기가 성대를 통과하면서 진동을 통해 소리가 발생한다.

식도 Esophagus / ɪ'saː.fəgəs

입과 위를 연결하는 근육성 기관으로, 음식물이 이동하는 통로이다.

위 Stomach / 'stʌmək

식도와 십이지장을 연결하는 속이 빈 주머니 형태의 장기이다. 음식물을 저장하고, 일부 소화작용을 거쳐 소장으로 내려보내는 역할을 한다.

위바닥 Gastric fundus / 'gæstrɪk 'fʌndəs

위의 둥근 윗부분이다.

들문, 분문 Cardia / 'kaːrdiə

위의 윗부분에 있는 좁은 부분으로 식도와 연결되는 부위이다.

위몸통 Gastric body / 'gæstrɪk 'bɒdi

위의 중간 부분이다.

날문, 유문 Pylorus / paɪ'lɔːrəs

위의 아랫부분에 있는 좁은 부분으로, 위에서 십이지장까지 연결 부분을 둘러싸고 있는 점막과 근육조직이다.

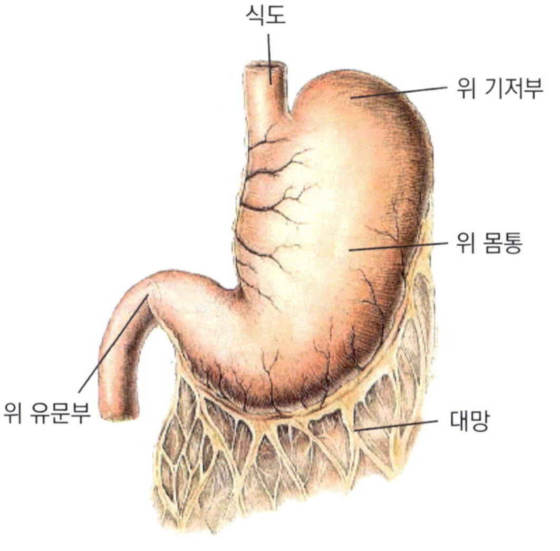

그림 5-3 개의 위

날문조임근 Pyloric sphincter / paɪ'lɔːrɪk 'sfɪŋktər

위 날문의 두꺼운 근육층으로, 평소에는 산성 위액이 십이지장으로 배출되지 않도록 막고 있지만, 고형 음식물이 위에서 십이지장으로 이동할 때에는 이완된다.

작은창자, 소장 Small intestine / smɔːl ɪn'testɪn

위와 큰창자 사이에 있는 관 모양의 소화관이다. 내강은 점막과 융모가 존재하고, 장액을 분비하여 소화작용을 한다. 분절운동(혼합)과 꿈틀운동(추진)을 하여 음식물을 소화하고, 영양분을 흡수한다.

샘창자, 십이지장 Duodenum / duː.ə'diːnəm

작은창자의 처음 부분이다. 췌장관과 담낭관이 개구하여 췌장액(이자액)과 담즙액이 분비된다.

빈창자, 공장 Jejunum / dʒɪ'dʒuːnəm

십이지장에서 돌창자(회장)로 이어지는 중간 부분이다. 공장과 회장의 경계는 명확하지 않다.

돌창자, 회장 Ileum / 'ɪliəm

작은창자의 마지막 부분이다.

융모 Villi / 'vɪlaɪ

작은창자의 점막을 둘러싸며, 위와 샘창자에서 내려온 소화된 음식물을 흡수하는 곳이다.

큰창자, 대장 Large intestine / lɑːrdʒ ɪn'testɪn

비교적 넓은 내강을 지닌 장이다. 물, 전해질을 흡수하고 변의 형태를 만드는 곳이다.

막창자, 맹장 Cecum / 'siːkəm

돌창자의 마지막 부분과 큰창자의 처음 부분이 연결된 부분이다.

잘록창자, 결장 Colon / 'koʊlən

오름잘록창자, 상행결장 Ascending colon / ə'sɛndɪŋ 'koʊlən

막창자(맹장)에서 위로 향하여 올라가는 큰창자의 일부분이다.

가로잘록창자, 횡결장 Transverse colon / 'trænsvɜːs 'koʊlən

오름잘록창자와 내림잘록창자 사이에 위치하며, 가로로 주행한다.

내림잘록창자, 하행결장 Descending colon / dɪ'sɛndɪŋ 'koʊlən

가로잘록창자에서 왼쪽의 뒤쪽 복벽을 내려가는 창자이다.

곧창자, 직장 Rectum / 'rɛktəm

큰창자의 바닥 부분으로 항문과 연결된 부분이며, 대변을 저장, 배설하는 작용을 한다.

항문 Anus / 'eɪnəs

소화관의 마지막 부분으로, 곧창자 아래 끝부분에서 항문으로 이어진 외부와 통하는 곳이다.

항문조임근 Anal sphincter / 'eɪnəl 'sfɪŋktə

항문을 조이는 근육이다.

부속기관

간 Liver / 'lɪvə

복강 내에서 가장 크고, 혈관이 풍부한 장기 중의 하나이다. 혈액을 저장하고, 여과하며, 쓸개즙을 분비하여 지방 소화를 돕는다. 소화된 탄수화물, 단백질, 지방을 저장하는 장소이다.

담낭 Gallbladder / 'gɔːlˌblædə

간에서 분비된 쓸개즙(담즙)을 저장하고, 농축하여 배출하는 기능을 한다.

쓸개길, 담관 Bile duct / 'baɪl dʌkt

간에서 만들어진 쓸개즙(담즙)이 샘창자까지 이동하는 길이다.

쓸개즙, 담즙 Bile / baɪl

간세포에서 생성되며, 주로 물, 빌리루빈, 콜레스테롤, 중탄산염, 뮤신 등을 함유한 액체이다.

빌리루빈 Bilirubin / bɪlɪ'ruːbɪn

대부분 노화된 적혈구에서 나온 헤모글로빈 분해 산물이다. 간에서 처리되어 담즙으로 배설된다.

이자, 췌장 Pancreas / pæŋkriəs

소화액을 분비하는 소화기관으로, 인슐린을 배출하여 혈당을 조절하는 내분비기관과 탄수화물, 단백질, 지방을 분해하는 소화효소를 분비하는 외분비기관의 기능을 모두 가진다.

이자관, 췌장관 Pancreatic duct / pæŋkri'ætɪk dʌkt

이자(췌장)의 소화효소를 분비하는 관이다.

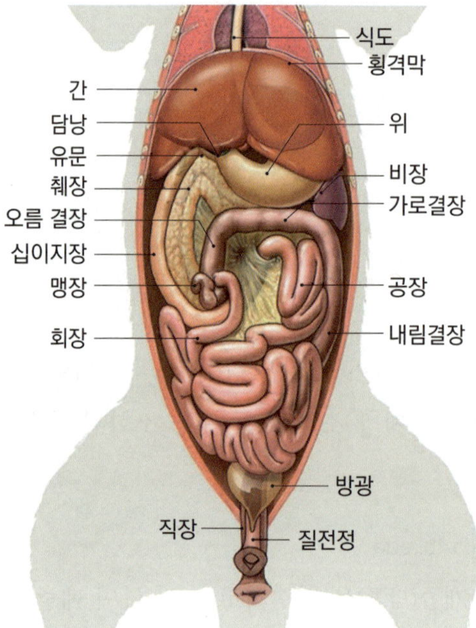

출처: Ventral view of abdominal contents in a female dog. (A) Normal location of organs. Illustration: Kip Carter.

그림 5-4 암컷 개의 소화기계 장기의 정상 위치

소화기 관련 증상 및 질병 용어 Symptoms and Disease terminology

입냄새 Helitosis / hælɪ'tousɪs

입에서 나는 불쾌한 냄새로, 구강 위생 불량, 소화기 질환, 또는 기타 전신 질환에 의해 발생할 수 있다.

쓸개염, 담낭염 Cholecystitis / ˌkoulɪsɪs'taɪtɪs

담낭(쓸개)에 염증이 생긴 상태로, 주로 담석에 의해 발생하며 복통과 발열이 동반된다.

식욕부진 Anorexia / ænə'reksiə

음식에 대한 관심이 감소하거나 식욕이 없는 상태이다.

담석증 Cholelithiasis / ˌkoulɪlɪ'θaɪəsɪs

담낭 또는 담관에 돌(담석)이 형성된 상태이다.

담석 Cholelith, Gallstone / ˈkoʊlɪlɪθ, gɔːlstoʊn

담즙 내 콜레스테롤, 빌리루빈, 또는 담즙 염의 농축으로 인해 형성된 단단한 물질이다.

담즙정체 Cholestasis / koʊləˈsteɪsɪs

담즙의 흐름이 방해받거나 감소하여 담즙이 간이나 담관에 정체된 상태이다.

변비 Constipation / kɑːnstɪˈpeɪʃən

배변이 어렵거나 횟수가 감소한 상태이다.

설사 Diarrhea / daɪəˈriːə

배변 횟수가 증가하고 대변이 묽거나 물 같은 상태이다.

샘창자 궤양, 십이지장 궤양 Duodenal ulcer / duːəˈdiːnəl ˈʌlsɚ

여러 가지 원인에 의해 십이지장의 점막이 손상 및 괴사된 상태이다.

삼킴곤란, 연하곤란 Dysphagia / dɪsˈfeɪdʒiə

음식물을 삼키기 어려운 상태이다.

장염, 창자염 Enteritis / entəˈraɪtɪs

소장에 염증이 생긴 상태로, 감염, 음식 알레르기, 또는 자가면역 질환 등에 의해 발생한다.

식도염 Esophagitis / ɪsɒfəˈdʒaɪtɪs

위산 역류, 감염 등 여러 가지 원인에 의해 식도 점막에 염증이 생긴 상태이다.

지방간 Fatty liver / ˈfæti ˈlɪvər

간세포에 과도한 지방이 축적된 상태이다.

위궤양 Gastric ulcer / gæstrɪk ˈʌlsɚ

위 점막 또는 점막아래조직까지 손상 및 괴사된 상태이다.

위염 Gastritis / gæ'straɪtɪs

위 점막의 염증으로, 급성 또는 만성 형태로 나타날 수 있다.

간염 Hepatitis / hɛpə'taɪtɪs

간에 발생한 염증이며, 여러 가지 원인이 있지만, 개에서는 주로 canine adenovirus 1형 감염으로 인해 발생한다.

탈장 Hernia / 'hɝːniə

신체의 내부 장기가 주변 조직이나 근육벽을 통해 비정상적으로 돌출된 상태를 의미한다.

고샅탈장, 사타구니탈장 Inguinal hernia / 'ɪŋgwɪnəl 'hɝːniə

방광, 내장, 또는 자궁과 같은 복강 장기가 고샅을 통해 탈출 또는 돌출된 상태이다.

구멍탈장 Hiatal hernia / haɪ'eɪtəl 'hɝːniə

횡격막에서 생긴 구멍을 통해 복강장기의 일부가 흉강으로 돌출된 상태이다.

이자염, 췌장염 Pancreatitis / ˌpæŋkriə'taɪtɪs

이자(췌장)에 생긴 염증이다.

토혈 Hematemesis / ˌhiːmə'temәsɪs

소화관 내에서 출혈이 발생하여 혈액을 토하는 상태이다.

구역 Nausea / 'nɔːziə

구토 전 나타나는 불쾌한 감각으로, 침흘림 등을 동반한다.

구토 Vomiting / 'vɑːmɪtɪŋ

위 또는 장의 내용물이 입을 통해 강제로 배출되는 상태이다.

복수 Ascities / ə'saɪtiːz

비정상적으로, 복강에 체액이 축적된 상태로 배가 팽만해지고 호흡곤란이 나타날 수 있다.

복통 Abdominal pain / æb'dɑːmənəl peɪn

복부에 통증이 있는 상태이다.

산통 Colic / 'kɑːlɪk

급성으로 오는 극심한 복부 통증으로, 장운동 이상이나 장폐색과 같은 원인으로 발생할 수 있다.

복부팽만 Abdominal distention / æb'dɑːmənəl dɪ'stɛnʃən

복수, 가스축적, 장폐색 등의 원인으로 복부가 비정상적으로 부풀어 오르는 상태이다.

간비대 Hepatomegaly / hɛpətoʊ'mɛgəli

간염, 종양, 또는 간 울혈과 같은 질환 등으로 인해 간이 비정상적으로 커진 상태이다.

고혈당 Hyperglycemia / haɪpə-glaɪ'siːmiə

혈중 포도당 농도가 비정상적으로 높은 상태이다.

저혈당 Hypoglycemia / haɪpoʊglaɪ'siːmiə

혈중 포도당 농도가 비정상적으로 낮은 상태이다.

고콜레스테롤혈증 Hypercholesterolemia / haɪpə-kəlɛstə-oʊ'liːmiə

콜레스테롤 대사 장애로 인해 혈중 콜레스테롤 농도가 비정상적으로 높은 상태이다.

저콜레스테롤혈증 Hypocholesterolemia / haɪpoʊkəlɛstə-oʊ'liːmiə

혈중 콜레스테롤 농도가 비정상적으로 낮은 상태이다.

고빌리루빈혈증 Hyperbilirubinemia / haɪpə-bɪlɪˌruːbɪ'niːmiə

혈액 속에 담즙색소인 빌리루빈 농도가 비정상적으로 높은 상태이다.

흑색변 Melena / mɛlɪnə

소화관 내부에서 출혈이 발생하여 대변이 검고 타르 같은 상태로 배출된 것이다. 소화관 내 출혈 위치나 혈액이 소화관에 머문 시간 등에 따라 흑색변 또는 혈변으로 나오게 된다.

지방변 Steatorrhea / stiːətə'riːə

대변에 지방이 과도하게 포함된 상태로, 췌장 질환 또는 흡수 장애가 원인일 수 있다.

뒤무직 Tenesmus / tə'nɛzməs

배변 또는 배뇨 후에도 계속해서 변을 보려는 느낌이 드는 상태이다.

잇몸염 Gingivitis / dʒɪndʒɪ'vaɪtɪs

잇몸에 염증이 생긴 상태이다. 주로 치석 등에 의해 발생한다.

치주병 Periodontal disease / pɛrioʊ'dɑːntəl dɪ'ziːz

치아와 이를 지지하는 조직에 염증이 생기고 손상이 진행된 상태로, 심한 경우 치아 손실이 발생할 수 있다.

입안염, 구내염 Stomatitis / stoʊmə'taɪtɪs

입안의 점막에 염증이 생긴 상태이다.

편도염 Tonsillitis / tɑːnsɪ'laɪtɪs

편도에 염증이 생긴 상태로, 삼킴곤란과 기침을 유발할 수 있다.

입천장갈림증, 구개열 Cleft palate / klɛft 'pælət

주로 선천적인 결함으로 인해, 입천장의 생긴 틈으로, 구강과 비강이 연결되어 강아지의 경우 수유 곤란을 일으키며 흡인성 폐렴을 일으킬 수 있다.

치석 Dental calculus / dɛntəl 'kælkjələs

치태가 치아 표면에 부착된 채 단단하게 굳어진 것이다.

치태 Dental plaque / dɛntəl plæk

치아 표면에 형성되는 세균과 음식물 찌꺼기의 부드러운 얇은 층으로, 치석 전 단계이다.

맞물림장애, 부정교합 Malocclusion / mælə'kluːʒən

위턱과 아래턱의 치아가 비정상적으로 맞물리는 상태로, 씹기 어려움, 구강 외상 등을 일으킬 수 있다.

복막염 Peritonitis / pɛrɪtəˈnaɪtɪs

복막(복강을 감싸는 얇은 조직)에 염증이 생긴 상태로, 감염, 장 천공, 또는 외상에 의해 발생할 수 있다.

거대결장증 Megacolon / mɛgəkoʊlən

결장이 비정상적으로 확장된 상태로, 만성 변비와 대변 배출 곤란이 일어날 수 있다.

장폐쇄 Intestinal obstruction / ɪnˈtɛstɪnəl əbˈstrʌkʃən

장이 물리적으로 막혀 음식물, 가스가 정체된 상태이다.

장폐색증 Ileus / ˈɪliəs

장의 운동성이 저하되거나 멈춰 내용물이 이동하지 못하는 상태이다. 기계적인 원인으로 인해 장이 막힌 기계적 폐색과 장의 운동성이 중지되어 기능적으로 폐쇄된 마비성 폐색이 있다.

장꼬임, 염전 Volvulus / ˈvɑːlvjələs

장이 자체적으로 비틀려 혈류가 차단되고 장의 폐쇄가 발생한 상태로, 혈행장애 상태로 응급 상황이다.

장중첩증 Intussusception / ɪntəsəˈsɛpʃən

장의 한 부분이 인접한 다른 부분으로 말려 들어간 상태로, 소장이나 대장에서 흔히 발생한다.

직장탈출 Rectal prolapse / ˈrɛk.təl ˈproʊ.læps

직장의 일부가 항문을 통해 외부로 돌출된 상태이다.

간경화증 Liver cirrhosis, Hepatic cirrhosis / ˈlɪvɚ səˈroʊsɪs, hɪˈpætɪk səˈroʊsɪs

간 조직이 섬유화되고 정상적인 간 구조가 손상되어 간 기능이 점진적으로 저하되는 만성 질환이다.

황달 Jaundice / ˈdʒɑːn.dɪs

혈중 빌리루빈 농도가 증가하여 피부, 점막, 그리고 눈의 공막이 노랗게 변색되는 상태이다.

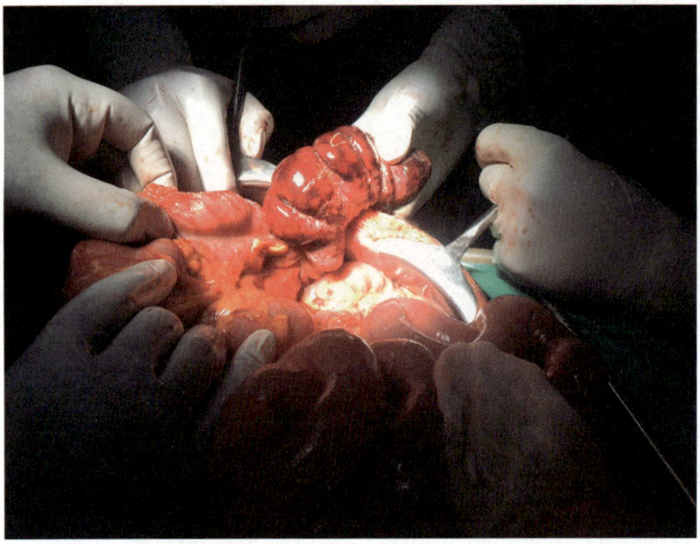

그림 5-5 장중첩증 수술을 위한 개복술

소화기질병 치료 용어 Therapy terminology

침샘절제 Sialoadenectomy / saɪəloʊædɪˈnɛktəmi

침샘(타액선)을 외과적으로 제거하는 수술로, 종양, 감염, 또는 낭종과 같은 문제를 치료하기 위해 시행한다.

침샘절개 Sialoadenotomy / saɪəloʊædɪˈnɒtəmi

침샘을 절개하여 감염된 조직을 배출하거나 낭종 등을 치료하는 수술이다.

식도조영 Esophagography / ɪsɒfəˈgrɒgrəfi

식도 상태를 평가하기 위해 조영제를 사용하여 X-선 촬영을 수행하는 검사로, 식도 협착, 궤양, 또는 이물질 진단에 사용한다.

바륨조영제 Barium contrast medium / ˈbɛəriəm ˈkɒntræst ˈmiːdiəm

X-선 검사 시 소화기계 구조를 선명하게 보기 위해 사용하는 방사선 불투과성 조영제이다.

위절개 Gastrotomy / gæsˈtrɒtəmi

위를 외과적으로 절개하여 이물질 제거, 궤양 치료 등을 위해 수행하는 수술이다.

위절제 Gastrectomy / gæsˈtrɛktəmi

위의 일부 또는 전체를 외과적으로 제거하는 수술로, 위종양 또는 심각한 궤양 치료에 사용한다.

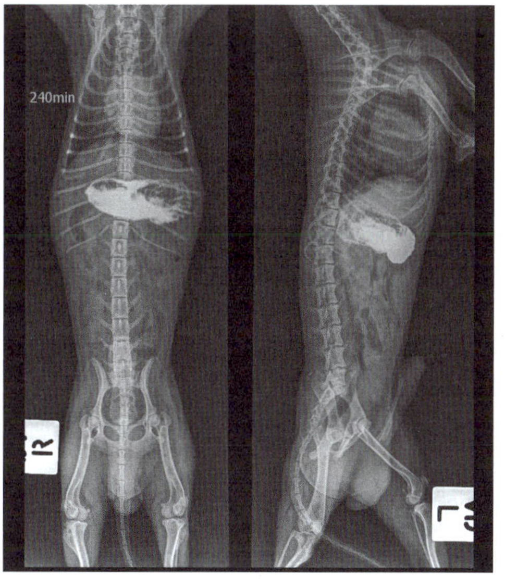

그림 5-6 만성 구토를 앓고 있는 개의 바륨조영제를 이용한 방사선 사진 촬영검사

문합술 Anastomosis / ənæstəˈmoʊsɪs

절제된 장기 또는 구조의 끝부분을 연결하여 연속성을 복구하는 외과적 절차로, 장을 절제한 후 소화관 복원에 주로 시행한다.

위세척 Gastric lavage / gæstrɪk ləˈvɑːʒ

위 안의 내용물을 제거하기 위해 물이나 생리식염수 등을 사용하여 세척하는 과정으로, 독소 섭취나 급성 중독 시 실시한다.

바륨 관장 Barium enema / 'bɛəriəm 'ɛnɪmə

직장과 대장 상태를 평가하기 위해 바륨 조영제를 항문을 통해 주입하고 X-선 촬영을 수행하는 검사이다.

장절제 Enterectomy / ɛntə'rɛktəmi

손상되거나 병변이 있는 장의 일부를 제거하는 외과적 절차이다.

탈장교정 Herniorrhaphy / hɜːni'ɔːrəfi

탈장된 장기를 원래 위치로 복구하고, 탈장 부위를 수술로 봉합하는 절차이다.

개복 Laparotomy / læpə'rɒtəmi

복강을 열어 내부 장기를 검사하거나 치료하는 외과적 절차로, 진단 목적 및 응급 치료에 사용한다.

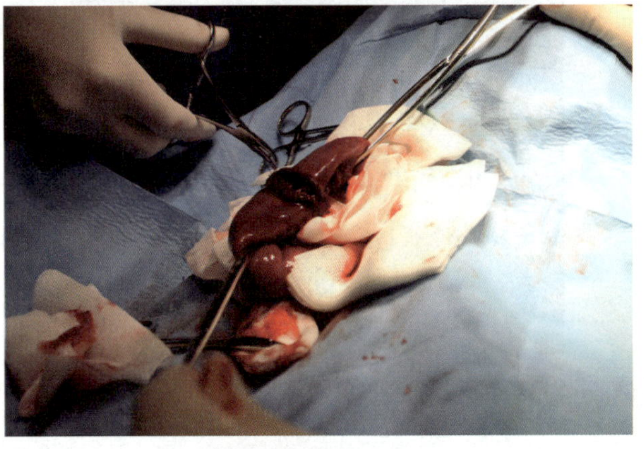

그림 5-7 장문합술

연습 TEST

A 빈칸에 알맞은 한글 및 영어 의학용어를 쓰시오.

소화기계 해부용어

문번	한글 의학용어	영어 의학용어
01	구강	
02		Tooth
03		Enamel
04		Dentin
05		Crown
06		Alveolar
07	치아뿌리, 치근	
08	시멘트질	
09		Periodontal ligament
10		Incisor
11		Canine
12		Premolar
13	큰어금니, 대구치	
14		Mastication
15		Salivary gland
16		Parotid gland
17	턱밑샘	
18	혀밑샘	
19	혀	
20	잇몸	
21	연구개	
22	경구개	

23		Pharynx
24		Laryngopharynx
25		Epiglottis
26		Vocal cord
27		Esophagus
28		Stomach
29		Gastric fundus
30	날문조임근	
31		Duodenum
32	빈창자, 공장	
33		Ileum
34	막창자, 맹장	
35		Ascending colon
36	내림잘록창자, 하행결장	
37		Rectum
38		Anus
39	항문조임근	
40	담낭	
41	담관	
42	빌리루빈	
43	이자, 췌장	

정답 소화기계 해부용어

01	Oral cavity	02	치아	03	법랑질	04	상아질	05	치아머리, 치관
06	이틀, 치조	07	Root	08	Cementum	09	치아주위인대	10	앞니, 절치
11	송곳니, 견치	12	작은어금니, 소구치	13	Molar	14	저작, 씹기	15	침샘
16	귀밑샘	17	Mandibular gland	18	Sublingual gland	19	Tongue	20	Gingiva
21	Soft palate	22	Hard palate	23	인두	24	후두인두	25	후두덮개
26	성대	27	식도	28	위	29	위바닥	30	Pyloric sphincter
31	샘창자, 십이지장	32	Jejunum	33	돌창자, 회장	34	Cecum	35	오름잘록창자, 상행결장
36	Descending colon	37	곧창자, 직장	38	항문	39	Anal sphincter	40	Gallbladder
41	Bile duct	42	Bilirubin	43	Pancreas				

증상 및 질병 관련 용어

문번	한글 의학용어	영어 의학용어
01		Halitosis
02		Cholecystitis
03	식욕부진	
04	담석증	
05		Cholelith, Gallstone
06	담즙정체	
07		Constipation
08	설사	
09		Duodenal ulcer
10		Dysphagia
11		Enteritis
12	식도염	
13	지방간	
14		Gastric ulcer
15		Gastritis
16		Hernia
17	고샅탈장, 사타구니탈장	
18	구멍탈장	
19	이자염, 췌장염	

정답 증상 및 질병 관련 용어

01	입냄새	02	쓸개염, 담낭염	03	Anorexia	04	Cholelithiasis		담석
06	Cholestasis	07	변비	08	Diarrhea	09	십이지장 궤양		삼킴곤란, 연하곤란
11	장염, 창자염	12	Esophagitis	13	Fatty liver	14	위궤양		위염
16	탈장	17	Inguinal hernia	18	Hiatal hernia	19	Pancreatitis		

B 다음 그림의 빈칸에 해당하는 알맞은 용어를 쓰시오.

• 개의 소화기관

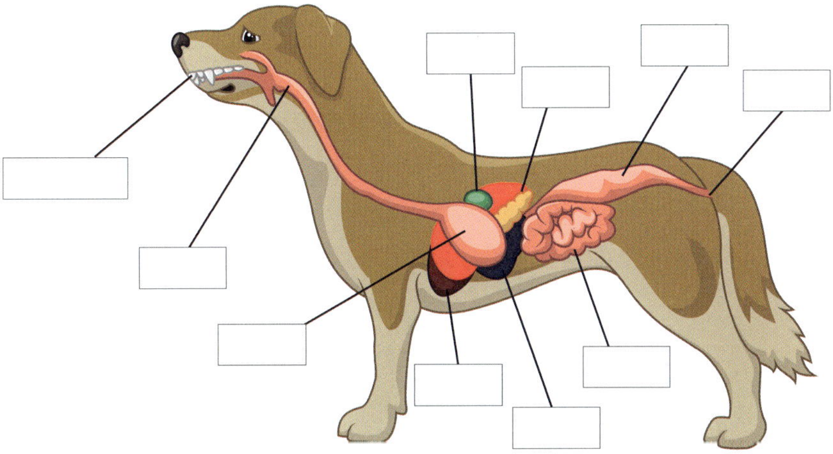

정답 p.98

• 개의 위

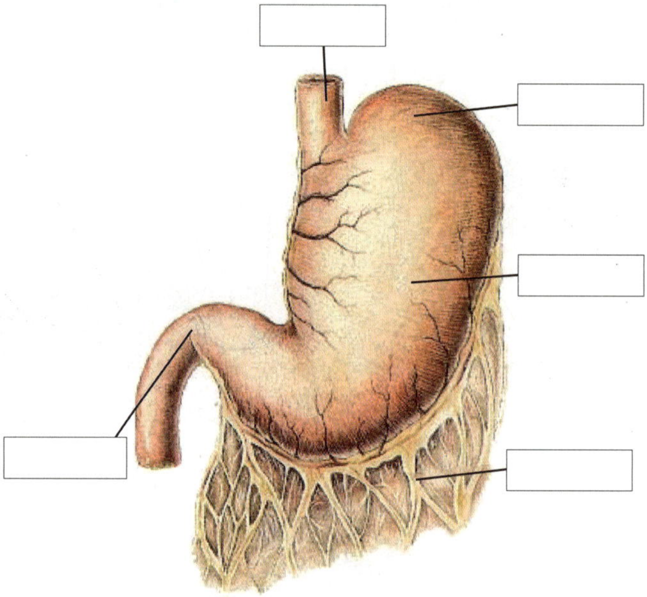

정답 p.103

CHAPTER 06

호흡기계통 (Respiratory system)

CHAPTER

06 호흡기계통 (Respiratory system)

1. 상부호흡기(Upper respiratory system)

상부호흡기 해부용어 Anatomical terminology

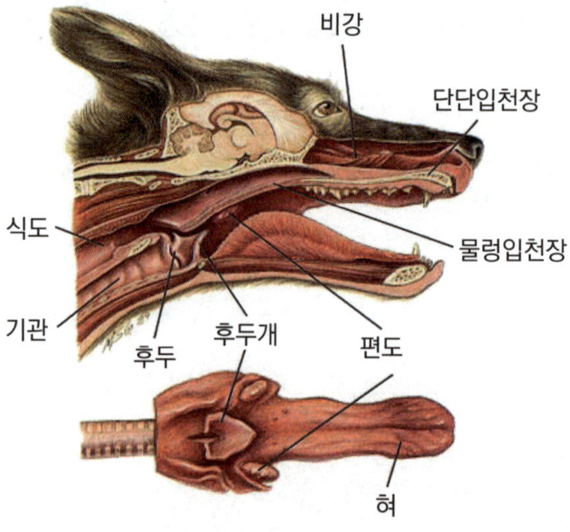

출처: https://hospital.vetmed.wsu.edu/2022/01/04/cat-and-dog-anatomy/

그림 6-1 개의 상부 호흡기 구조

비강 Nasal cavity / neɪzəl kævɪti

코 내부의 빈 공간으로, 공기를 흡입하고 정화, 가열, 습기 조절을 담당한다. 비강은 후각, 호흡, 발성에 중요한 역할을 하며, 부비동과 연결된다.

인두 Pharynx / ˈfærɪŋks

입과 코의 뒤쪽에 위치한 공기와 음식이 지나가는 통로이다.

후두 Larynx / ˈlærɪŋks

목에 위치한 발음 기관으로, 호흡 통로를 열어두고 음성을 생성하는 데 중요한 역할을 한다. 후두는 성대를 포함하고 있으며, 기도 보호 기능도 있다.

후두개 Epiglottis / ɛpɪˈglɒtɪs

후두의 상단에 위치한 연골로, 삼키는 동안 음식물이나 액체가 기도를 막지 않도록 후두를 덮어주는 역할을 한다. 이는 호흡기와 소화기를 분리하는 중요한 기능을 한다.

기관 Trachea / ˈtreɪkiə

후두와 폐를 연결하는 튼튼한 연골로 이루어진 관이다. 공기를 폐로 전달하며, 기도의 주요 부분으로 호흡을 돕는다. 기관은 기관지로 분기하여 폐로 공기를 전달한다.

부비동 Sinuses / ˈsaɪnəs

두개골 내의 공기주머니로, 코와 연결되어 있다. 부비동은 공기 정화, 소리의 공명, 그리고 두개골의 무게를 줄이는 데 도움이 된다.

상부호흡기 관련 증상 및 질병 용어 Symptoms and Disease terminology

비염 Rhinitis / raɪˈnaɪtɪs

비강의 염증을 의미한다.

굴염, 동염, 부비동염 Sinusitis / ˌsaɪnəˈsaɪtɪs

부비동(코 주변의 공기주머니)의 염증이다.

후두염 Laryngitis / ˌlærɪnˈdʒaɪtɪs

후두의 염증이다.

인두염 Pharyngitis / ˌfærɪnˈdʒaɪtɪs

인두(목구멍)의 염증이다.

기관염 Tracheitis / ˌtreɪki'aɪtɪs

기관(기도의 주요 통로)의 염증이다.

상부호흡기 감염 Upper Respiratory Infection(URI) / 'ʌpər ˌrɛspə'rɑːtɔːri ɪn'fɛkʃən

비강, 인두, 후두, 기관 등을 포함한 상부 호흡기의 바이러스나 세균 감염으로 인한 질환이다.

비인두염 Nasopharyngitis / ˌneɪzoʊˌfærɪn'dʒaɪtɪs

비강과 인두의 염증이다.

단두증후군 Brachycephalic Airway Syndrome(BAS) / ˌbræki'sɛfəlɪk 'ɛrweɪ 'sɪnˌdroʊm

단두종(짧고 평평한 얼굴을 가진 견종)에서 발생하는 호흡기 문제로, 비강 협착, 기도 협착 등이 원인이 되어 호흡곤란을 유발한다.

코피 Epistaxis / ˌɛpɪ'stæksɪs

비강에서의 출혈이다. 일반적으로 외상, 건조한 공기, 감염 등으로 발생할 수 있다.

그렁거림, 협착음 Stridor / 'straɪdər

기도가 좁아져서 발생하는 고음성의 호흡음으로, 호흡곤란 상태에서 들을 수 있다.

호흡곤란 Dyspnea / 'dɪspniə

호흡이 어려운 상태로, 상부나 하부 호흡기 질환이 원인이 되어 발생할 수 있다.

재채기 Sneezing / 'sniːzɪŋ

비강 자극으로 인한 반사적 반응이다.

기침 Coughing / 'kɔːfɪŋ

기도 내 자극으로 발생하는 반사적 행동으로, 염증, 감염, 자극 물질 등이 원인이다.

비강 분비물 Nasal discharge / 'neɪzəl 'dɪsˌtʃɑːrdʒ

콧물로, 비강에서 나오는 분비물이다.

폐쇄 Obstruction / əb'strʌkʃən

기도 또는 비강의 막힘을 의미한다.

상부호흡기 질병 치료 용어 Disease and Therapy terminology

내시경 검사 Endoscopy / ɪn'dɒskəpi

상부 호흡기의 내부를 시각적으로 관찰하는 검사로 비강, 인두, 후두, 기관 등을 확인할 수 있다.

비인두 면봉 검사 Nasopharyngeal swab / ˌnæzəʊ'færɪndʒɪəl swɑːb

비강과 인두에서 샘플을 채취하여 감염의 원인(바이러스나 세균 등)을 진단하는 데 사용된다.

기관절개술 Tracheostomy / ˌtræki'ɒstəmi

호흡을 보조하기 위해 기관에 구멍을 뚫어 호흡을 돕는 수술이다. 기도 폐쇄나 심각한 호흡 곤란 시 시행된다.

비강 세척 Nasal flush / 'neɪzəl flʌʃ

비강 내 이물질이나 분비물을 제거하기 위해 비강을 세척하는 치료 방법이다.

후두경검사 Laryngoscopy / ˌlærɪn'gɒskəpi

후두를 관찰하기 위해 후두경을 사용하여 실시하는 검사이다. 후두의 염증, 종양 등을 확인하는 데 사용된다.

2. 하부호흡기(Lower respiratory tract)

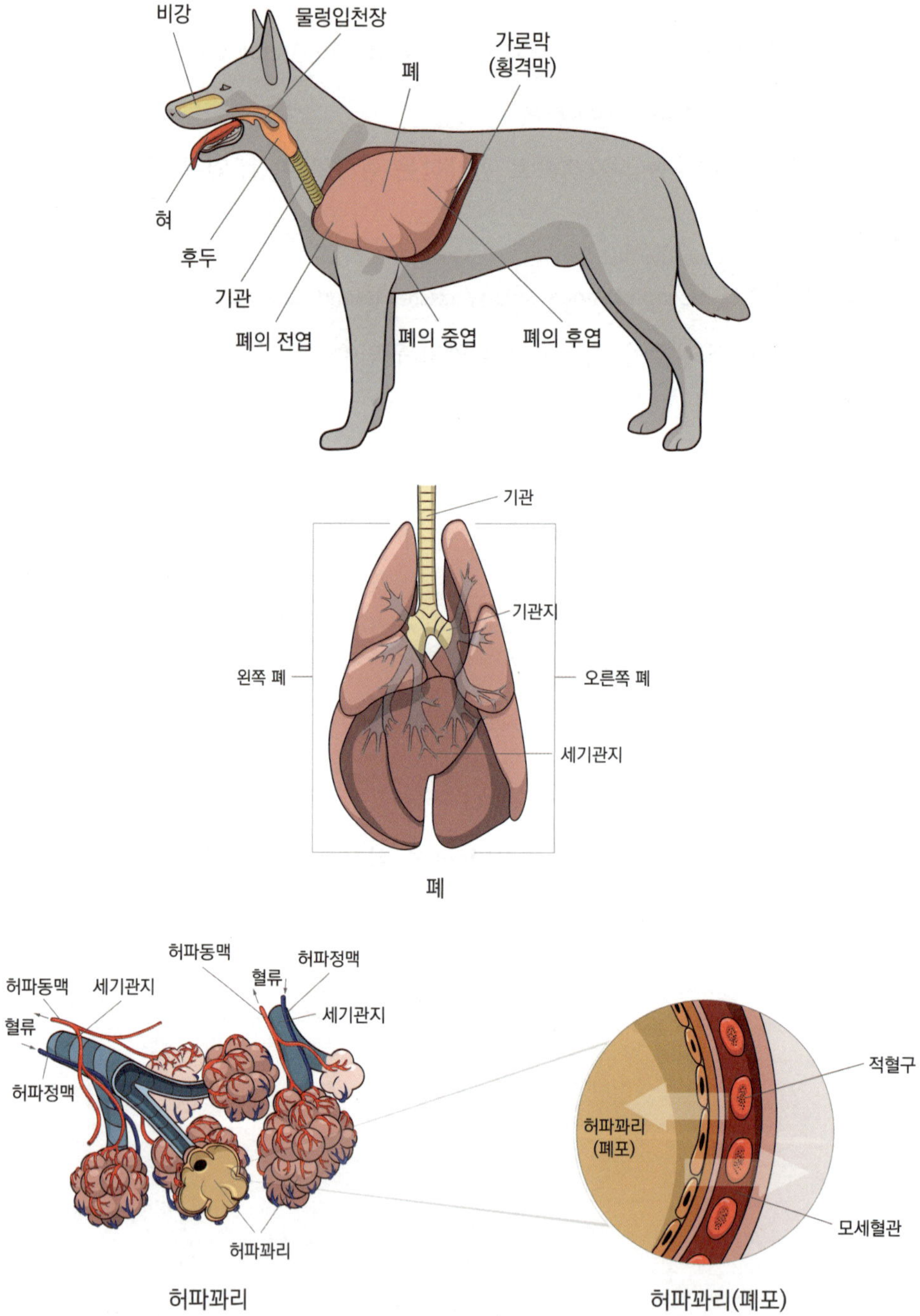

그림 6-2 개의 호흡기계 구조

하부호흡기 해부용어 Anatomical terminology

기관지 Bronchi / ˈbrɒŋkaɪ

기도의 주요 가지로, 폐로 공기가 전달되는 통로이다.

세기관지 Bronchiole / ˈbrɒnkiəʊl

기관지에서 분기된 작은 기도이다. 폐로 공기를 전달하며, 폐포로 이어진다.

허파꽈리, 폐포 Alveoli / ælˈviːəʊlaɪ

폐 속의 작은 공기 주머니로, 산소와 이산화탄소가 교환되는 곳이다.

허파, 폐 Lung / lʌŋ

호흡을 담당하는 기관으로, 산소를 흡입하고 이산화탄소를 배출하는 역할을 한다.

흉막 Pleura / ˈplʊərə

폐를 둘러싸고 있는 얇은 막으로, 폐와 흉벽 사이의 마찰을 줄인다.

벽쪽가슴막, 벽측흉막 Parietal pleura / pəˈraɪətəl ˈplʊərə

흉강의 벽을 덮고 있는 흉막으로, 폐를 둘러싸고 있다.

내장쪽가슴막, 내장측흉막 Visceral pleura / ˈvɪsərəl ˈplʊərə

폐 표면을 덮고 있는 흉막으로, 폐와 밀접하게 연결되어 있다.

가로막, 횡격막 Diaphragm / ˈdaɪəfræɡm

호흡을 돕는 중요한 근육으로, 폐와 복강을 분리하며, 호흡을 조절한다.

하부호흡기 관련 증상 및 질병 용어 Symptoms and Disease terminology

폐렴 Pneumonia / njuːˈmoʊ.ni.ə

폐에 염증이 생기는 질환으로, 감염(세균, 바이러스, 곰팡이 등)이 주된 원인이다. 기침, 발열, 호흡 곤란 등이 주요 증상이다.

기관지염 Bronchitis / brɒŋˈkaɪ.tɪs

기관지 점막의 염증으로, 급성 또는 만성 형태로 나타나며 기침과 가래를 동반한다.

세기관지염 Bronchiolitis / ˌbrɒŋ.ki'ɒl.ɪ.tɪs

세기관지의 염증으로 호흡곤란과 쌕쌕거림을 유발한다.

가슴막삼출, 흉막삼출 Pleural effusion / 'plʊr.əl ɪ'fjuː.ʒən

흉막강에 비정상적으로 체액이 축적되는 상태로, 폐의 압박과 호흡곤란을 유발한다.

기흉 Pneumothorax / ˌnjuː.moʊ'θɔː.ræks

폐와 흉벽 사이에 공기가 축적되어 폐가 압박을 받아 부분적으로 또는 완전히 허탈되는 상태이다.

폐부종 Pulmonary edema / 'pʊl.məˌnɛr.i ɪ'diː.mə

폐 조직에 체액이 비정상적으로 축적되는 상태로, 심부전이나 폐 손상이 주 원인이다.

폐섬유화 Pulmonary fibrosis / ˌpʊl.məˌnɛr.i faɪ'broʊ.sɪs

폐 조직이 흉터 조직으로 대체되어 경직되고, 호흡 기능이 저하되는 만성 질환이다.

천식 Asthma / 'æz.mə

기도의 만성 염증으로 인해 간헐적인 기도 협착, 쌕쌕거림, 호흡 곤란을 유발한다.

만성 폐쇄성 폐질환 Chronic Obstructive Pulmonary Disease(COPD) / 'krɒn.ɪk əb'strʌk.tɪv 'pʊl.məˌnɛr.i dɪ'ziːz

기도 폐쇄로 인해 호흡이 어려워지는 만성 질환이다.

폐기종 Emphysema / ˌɛm.fɪ'ziː.mə

폐포가 손상되어 공기 교환이 어려워지고, 폐가 과도하게 팽창하는 상태이다.

폐혈전색전증 Pulmonary thromboembolism / 'pʊl.məˌnɛr.i ˌθrɒm.boʊ'ɛm.bəˌlɪz.əm

폐의 혈관이 혈전(피떡)으로 막히는 상태로, 급성 호흡 곤란과 심한 통증을 유발할 수 있다.

폐종양 Lung neoplasia / lʌŋ ˌniː.oʊ'pleɪ.ʒə

폐에 발생하는 양성 또는 악성 종양으로, 호흡 곤란과 만성 기침 등을 초래할 수 있다.

빠른호흡 Tachypnea / ˌtæk.ɪpˈniː.ə

비정상적으로 빠른 호흡 속도로, 스트레스, 통증, 폐 질환이 원인이 될 수 있다.

느린호흡 Bradypnea / ˌbræd.ɪpˈniː.ə

호흡 속도가 비정상적으로 느려지는 상태로, 신경계 문제나 대사 저하가 원인일 수 있다.

청색증 Cyanosis / ˌsaɪ.əˈnoʊ.sɪs

혈액 내 산소 부족으로 인해 피부나 점막이 청색을 띠는 상태이다.

객혈 Hemoptysis / hɪˈmɒp.tɪ.sɪs

기침 시 피가 섞인 가래가 배출되는 상태이다.

쌕쌕거림 Wheezing / ˈwiː.zɪŋ

기도 협착으로 인해 호흡 시 발생하는 고음의 휘파람 같은 호흡 소리를 말한다.

거품소리, 수포음 Crackles / ˈkræk.lz

폐에서 공기와 체액이 만나 발생하는 비정상적인 소리로, 폐부종이나 폐렴에서 나타난다.

과다호흡 Hyperpnea / ˌhaɪ.pərˈpniː.ə

깊고 빠른 호흡으로, 신체의 산소 요구량 증가로 인해 발생한다.

저산소혈증 Hypoxemia / ˌhaɪ.pɒkˈsiː.mi.ə

혈액 내 산소 농도가 비정상적으로 낮아진 상태이다.

환기 Ventilation / ˌvɛn.tɪˈleɪ.ʃən

공기가 폐로 들어오고 나가는 과정으로, 산소와 이산화탄소 교환에 필수적이다.

관류 Perfusion / pɜːˈfjuː.ʒən

조직에 혈액이 공급되어 산소와 영양분을 전달하는 과정이다.

무기폐 Atelectasis / ˌæt.ɪˈlɛk.tə.sɪs

폐의 일부가 완전히 펴지지 않아 공기 교환이 제대로 이루어지지 않는 상태이다.

하부호흡기 질병 치료 용어 Disease and Therapy terminology

흉강천자 Thoracocentesis / ˌθɔːrəkoʊsɛnˈtiːsɪs

흉막강(흉강 내 공간)에서 액체나 공기를 제거하기 위해 바늘을 삽입하는 절차를 말한다. 흉막 삼출, 기흉 등의 진단 및 치료를 위해 시행된다.

기관지경검사 Bronchoscopy / brɒŋˈkɒskəpi

기관지와 폐를 시각적으로 검사하기 위해 기관지경을 삽입하는 진단법이다. 종양, 출혈, 이물질 등을 확인하거나 조직검사를 할 때 사용된다.

개흉술 Thoracotomy / ˌθɔːrəˈkɒtəmi

흉벽을 절개하여 폐, 심장, 또는 다른 흉부 장기를 노출시키는 수술이다. 흉부 외상, 종양 제거, 또는 기타 흉부 질환을 치료하기 위해 시행된다.

기관 세척 Tracheal wash / ˈtreɪkiəl wɒʃ

기관지 분비물을 수집하거나 감염 여부를 확인하기 위해 기관과 하부 기도를 세척하는 절차를 말한다. 주로 감염 진단이나 염증성 질환 평가에 사용된다.

기관 내 삽관 Endotracheal intubation / ˌɛndəʊˈtreɪkiəl ɪn.tjʊˈbeɪ.ʃən

기도를 확보하거나 폐에 산소를 공급하기 위해 기관에 튜브를 삽입하는 절차를 말한다. 마취, 응급상황, 또는 인공호흡기를 사용할 때 필요하다.

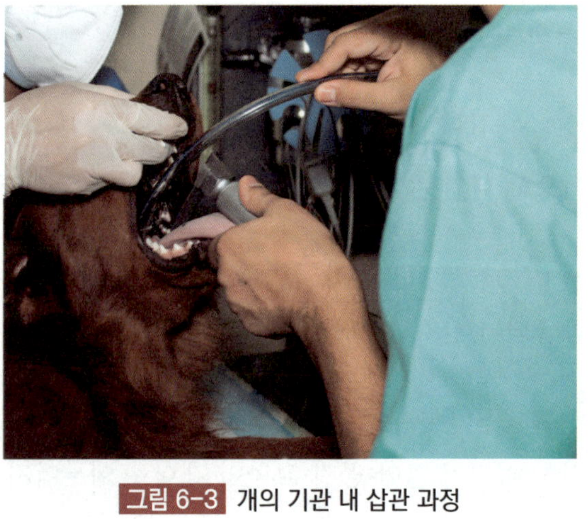

그림 6-3 개의 기관 내 삽관 과정

연습 TEST

A 빈칸에 알맞은 한글 및 영어 의학용어를 쓰시오.

문번	한글 의학용어	영어 의학용어
01		인두
02		후두
03	Trachea	
04		기관염
05		호흡곤란
06		비강 분비물
07		후두경검사
08	Bronchi	
09	Lung	
10		가로막, 횡격막
11		기관지염
12	Chronic Obstructive Pulmonary Disease(COPD)	
13		빠른호흡
14		느린호흡
15		과다호흡
16		기관 내 삽관

정답

01	Pharynx	02	Larynx	03	기관	04	Tracheitis	05	Dyspnea
06	Nasal discharge	07	Laryngoscopy	08	기관지	09	허파, 폐	10	Diaphragm
11	Bronchitis	12	만성 폐쇄성 폐질환	13	Tachypnea	14	Bradypnea	15	Hyperpnea
16	Endotracheal intubation								

B 다음 그림의 빈칸에 해당하는 알맞은 용어를 쓰시오.

• 개의 호흡기계 구조

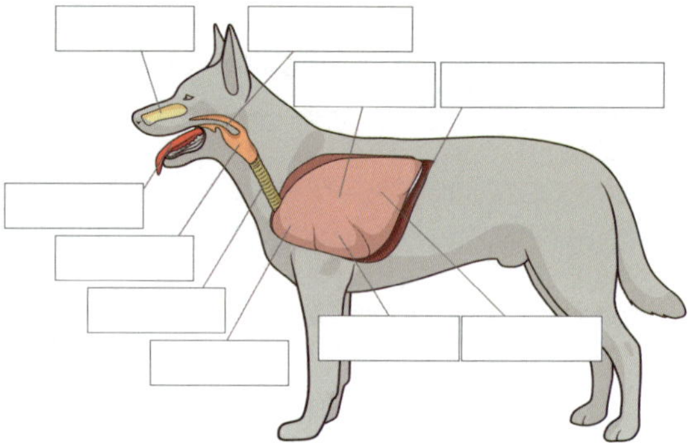

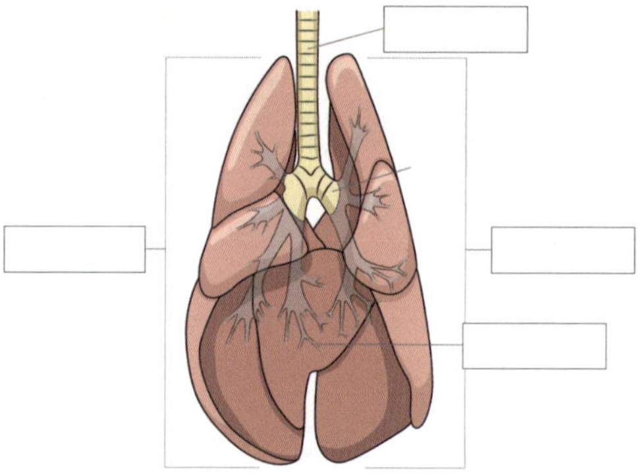

폐

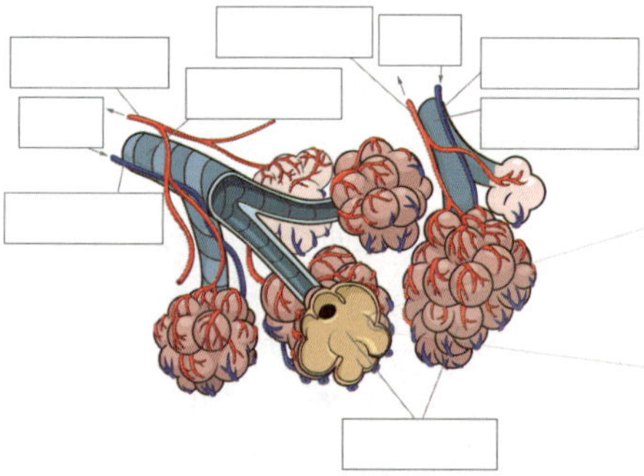

허파꽈리

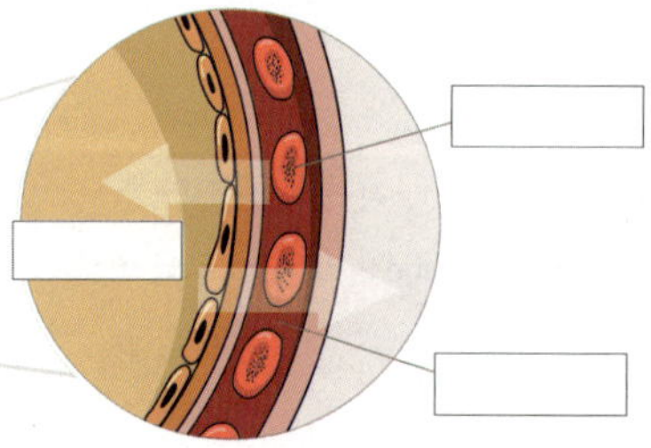

허파꽈리(폐포)

정답 p.126

CHAPTER 07

비뇨기계통 (Urinary system)

CHAPTER

07 비뇨기계통 (Urinary system)

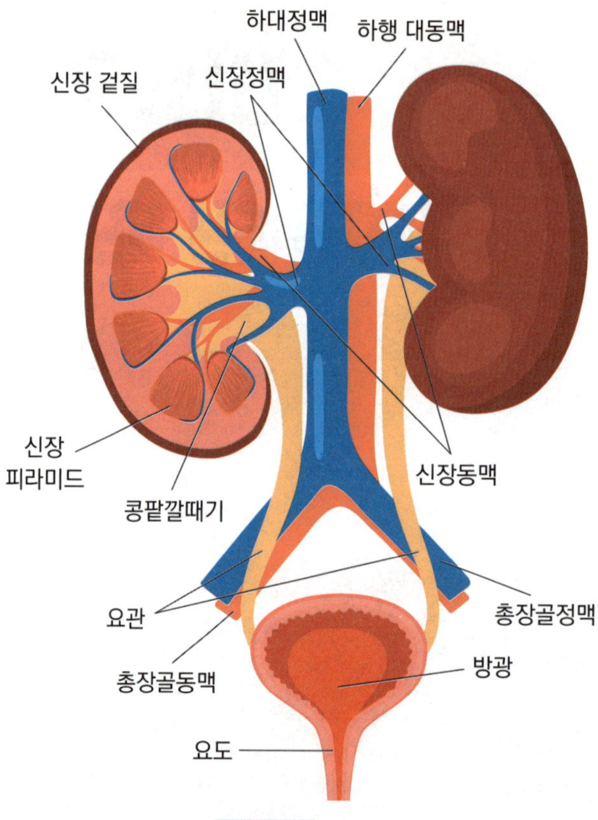

그림 7-1 비뇨기계

해부용어 Anatomical terminology

콩팥, 신장 Kidney / ˈkɪd.ni

신체의 양쪽에 위치한 콩팥 모양의 기관으로, 혈액을 여과하고 노폐물을 제거하여 소변을 생성한다.

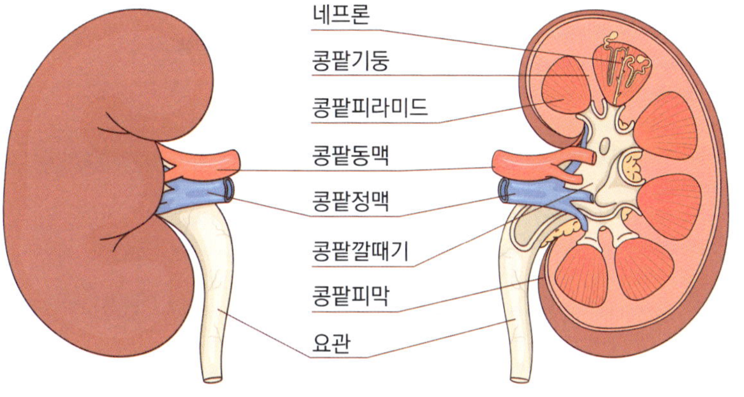

그림 7-2 신장의 구조

콩팥 겉질 Renal cortex / ˈriː.nəl ˈkɔːr.teks

콩팥의 바깥층으로, 네프론의 일부(토리와 토리쪽세관)가 위치하며, 혈액 여과와 소변 생성이 시작되는 곳이다.

콩팥 속질 Renal medulla / ˈriː.nəl məˈdʌl.ə

콩팥의 안쪽 부분으로, 집합관과 헨레고리가 위치하며 소변 농축이 이루어진다.

콩팥깔때기, 신우 Renal pelvis / ˈriː.nəl ˈpel.vɪs

콩팥의 중앙부로, 생성된 소변이 모여 요관으로 배출되기 전 저장되는 부위이다.

네프론, 콩팥단위 Nephron / ˈnef.rɒn

소변 생성의 기본 단위로, 혈액을 여과하고 필요 없는 물질을 제거하며 필요한 물질을 재흡수한다.

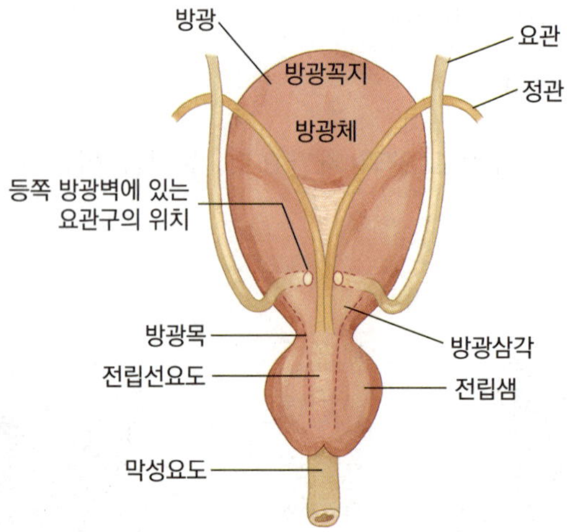

출처: https://veteriankey.com/bladder/

그림 7-3 수컷 개의 방광 구조

토리, 사구체 Glomerulus / glə'mer.jə.ləs

네프론의 혈관 뭉치로, 혈액에서 물과 노폐물을 여과하여 여과액을 형성한다.

토리주머니, 사구체주머니 Glomerular capsule / glə'mɛr.jʊ.lə 'kæp.səl

신장의 사구체를 둘러싸고 있는 주머니로, 혈액에서 여과된 물질이 모이는 곳이다.

콩팥소체, 신소체 Renal corpuscle / 'riː.nəl 'kɔːr.pə.səl

신장에서 혈액 여과 기능을 하는 기본 단위로, 사구체와 토리주머니로 구성된다.

토리곁세포 Juxtaglomerular cell / ˌdʒʌk.stə.glə'mɛr.jʊ.lə sɛl

신장의 사구체 근처에 위치하며, 혈압 조절과 레닌 분비에 관여하는 세포이다.

집합관 Collecting duct / kə'lek.tɪŋ dʌkt

여러 네프론에서 생성된 소변이 모이는 관으로, 소변의 농도가 조절되며 신우로 소변을 운반한다.

토리쪽세관 Proximal tubule / 'prɒk.sɪ.məl 'tjuː.bjuːl

네프론의 일부로, 여과액에서 포도당, 아미노산, 물 등의 중요한 물질을 재흡수하는 관이다.

헨레고리 Henle's loop / 'hɛn.liz luːp

신장의 네프론(nephron)에서 원뇨의 농축과 희석에 중요한 역할을 하는 구조로, 요세관의 일부이다.

먼쪽세관 Distal tubule / 'dɪs.təl 'tjuː.bjuːl

네프론의 끝 부분으로, 소변의 산-염기 균형을 조절하고 나트륨과 물의 재흡수를 담당한다.

요관 Ureter / jʊ'riː.tər

신장에서 생성된 소변을 방광으로 운반하는 두 개의 관이다.

방광 Urinary bladder / 'jʊə.rɪ.nə.ri 'blæd.ər

소변을 임시로 저장하는 근육질의 주머니 형태의 기관이다.

방광 삼각부 Trigone / 'traɪ.goʊn

방광의 바닥 부분에 위치한 삼각형 모양의 구조로, 두 요관과 요도가 연결된 부위를 포함한다.

요도 Urethra / jʊ'riː.θrə

방광에서 소변을 몸 밖으로 배출하는 통로이다.

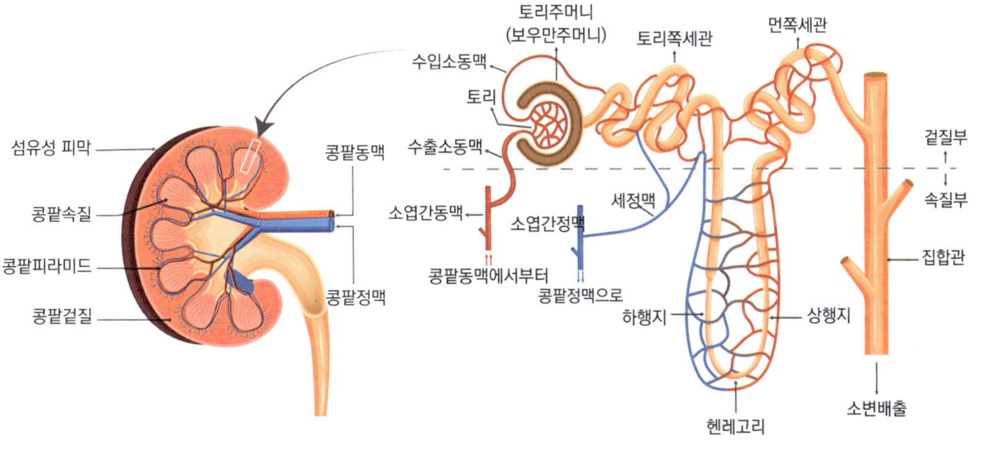

그림 7-4 네프론의 구조

비뇨기 관련 증상 및 질병 용어 Symptoms and Disease terminology

콩팥염, 신염 Nephritis / nəˈfraɪtɪs

콩팥(신장)의 염증을 말한다. 세균 감염, 자가면역 반응, 또는 다른 질환에 의해 발생할 수 있으며, 주요 증상으로는 통증, 혈뇨, 단백뇨 등이 있다.

깔때기콩팥염, 신우신염 Pyelonephritis / ˌpaɪəloʊnɪˈfraɪtɪs

신우와 신장의 염증을 말한다.

토리콩팥염, 사구체신염 Glomerulonephritis / gləˌmɛrjəloʊnɪˈfraɪtɪs

신장의 사구체의 염증으로, 단백뇨, 혈뇨, 고혈압, 신기능 저하 등이 특징이다. 감염, 면역 복합체 질환 등이 원인이 될 수 있다.

요로돌증, 요결석증 Urolithiasis / jʊəroʊlɪˈθaɪəsɪs

요로에 결석(돌)이 형성된 상태를 말한다. 신장, 요관, 방광 등 요로의 어느 부분에나 생길 수 있으며, 통증, 혈뇨, 배뇨장애 등이 나타날 수 있다.

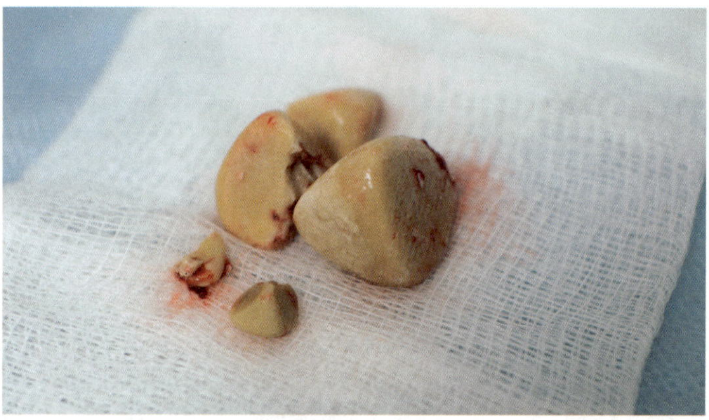

그림 7-5 요로돌증

방광염 Cystitis / sɪˈstaɪtɪs

방광의 염증으로, 일반적으로 세균 감염에 의해 발생한다. 증상으로는 배뇨 시 통증, 빈뇨, 잔뇨감, 혈뇨 등이 있다.

요도염 Urethritis / jʊərɪ'θraɪtɪs

요도(소변이 배출되는 관)의 염증으로, 세균, 바이러스, 또는 성병(예: 클라미디아, 임질)으로 인해 발생할 수 있다. 주요 증상으로는 배뇨 시 통증, 가려움증, 분비물 등이 있다.

요로감염 Urinary Tract Infection(UTI) / 'jʊrɪˌnɛri trækt ɪnfek'ʃən

요로 감염으로, 요도, 방광, 요관, 또는 신장에 세균 감염이 발생한 상태를 뜻한다. 주요 증상으로는 배뇨 시 통증, 빈뇨, 잔뇨감, 옆구리 통증 등이 있다.

물콩팥증, 수신증 Hydronephrosis / ˌhaɪdroʊnɪ'froʊsɪs

신장에 소변이 고여서 신장이 부어오른 상태를 말한다. 요로의 막힘이나 역류에 의해 발생하며, 방치 시 신장 손상이 일어날 수 있다.

단백뇨 Proteinuria / ˌproʊtiː'nʊəriə

소변에 단백질이 비정상적으로 많이 배출되는 상태를 뜻한다. 신장 질환, 고혈압, 당뇨병 등이 원인일 수 있다.

혈뇨 Hematuria / ˌhiːmə'tjʊəriə

소변에 혈액이 섞여 나오는 증상으로, 신장 질환, 요로 감염, 결석, 또는 외상 등이 원인일 수 있다.

무뇨 Anuria / 'æn.jʊəriə

소변이 거의 나오지 않는 상태를 말하며, 심각한 신부전이나 요로 폐쇄가 원인일 수 있다.

소변감소, 핍뇨 Oliguria / ˌɒlɪ'gjʊəriə

소변량이 비정상적으로 감소한 상태로, 탈수, 신장 질환, 또는 쇼크 상태에서 나타날 수 있다.

빈뇨 Pollakiuria / ˌpɒləˌkaɪ'ʊəriə

배뇨 횟수가 비정상적으로 증가하는 상태를 뜻하며, 주로 방광염, 전립선 문제, 또는 신경계 이상에서 발생한다.

다뇨 Polyuria / ˌpɒli'jʊəriə

소변량이 비정상적으로 증가한 상태로, 당뇨병, 이뇨제 사용, 또는 신장 문제에서 나타날 수 있다.

배뇨장애 Dysuria / dɪs'jʊəriə

배뇨 시 통증이나 불편함을 느끼는 상태로, 주로 요로 감염, 요도염 등이 원인이다.

통증배뇨 Stranguria / stræn'gjʊəriə

통증과 함께 소변을 천천히, 힘겹게 배출하는 상태로, 요로 감염이나 결석에서 나타날 수 있다.

요실금 Incontinence / ɪn'kɒntɪnəns

소변을 조절하지 못하고 흘리는 상태로, 신경 손상, 근육 약화, 또는 방광 문제 등이 원인일 수 있다.

질소혈증 Azotemia / ˌæzə'tiːmiə

혈액 내 질소 노폐물(특히 요소 및 크레아티닌)이 비정상적으로 증가한 상태로, 신장 기능 저하의 지표로 사용된다.

요독증 Uremia / juː'riːmiə

혈액 내 요독(신장에서 배출해야 할 노폐물)이 축적되어 나타나는 상태로, 신부전의 중증 단계에서 발생한다.

콩팥돌증, 신석증 Nephrolithasis / ˌnɛfroʊlɪ'θaɪəsɪs

신장 내에 결석이 생긴 상태를 말하며, 통증, 혈뇨, 그리고 소변 장애가 나타날 수 있다.

콩팥기능상실, 신부전 Renal failure / 'riːnəl 'feɪljər

신장이 제 기능을 하지 못하는 상태로, 급성(갑자기 발생) 또는 만성(오랜 시간에 걸쳐 진행)으로 구분된다. 신체의 전해질 및 노폐물 균형을 유지하지 못하게 된다.

급성 콩팥기능상실, 급성 신부전 Acute Renal Failure(ARF) / ə'kjuːt 'riː.nəl 'feɪ.ljər

신장이 갑작스럽게 제 기능을 하지 못하는 상태를 말한다. 보통 몇 시간에서 며칠 이내에 발생하고, 신장이 갑자기 노폐물을 제대로 배출하지 못하게 된다. 원인으로는 혈압 저하, 신장에 대한 손상, 독성 물질 등이 있다.

만성 콩팥기능상실, 만성 신부전 Chronic Renal Failure(CRF) / 'krɒnɪk 'riː.nəl 'feɪ.ljər

신장이 오랜 시간 동안 서서히 기능을 잃어가는 상태를 말한다. 몇 달에서 몇 년에 걸쳐 진행되며, 여러 원인(당뇨병, 고혈압 등)으로 인해 신장의 기능이 점점 나빠지게 된다.

크레아티닌 Creatinine / kri'ætɪˌniːn

근육 대사 과정에서 생성되는 노폐물로, 신장에서 배설된다. 혈중 크레아티닌 수치는 신장 기능을 평가하는 중요한 지표로 사용된다.

혈액요소질소 Blood Urea Nitrogen(BUN) / blʌd 'jʊəriə 'naɪtrədʒən

단백질 대사 과정에서 생성되는 요소(urea)의 혈중 농도를 측정한 값이다. BUN 수치는 신장 및 간 기능 상태를 평가하는 데 활용된다.

비뇨기 관련 진단, 질병, 치료 용어 Diagnosis, Disease and Therapy terminology

소변 검사 Urinalysis / jʊərɪ'nælɪsɪs

소변을 분석하여 신장 및 요로의 질환, 감염, 대사 장애(예: 당뇨병) 등을 진단하는 검사이다.

방광 천자 Cystocentesis / ˌsɪstoʊsɛn'tiːsɪs

방광에서 소변을 채취하기 위해 주사바늘을 삽입하는 절차로, 주로 감염 진단이나 소변 채취를 목적으로 사용된다.

투석 Dialysis / daɪ'ælɪsɪs

신장이 제 기능을 하지 못할 때, 혈액에서 노폐물, 독소, 과잉 물질을 제거하는 치료법이다.

콩팥생검, 신장생검 Renal biopsy / 'riːnəl 'baɪɒpsi

신장의 조직을 채취하여 현미경으로 검사하는 절차로, 신장 질환의 진단 및 원인 파악에 사용된다.

정맥깔대기조영술, 정맥신우조영술 Intravenous Pyelography(IVP) / ˌɪntrə'viːnəs ˌpaɪə'lɒgrəfi

조영제를 정맥에 주입한 후 X선을 사용하여 신장, 요관, 방광의 구조와 기능을 검사하는 영상 진단법이다.

방광경 검사 Cystoscopy / sɪ'stɒskəpi

방광 내부를 시각적으로 검사하기 위해 방광경(얇은 튜브와 카메라)을 삽입하는 진단 절차이다. 방광암, 결석, 또는 염증 등을 확인하는 데 사용된다.

연습 TEST

A 빈칸에 알맞은 한글 및 영어 의학용어를 쓰시오.

문번	한글 의학용어	영어 의학용어
01	Renal pelvis	
02		네프론, 콩팥단위
03		토리, 사구체
04	Proximal tubule	
05		요관
06		방광
07		요도
08		콩팥염, 신염
09		요로돌증, 요결석증
10		방광염
11		요로감염
12		혈뇨
13		무뇨
14		다뇨
15	Dysuria	
16	Azotemia	
17	Uremia	
18		콩팥기능상실, 신부전
19	Urinalysis	
20	Cystocentesis	

정답

01	콩팥깔때기, 신우	02	Nephron	03	Glomerulus	04	토리쪽세관	05	Ureter
06	Urinary bladder	07	Urethra	08	Nephritis	09	Urolithiasis	10	Cystitis
11	Urinary Tract Infection(UTI)	12	Hematuria	13	Anuria	14	Polyuria	15	배뇨장애
16	질소혈증	17	요독증	18	Renal failure	19	소변 검사	20	방광 천자

CHAPTER 08

암컷 생식기계통 (Female reproductive system)

CHAPTER

08 암컷 생식기계통 (Female reproductive system)

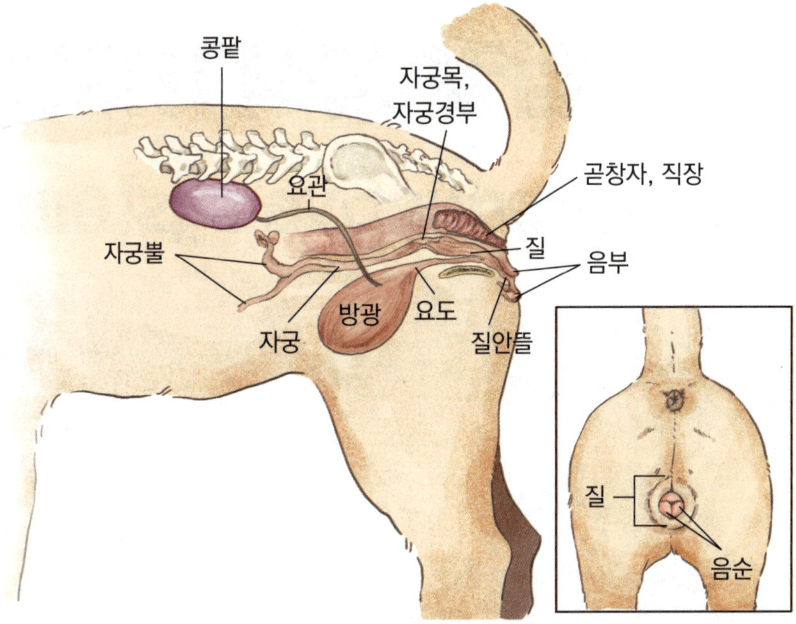

출처: https://www.petmd.com/dog/general-health/dog-vagina-health-guide

그림 8-1 개의 암컷 생식기계 구조

해부용어 Anatomical terminology

난소 Ovary / 'oʊ.vɛr.i

여성의 생식기관 중 하나로, 난자를 생산하고 호르몬을 분비하는 기관이다.

난포 Follicle / 'fɒl.ɪ.kəl

난소 내에서 성숙하는 난자가 포함된 작은 주머니이다.

황체 Corpus luteum / 'kɔːr.pəs 'luː.ti.əm

배란 후 난소에 남아 있는 조직으로, 프로게스테론 호르몬을 분비하여 임신을 지원하는 역할을 한다.

난관 Oviduct / 'oʊ.vɪ.dʌkt

난소에서 자궁으로 이어지는 관으로, 난자가 수정되는 공간이다.

자궁 Uterus / 'juː.tə.rəs

암컷의 생식기관으로, 수정란이 착상하여 태아가 성장하는 공간이다.

자궁각 Uterine horns / 'juː.tə.rɪn hɔːrnz

자궁의 양쪽 끝부분으로 난관과 연결된다.

자궁체 Uterine body / 'juː.tə.rɪn 'bɒd.i

자궁의 주요 부분으로, 수정란이 착상하고 태아가 성장하는 공간이다.

자궁내막 Endometrium / ˌɛn.dəʊ'miː.tri.əm

자궁 내벽을 구성하는 조직으로, 착상된 수정란이 자리를 잡는 곳이다.

자궁근육층 Myometrium / ˌmaɪ.oʊ'miː.tri.əm

자궁의 근육층으로, 분만 시 수축을 일으킨다.

자궁외막 Perimetrium / ˌpɛr.ɪ'miː.tri.əm

자궁을 둘러싸는 외부 조직층이다.

자궁목, 자궁경부 Cervix / ˈsɜː.vɪks

자궁의 하단 부분으로, 질과 자궁을 연결하는 좁은 경로를 말한다.

질 Vagina / vəˈdʒaɪ.nə

암컷 생식기관의 일부로, 자궁과 외부를 연결하는 통로를 말한다.

질안뜰, 질어귀, 질전정 Vestibule of vagina / ˈvɛs.tɪ.bjuːl

질 입구 근처에 위치한 공간이다.

음부, 음문 Vulva / ˈvʌl.və

암컷의 외부 생식기 부위이다.

젖샘, 유선 Mammary glands / ˈmæm.ə.ri glændz

모유를 분비하는 암컷의 가슴에 위치한 분비선을 말한다.

암컷생식기 관련 증상 및 질병 용어 Symptoms and Disease terminology

난소낭종 Ovarian cyst / oʊˈvɛr.i.ən sɪst

난소에 액체로 채워진 주머니가 형성되는 상태로, 호르몬 불균형이나 난포 발달 이상으로 발생한다. 번식 장애를 유발할 수 있다.

난소염 Oophoritis / ˌoʊ.əˈfaɪ.rɪ.tɪs

난소의 염증으로, 감염, 외상, 또는 자가면역 반응에 의해 발생할 수 있다. 난소 기능에 영향을 미친다.

자궁축농증 Pyometra / ˌpaɪ.oʊˈmiː.trə

궁에 고름이 축적되는 생명을 위협하는 질환으로, 일반적으로 중성화되지 않은 암컷 동물에서 발생한다. 긴급 수술이 필요할 수 있다.

자궁내막염 Endometritis / ˌɛn.doʊ.məˈtraɪ.tɪs

자궁내막에 염증이 생기는 상태로, 감염이나 분만 후 합병증으로 발생하며 번식 능력에 영향을 줄 수 있다.

자궁염 Metritis / mɪ'traɪ.tɪs

자궁 전체에 염증이 발생하는 상태로, 분만 후 감염이나 외상으로 인해 나타난다.

낭종성자궁내막증식 Cystic Endometrial Hyperplasia(CEH) / 'sɪs.tɪk ˌɛn.doʊ'miː.tri.əl ˌhaɪ.pɜːr'pleɪ.ʒə

자궁내막이 과도하게 증식하고 낭종이 형성되는 질환으로, 자궁축농증의 원인이 될 수 있다.

질염 Vaginitis / ˌvædʒ.ɪ'naɪ.tɪs

질 점막의 염증으로, 감염, 호르몬 변화, 또는 외상에 의해 발생한다.

유선염 Mastitis / mæ'staɪ.tɪs

유선에 염증이 생기는 상태로, 주로 감염이나 젖 분비 문제로 발생하며 통증과 부종을 동반한다.

유선종양 Mammary tumor / 'mæməri tuːmə

유선(젖샘)에서 발생하는 종양으로, 개나 고양이를 포함한 포유류에서 흔히 빌생한다. 양성(benign)과 악성(malignant)으로 나뉘며, 악성인 경우 전이될 가능성이 높아 조기 진단과 치료가 중요하다.

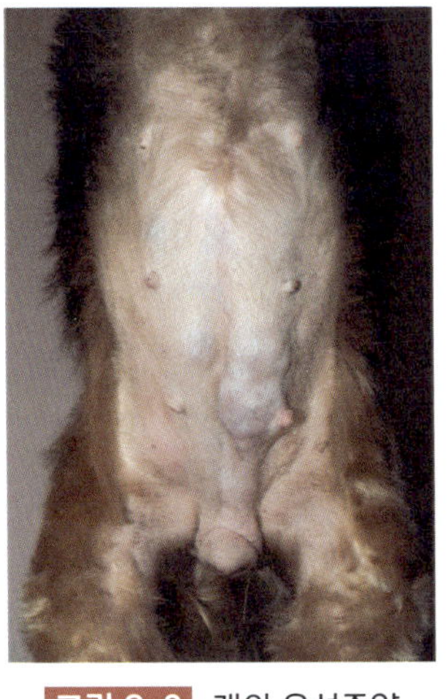

그림 8-2 개의 유선종양

난산 Dystocia / dɪs'toʊ.ʃə

분만 과정에서 어려움이 발생하는 상태로, 새끼의 위치 이상, 산모의 골반 문제, 또는 자궁 수축 부족 등이 원인이다.

태반잔류 Retained placenta / rɪ'teɪnd plæ'sɛn.tə

분만 후 태반이 자궁에서 배출되지 않는 상태로, 감염 및 자궁 문제를 유발할 수 있다.

가임신 False pregnancy, Pseudocyesis / ˌfɔːls 'prɛg.nən.si, ˌsuː.doʊ.saɪ'iː.sɪs

임신하지 않았음에도 임신과 유사한 증상(유선 발달, 젖 분비 등)이 나타나는 상태이다.

자궁탈출 Prolapsed uterus / 'proʊ.læpst 'juː.tə.rəs

자궁이 정상 위치에서 밖으로 빠져나오는 상태로, 분만 후에 주로 발생한다.

분유저하증 Hypogalactia / ˌhaɪ.poʊ.gə'læk.ti.ə

젖 분비량이 감소하는 상태로, 새끼의 영양 상태에 영향을 미칠 수 있다.

젖마름증 Agalactia / ˌæ.gə'læk.ti.ə

젖 분비가 완전히 멈추는 상태로, 호르몬 문제나 질병으로 인해 발생할 수 있다.

불임 Infertility / ˌɪn.fər'tɪl.ə.ti

번식 능력이 저하되거나 상실된 상태로, 다양한 요인(호르몬, 감염, 구조적 문제)에 의해 발생한다.

과배란 Superovulation / ˌsuː.pərˌɒv.jʊ'leɪ.ʃən

르몬 요법 등을 통해 다수의 난포가 동시에 성숙하고 배란되는 상태이다. 번식 기술(예: 배아이식)에서 활용된다.

생리 및 번식 관련 용어 Fertility terminology

발정주기 Estrus cycle / 'ɛstrəs 'saɪkəl

암컷 동물의 생리적 발정 주기를 말한다.

발정전기 Proestrus / proʊ'iː.stres

발정 주기의 첫 번째 단계로, 생식기관이 번식을 준비한다. 이 시기에는 난소에서 난포가 성숙하며, 에스트로겐 수치가 증가하고, 외음부가 부풀거나 출혈이 나타날 수 있다.

발정기 Estrus / 'ɛs.tres

발정 주기 중 암컷이 수컷을 받아들이는 시기로, 번식 가능성이 가장 높은 시기이다. 배란이 발생하며, 교미에 대한 수용성이 증가한다.

발정후기 Metestrus / mɛt'ɛs.tres

발정기가 끝난 후의 단계로, 황체가 형성되고 프로게스테론 수치가 증가한다.

무발정기 Diestrus / 'daɪ.ɛs.tres

발정 주기의 마지막 단계로, 활동성이 낮아지고 생식기관이 안정된 상태를 유지한다. 이 단계는 임신 여부에 따라 기간이 달라질 수 있으며, 수정되지 않았으면 다음 주기가 시작된다.

배란 Ovulation / ˌɒv.jʊ'leɪ.ʃen

성숙한 난자가 난소에서 방출되는 과정으로, 발정 주기 중 임신 가능성이 가장 높은 시기에 발생한다. 난자는 배란 후 난관으로 이동하여 수정될 준비를 한다.

수정 Fertilization / ˌfɜː.tɪ.laɪ'zeɪ.ʃen

난자와 정자가 결합하여 수정란을 형성하는 과정이다. 수정은 일반적으로 난관에서 발생하며, 성공적으로 수정된 경우 수정란은 자궁으로 이동해 착상된다.

착상 Implantation / ɪm.plæn'teɪ.ʃen

수정란이 자궁 내막에 붙어 자리 잡는 과정이다. 포유류의 초기 임신 과정에서 중요한 단계이며, 착상이 성공해야 임신이 유지된다.

임신 Gestation / dʒɛ'steɪ.ʃen

수정란이 자궁 내벽에 착상한 후, 태아로 성장하며 출산까지의 기간을 의미한다. 동물마다 임신 기간이 다르며, 예를 들어, 개는 약 63일, 소는 약 280일 동안 임신 상태를 유지한다.

분만 Parturition / ˌpɑːr.tʃəˈrɪʃ.ən

임신 기간이 끝난 후 새끼를 낳는 과정이다. 자궁 수축, 태아의 배출, 태반의 배출로 이루어지며, 호르몬(특히 옥시토신)이 중요한 역할을 한다.

수유 Lactation / lækˈteɪ.ʃən

출산 후 어미 동물이 젖을 생산하고 새끼에게 수유하는 과정이다. 프로락틴과 옥시토신이 젖 분비와 방출을 조절하며, 새끼의 성장과 건강에 필수적이다.

암컷 생식기 질병 및 치료 용어 Disease and Therapy terminology

난소자궁적출술 Ovariohysterectomy(OHE) / oʊˌvɛr.i.oʊˌhɪs.təˈrɛk.tə.mi

암컷 동물에서 난소와 자궁을 외과적으로 제거하는 수술이다. 번식을 방지하고 특정 질병(예: 자궁축농증, 난소 종양)을 예방하기 위해 시행된다.

인공수정 Artificial Insemination(AI) / ˌɑːr.tɪˈfɪʃ.əl ɪnˌsem.ɪˈneɪ.ʃən

암컷 동물의 생식기에 수컷의 정액을 인공적으로 주입하여 수정이 이루어지도록 하는 과정이다. 번식 효율을 높이기 위해 사용된다.

제왕절개 Cesarean section(C-section) / sɪˈzɛr.i.ən ˈsɛk.ʃən

새끼를 정상적으로 분만할 수 없을 때 복부와 자궁을 외과적으로 절개하여 새끼를 꺼내는 수술이다. 주로 난산 시 시행된다.

질 세포학 Vaginal cytology / ˈvædʒ.ɪ.nəl saɪˈtɒl.ə.dʒi

질 내에서 채취한 세포를 현미경으로 관찰하여 발정 주기의 단계를 확인하는 진단법이다. 발정기와 배란 시점을 예측하는 데 유용하다.

프로게스테론 검사 Progesterone test / proʊˈdʒɛs.təˌroʊn tɛst

혈액 내 프로게스테론 수치를 측정하여 배란 시기, 임신 여부, 또는 발정 주기의 단계를 파악하는 검사이다.

배아이식 Embryo transfer / ˈɛm.bri.oʊ ˈtræns.fɜːr

공여 암컷의 자궁에서 채취한 배아를 수용 암컷의 자궁으로 이식하는 생식 기술이다. 우수한 유전자를 가진 동물의 번식을 돕기 위해 사용된다.

암컷 중성화 수술 Spaying / 'speɪ.ɪŋ

암컷 동물에서 번식을 방지하기 위해 난소 또는 난소와 자궁을 제거하는 수술이다. 난소자궁적출술(ovariohysterectomy)과 같은 개념이며, 중성화를 의미하는 일반적인 용어이다.

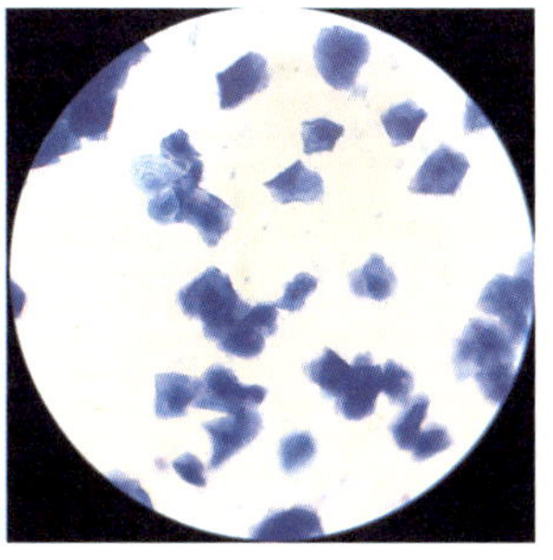

그림 8-3 개 발정기 질세포학 검사의 세포 모습

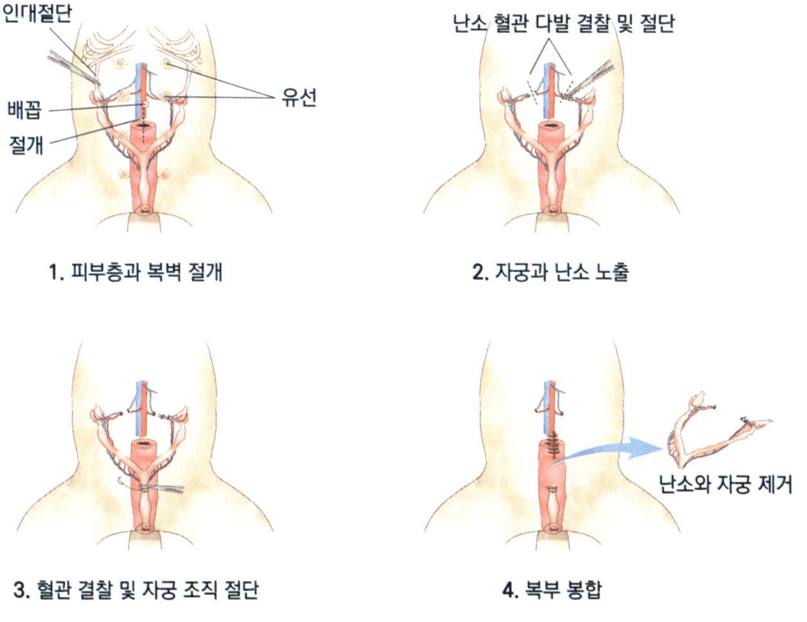

출처: https://www.petmd.com/dog/procedure/dog-spay-surgery

그림 8-4 개 암컷 중성화수술의 과정

연습 TEST

A 빈칸에 알맞은 한글 및 영어 의학용어를 쓰시오.

문번	한글 의학용어	영어 의학용어
01		난소
02	Oviduct	
03	Uterus	
04		젖샘, 유선
05	Ovarian cyst	
06		자궁축농증
07	Mastitis	
08	Mammary tumor	
09		난산
10	Retained placenta	
11	False pregnancy, Pseudocyesis	
12	Prolapsed uterus	
13	Infertility	
14	Estrus cycle	
15	Estrus	
16	Ovulation	
17	Fertilization	
18	Parturition	
19	Lactation	
20		난소자궁적출술
21	Artificial Insemination(AI)	
22		제왕절개
23		암컷 중성화 수술

정답

01	Ovary	02	난관	03	자궁	04	Mammary glands	05	난소낭종
06	Pyometra	07	유선염	08	유선종양	09	Dystocia	10	태반잔류
11	가임신	12	자궁탈출	13	불임	14	발정주기	15	발정기
16	배란	17	수정	18	분만	19	수유	20	Ovariohyste-rectomy(OHE)
21	인공수정	22	Cesarean section (C-section)	23	Spaying				

B 다음 그림의 빈칸에 해당하는 알맞은 용어를 쓰시오.

• 개의 암컷 생식기계 구조

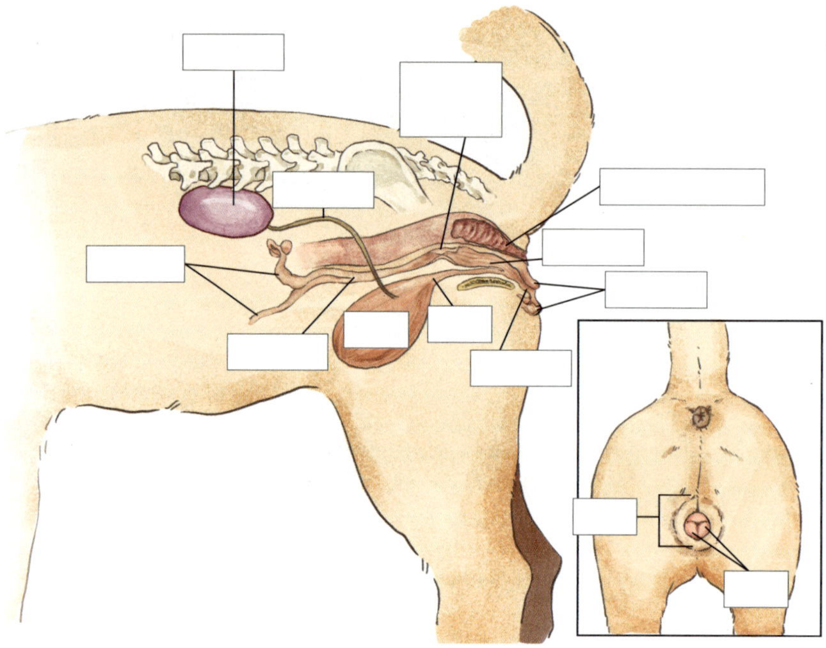

정답 p.146

CHAPTER 09

수컷 생식기계통 (Male reproductive system)

CHAPTER

09 수컷 생식기계통 (Male reproductive system)

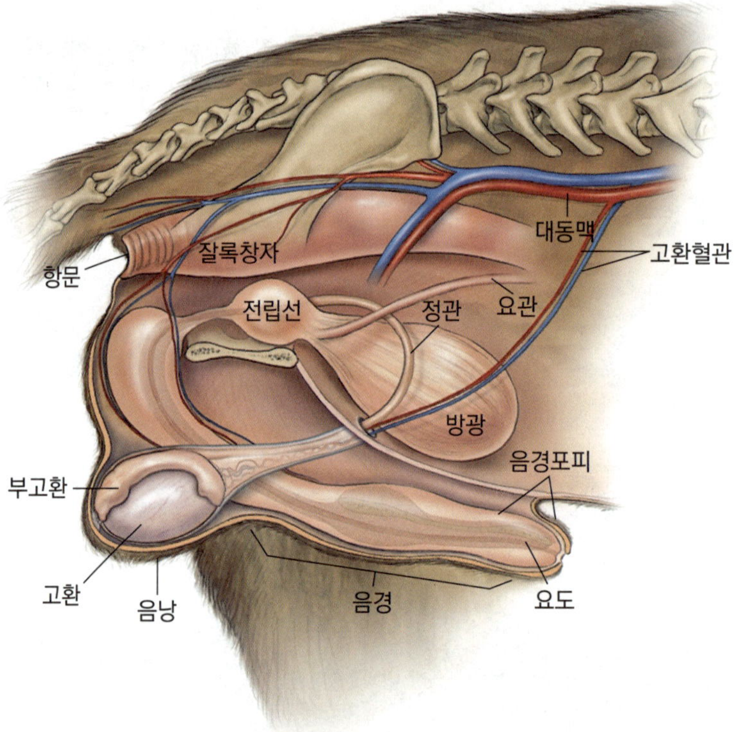

출처: https://www.petmd.com/dog/procedure/dog-neutering-everything-you-need-know

그림 9-1 개의 수컷 생식기계 구조

해부용어 Anatomical terminology

고환 Testes / ˈtɛstiːz

정자를 생성하고 테스토스테론과 같은 성호르몬을 분비하는 남성 생식기관이다.

정세관 Seminiferous tubules / ˌsɛmɪˈnɪfərəs ˈtjuːbjuːlz

고환 내부에서 정자가 생성되는 세관이다.

라이디히 세포 Leydig cells / ˈlaɪdɪg sɛlz

고환의 간질조직에 위치하며, 테스토스테론을 분비하는 세포이다.

세르톨리 세포 Sertoli cells / ˈsɜːrtəli sɛlz

정소의 정세관 속에서 정자가 발생하는 과정에 있는 세포에 영양을 공급하고 그 세포를 물리적으로 지지하는 역할을 하는 세포이다.

음낭 Scrotum / ˈskroʊtəm

고환을 감싸고 보호하며 온도를 조절하는 주머니 모양의 구조이다.

부고환 Epididymis / ˌɛpɪˈdɪdɪmɪs

고환과 연결되어 있으며, 정자가 성숙되고 저장되는 장소이다.

정관 Vas deferens / ˌvæs ˈdɛfəˌrɛnz

정자를 부고환에서 요도로 운반하는 관이다.

전립샘 Prostate gland / ˈprɒsteɪt ˌglænd

정액의 일부를 생성하고, 정자의 생존과 이동을 돕는 분비샘이다.

망울요도샘 Bulbourethral gland / ˌbʌlboʊjʊˈriːθrəl ˌglænd

윤활 작용을 하는 점액성 분비물을 생성하여 요도를 보호하는 샘이다.

음경 Penis / ˈpiːnɪs

외부 생식기관으로, 정액의 전달과 배뇨 기능을 수행한다.

음경귀두 Glans penis / glænz ˈpiːnɪs

음경의 끝부분에 위치한 둥근 부분을 말한다.

음경골 Os penis / ɒs ˈpiːnɪs

일부 동물에서 음경을 지지하는 뼈이다.

포피 Prepuce / ˈpriːpjuːs

음경을 덮고 있는 피부 주름으로, 음경귀두를 보호한다.

정삭 Spermatic cord / spərˈmætɪk kɔːrd

고환을 음낭에 연결하며, 혈관, 신경, 정관 등을 포함하는 구조이다.

안드로겐 Androgen / ˈændrəʊdʒən

수컷 성호르몬으로, 테스토스테론이 주요한 안드로겐이다.

테스토스테론 Testosterone / tɛsˈtɒstərɒn

수컷의 주요 성호르몬으로, 고환에서 분비되며 수컷 생식기 발달과 기능에 중요한 호르몬이다.

수컷 생식기 증상 및 질병 용어 Symptoms and Disease terminology

잠복고환 Cryptorchidism / ˌkrɪpˈtɔːrkɪdɪzəm

고환이 정상적으로 음낭으로 내려오지 않고 복강이나 서혜부(사타구니)에 남아 있는 상태를 의미한다. 주로 선천적으로 발생하며, 고환의 정상적인 기능을 방해하고 종양 발생 위험을 증가시킬 수 있다.

고환염 Orchitis / ɔːˈkaɪtɪs

고환에 염증이 생긴 상태로, 세균 감염이나 바이러스(예: 유행성 이하선염) 등에 의해 발생할 수 있다. 통증, 부종, 발열 등의 증상이 나타나며, 심한 경우 불임을 유발할 수 있다.

부고환염 Epididymitis / ˌɛpɪˌdɪdɪˈmaɪtɪs

부고환(정자가 성숙하는 부위)에 염증이 발생하는 질환으로, 세균 감염(예: 브루셀라증, 요로 감염)이나 외상으로 인해 발생할 수 있다. 고환 통증, 부종, 발열이 주요 증상이다.

전립선염 Prostatitis / ˌprɒstæˈtaɪtɪs

전립선에 염증이 발생한 상태를 말하며, 세균 감염에 의해 급성 또는 만성으로 나타날 수 있다. 배뇨 장애, 회음부 통증, 발열 등의 증상이 동반될 수 있다.

음낭수종 Hydrocele / ˈhaɪdrəʊsiːl

음낭 내에 과도한 액체가 고여 부종을 유발하는 질환이다.

혈음낭종 Hematocele / ˈhiːməˌtəʊsiːl

음낭 내에 혈액이 고이는 질환으로, 외상이나 수술 후 합병증으로 발생할 수 있다.

정낭종 Spermatocele / ˌspɜːməˈtiːsiːl

부고환에 액체와 정자가 포함된 낭종이 형성되는 질환이다.

포피반전 Paraphimosis / ˌpærəˈfɪmoʊsɪs

포피가 음경귀두에 뒤집혀서 원래 위치로 돌아가지 않는 상태이다.

귀두포피염 Balanoposthitis / ˌbælənəʊˈpɒstɪˌtaɪtɪs

음경귀두와 포피에 염증이 생기는 질환이다.

고환염전 Testicular torsion / tɛsˈtɪkjʊlər ˈtɔːrʒən

고환염전은 고환이 꼬이면서 혈액 공급이 차단되는 응급 질환으로, 즉각적인 수술적 치료가 필요하다.

고환 종양 Testicular neoplasia / tɛsˈtɪkjʊlər niˈəʊpleɪzɪə

고환 종양은 고환에서 발생하는 종양으로, 양성 또는 악성일 수 있다. 고환의 크기 변화, 덩어리 형성 등이 주요 증상이다.

전립선 비대증 Prostatic hyperplasia / prɒˈstætɪk haɪpəˈpleɪʒə

전립선이 비정상적으로 커지는 질환으로, 배뇨 장애(소변 줄기 약화, 빈뇨, 야간뇨)를 유발할 수 있다.

무정자증 Azoospermia / ˌeɪzəʊʊˈspɜːrmɪə

정액에 정자가 전혀 존재하지 않는 상태이다.

음낭 탈장 Scrotal hernia / 'skroutl 'hɜːrniə

장이 음낭으로 돌출된 상태이다.

생리 및 번식 관련 용어 Fertility terminology

정자형성 Spermatogenesis / ˌspɜːrmætəʊ'dʒɛnɪsɪs

정자가 생성되는 과정을 말한다. 고환(testis)에서 정원세포가 분화하여 성숙한 정자로 발달하는 것을 의미한다.

사정 Ejaculation / ɪˌdʒækjʊ'leɪʃən

정액이 음경을 통해 배출되는 과정이다.

생식능력 Fertility / fɜː'tɪləti

정상적인 번식이 가능한 능력이다. 임신이 가능한 생식능력을 의미하며, 수컷과 암컷 모두에게 적용된다.

불임 Infertility / ˌɪn.fə'tɪlɪti

정상적인 방법으로 임신이 불가능한 상태이다.

교미 Copulation / ˌkɒpjʊ'leɪʃən

생식 목적으로 수컷과 암컷이 결합하는 행동이다. 동물에서 교미(mating) 또는 짝짓기라고도 하며, 번식의 필수 과정이다.

수컷 생식기 질병 진단 및 치료 관련 용어 Diagnosis and Therapy terminology

거세 Castration / kæ'streɪʃən

수컷의 고환을 제거하거나 기능을 없애는 수술이다. 번식을 막거나 특정 행동을 줄이기 위해 시행된다. 수컷 중성화수술이라고도 한다.

전립선 생검 Prostatic biopsy / prɒ'stætɪk 'baɪɒpsi

전립선에서 조직 샘플을 채취하여 검사하는 절차이다. 전립선암이나 기타 질환을 진단하기 위해 수행된다.

정액 분석 Semen analysis / ˈsiːmən əˈnæləsɪs

정액의 상태를 분석하는 검사이다. 정자의 수, 운동성, 형태 등을 평가하여 남성의 생식능력을 확인하는 데 사용된다.

인공수정 Artificial Insemination(AI) / ˌɑːrtɪˈfɪʃəl ɪnˌsɛmɪˈneɪʃən

정액을 암컷의 생식기에 인공적으로 주입하여 임신을 유도하는 번식 방법이다.

전기사정 Electroejaculation / ɪˌlɛktrəʊɪˌdʒækjʊˈleɪʃən

전기 자극을 사용하여 사정을 유도하는 방법이다. 주로 불임 진단이나 동물 번식 연구에서 사용된다.

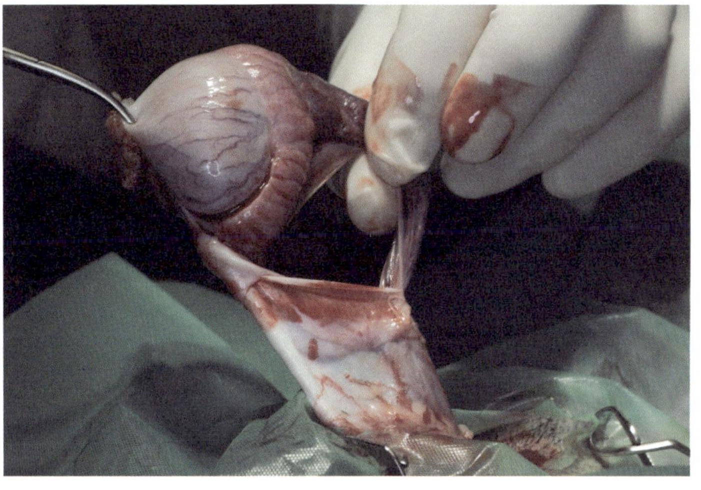

그림 9-2 개 수컷 중성화수술 과정

연습 TEST

A 빈칸에 알맞은 한글 및 영어 의학용어를 쓰시오.

문번	한글 의학용어	영어 의학용어
01		고환
02	Scrotum	
03	Epididymis	
04	Prostate gland	
05	Cryptorchidism	
06	Testicular neoplasia	
07		불임
08		거세
09	Vas deferens	
10	Prepuce	
11	Orchitis	
12	Epididymitis	
13	Prostatitis	
14	Balanoposthitis	
15	Prostatic hyperplasia	

정답

01	Testes	02	음낭	03	부고환	04	전립샘	05	잠복고환
06	고환 종양	07	Infertility	08	Castration	09	정관	10	포피
11	고환염	12	부고환염	13	전립선염	14	귀두포피염	15	전립선 비대증

B 다음 그림의 빈칸에 해당하는 알맞은 용어를 쓰시오.

• 개의 수컷 생식기계 구조

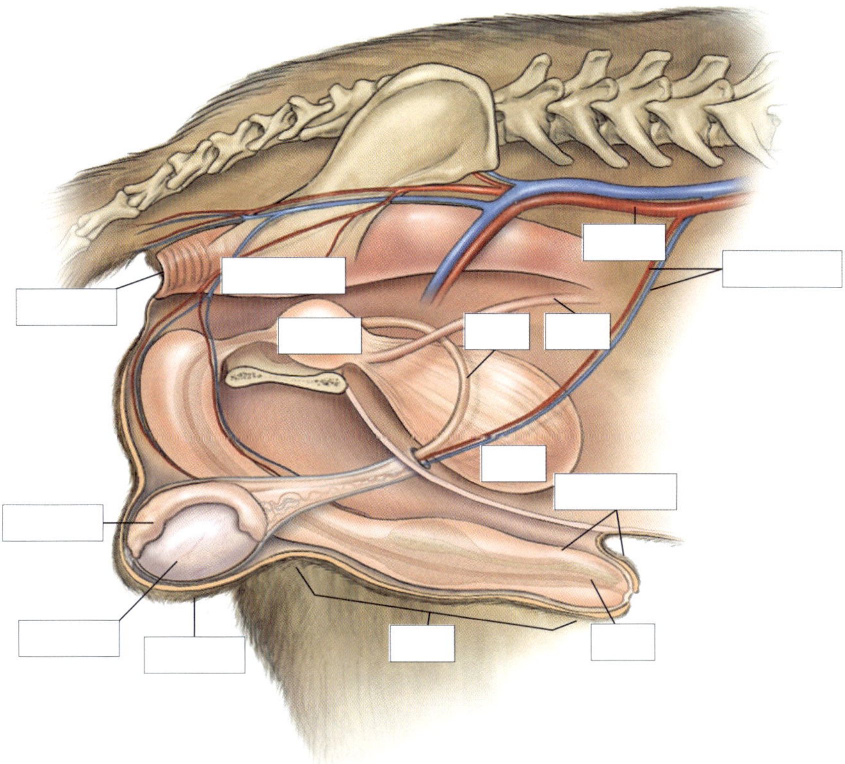

정답 p.158

CHAPTER 10

신경계통 (Nervous system)

CHAPTER

10 신경계통 (Nervous system)

신경계통(nervous system)과 관련된 의학용어는 중추신경계(Central Nervous System, CNS)와 말초신경계(Peripheral Nervous System, PNS)의 구조, 질환, 증상, 진단, 치료 등을 설명하는 데 사용된다.

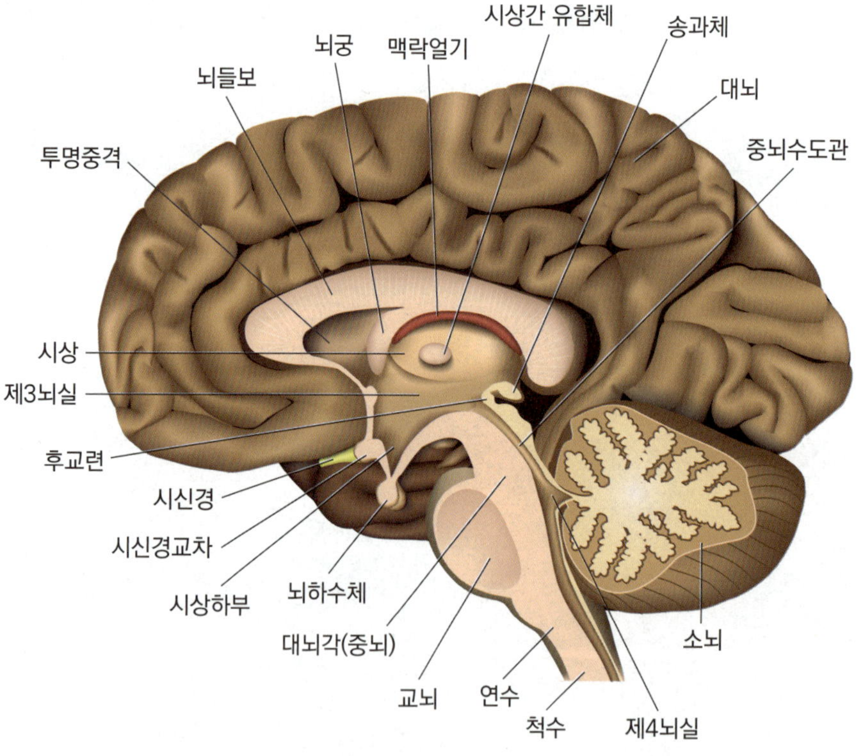

그림 10-1 뇌의 구조

해부용어 Anatomical terminology

중추신경계 Central Nervous System(CNS)

대뇌 Cerebrum / ˈsɛrɪbrəm

뇌의 가장 큰 부분으로, 인지, 운동, 감각 및 고등 정신 기능(추론, 기억, 감정 등)을 담당한다.

소뇌 Cerebellum / ˌsɛrɪˈbɛləm

운동 조정과 균형을 담당하는 뇌의 부분이다. 근육 협응과 운동 학습에도 중요한 역할을 한다.

뇌간 Brainstem / ˈbreɪnˌstɛm

대뇌와 척수를 연결하며, 호흡, 심박 조절, 혈압 유지 등 생명 유지에 필수적인 기본 기능을 조절하는 뇌의 부분이다.

연수 Medulla oblongata / mɪˈdʌlə ɒˈblɒŋɡɑːtə

뇌간의 가장 아래쪽에 위치한 구조로, 생명 유지에 필수적인 기능을 담당한다. 이 부분은 호흡 조절, 심박수 조절, 혈압 유지 등의 자동적인 신체 기능을 조절하는 역할을 한다.

교뇌 Pons / pɒnz

뇌간의 가운데에 위치한 구조로, 대뇌와 소뇌, 그리고 척수 사이에서 감각 및 운동 신호를 전달하는 역할을 한다. 교뇌는 특히 호흡 조절에 중요한 영향을 미치며, 수면 및 각성 상태를 조절하는 데 관여한다.

중뇌 Midbrain / ˈmɪdˌbreɪn

뇌간의 위쪽에 위치하며, 감각과 운동 정보를 전달하는 중요한 역할을 한다. 특히 시각과 청각 반사, 그리고 신체 움직임과 균형 조절에 관여한다.

척수 Spinal cord / ˈspaɪnəl kɔːrd

뇌와 신체를 연결하는 주요 신경 경로로, 운동 신호와 감각 신호를 전달하는 역할을 한다. 척추 내부에 위치하며, 신체의 다양한 부위에서 오는 감각 정보를 뇌로 전달하고, 뇌에서 내려오는 운동 명령을 근육과 기관으로 전달한다.

뇌수막 Meninges / mɪ'nɪndʒiːz

뇌와 척수를 보호하는 세 겹의 막으로 구성된 구조이다. 바깥쪽부터 경막, 지주막, 연막으로 이루어져 있으며, 이 막들은 뇌와 척수를 외부 충격으로부터 보호하고, 뇌척수액을 유지하여 신경 조직의 안정적인 환경을 조성하는 역할을 한다.

경막 Dura mater / 'djʊərə 'meɪtə

뇌와 척수를 둘러싼 가장 강하고 두꺼운 막이다.

지주막 Arachnoid mater / ə'ræknɔɪd 'meɪtə

경막과 연막 사이에 위치한 얇은 막으로, 뇌척수액을 포함한 공간을 형성한다.

연막 Pia mater / 'piːə 'meɪtə

뇌와 척수의 표면을 감싸며, 신경 세포와 혈관을 보호하는 역할을 한다.

뇌척수액 Cerebrospinal Fluid(CSF) / 'sɛrɪbrəʊspaɪnəl 'fluːɪd

뇌와 척수를 둘러싸고 있는 투명한 액체로, 보호와 영양 공급을 한다.

신경 Nerve / nɜːrv

신경 섬유들이 모여서 형성된 구조로, 신경 자극을 전달한다.

감각신경 Afferent nerve / 'æfərənt nɜːrv

외부 자극을 뇌와 척수로 전달하는 신경이다.

운동신경 Efferent nerve / 'ɛfərənt nɜːrv

뇌와 척수에서 나온 신호를 신체의 근육과 기관으로 전달하는 신경이다.

뉴런 Neurons / 'njʊərɒnz

신경 세포로, 신경 신호를 전달하는 기본 단위이다.

축삭 Axon / 'æksɒn/

뉴런의 긴 돌기로, 신경 신호를 다른 뉴런이나 세포로 전달한다.

가지돌기 Dendrites / 'dɛndraɪts

뉴런의 짧은 가지로, 다른 뉴런에서 오는 신호를 받는다.

시냅스, 연접 Synapse / ˈsɪnæps

두 뉴런 사이의 접합부로, 신경 신호가 전달되는 장소이다.

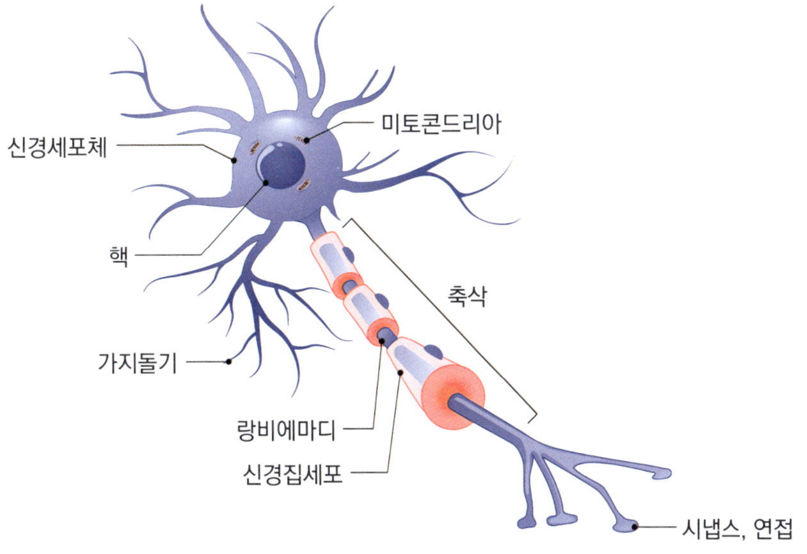

그림 10-2 뉴런의 구조

자율신경계 Autonomic Nervous System(ANS) / ˌɔːtəˈnɒmɪk ˈnɜːrvəs ˈsɪstəm

인체의 내장근·샘 따위의 신경 지배를 통하여, 순환·소화 등의 기능을 통제·조절하는 신경계통이다.

교감신경계 Sympathetic nervous system / ˌsɪmpəˈθɛtɪk ˈnɜːrvəs ˈsɪstəm

자율신경계의 일종으로 일반적으로 긴장이 되는 상황에 처했을 때 활성화된다.

부교감신경계 Parasympathetic nervous system / ˌpærəˈsɪmpəˈθɛtɪk ˈnɜːrvəs ˈsɪstəm

신체의 활동과 기능을 억제하는 방향으로 작용하는 자율신경계통이다. 형태학상 몸 신경의 하나로, 주로 야간에 작용이 활발해진다.

말초신경계 Peripheral Nervous System(PNS) / pəˈrɪfərəl ˈnɜːrvəs ˈsɪstəm

뇌와 척수를 제외한 신경계로, 감각과 운동을 담당하는 신경들이 포함된다. 말초신경계는 중추신경계(CNS, 뇌와 척수)를 신체의 말단 부위와 연결하는 역할을 하며, 감각 정보를 중추로 전달하고, 중추에서 내려온 운동 명령을 근육과 기관으로 전달하는 기능을 수행한다.

두경신경 Cranial nerves / ˈkreɪnɪəl nɜːrvz

뇌에서 직접 나오는 12쌍의 신경으로, 주로 머리와 목 부위의 감각 및 운동 기능을 담당한다. 시각, 청각, 후각, 미각과 같은 감각 기능뿐만 아니라 안면 근육, 혀의 움직임, 심장과 소화기관 조절 등 다양한 역할을 수행하는 신경들이 포함된다.

척수신경 Spinal nerves / ˈspaɪnəl nɜːrvz

척수에서 나오는 31쌍의 신경으로, 신체의 나머지 부분과 중추신경계를 연결하는 역할을 한다. 척수신경은 목(경신경), 가슴(흉신경), 허리(요신경), 엉치(천골신경), 꼬리뼈(미골신경) 등으로 나뉘며, 각각의 신경이 특정 부위의 감각과 운동을 조절한다.

신경전달물질 Neurotransmitter / ˌnjʊərəʊˈtrænsmɪtə

신경 신호를 전달하는 화학 물질로, 뉴런 간의 정보 교환을 가능하게 한다. 뉴런에서 방출된 신경전달물질은 시냅스를 통해 다음 뉴런의 수용체에 결합하여 신경 신호를 전달하거나 조절한다. 대표적인 신경전달물질로는 아세틸콜린(acetylcholine), 도파민(dopamine), 세로토닌(serotonin) 등이 있으며, 각각 운동 조절, 감정 조절, 기억 형성 등에 중요한 역할을 한다.

중추신경계 관련 증상 및 질병 용어 Symptoms and Disease terminology

뇌염 Encephalitis / ɪnˌsɛfəˈlaɪtɪs

뇌의 염증으로, 감염이나 자가 면역 반응에 의해 발생한다. 뇌염의 증상으로는 발열, 두통, 발작, 의식 변화, 근육 경련 등이 나타날 수 있으며, 심한 경우 혼수상태나 신경 손상을 초래할 수도 있다.

수막염 Meningitis / ˌmɛnɪnˈdʒaɪtɪs

뇌와 척수를 둘러싸는 뇌수막(meninges)에 염증이 생기는 질환이다. 세균, 바이러스, 곰팡이 등의 감염에 의해 발생하며, 심한 두통, 발열, 경부 강직(목이 뻣뻣해지는 증상), 의식 저하 등의 증상이 나타난다.

소뇌성 운동실조증 Cerebellar ataxia / ˌsɛrɪˈbɛlər æˈtæksɪə

소뇌의 손상으로 인해 신체 균형과 협응 능력이 저하되는 신경학적 상태이다. 보행 장애, 근육의 조화로운 움직임 어려움, 어지러움 등의 증상이 나타난다.

간질 Epilepsy / ˈɛpɪlɛpsi

뇌의 신경 세포에서 비정상적인 전기적 활동이 발생하여 반복적인 발작을 유발하는 질환이다. 발작의 유형은 다양하며, 의식 소실, 경련, 감각 이상, 이상 행동 등이 나타날 수 있다.

발작 Seizure / ˈsiːʒər

비정상적인 뇌의 전기적 활동으로 인해 발생하는 일시적인 신경학적 사건이다. 뇌의 정상적인 전기 신호에 갑작스러운 변화가 생기면서 신경세포에서 통제되지 않은 전기 신호가 발생하게 된다. 이로 인해 환자의 행동, 운동, 감각, 인지 기능 등이 일시적으로 영향을 받을 수 있다.

신경퇴행성 질환 Neurodegenerative diseases / ˌnjʊərəʊdɪˈdʒɛnərətɪv dɪˈziːzɪz

신경 세포(뉴런)가 점진적으로 퇴화하거나 손실되는 질환군을 말한다.

추간판 질환 Intervertebral Disc Disease(IVDD) / ˌɪntərˈvɜːtɪbrəl dɪsk dɪˈziːz

척추뼈 사이에 위치한 디스크(추간판)가 손상되거나 변형되어 발생하는 질환이다. 디스크의 탈출이나 퇴행성 변화로 인해 척수나 신경을 압박할 경우 통증, 신경 손상, 마비 등의 증상이 나타날 수 있다.

척수 손상 Spinal cord injury / ˈspaɪnəl kɔːrd ˈɪndʒəri

외상이나 질병에 의해 척수가 물리적으로 손상을 입은 상태를 말한다. 손상의 정도에 따라 운동 기능 및 감각 기능이 부분적으로 또는 완전히 상실될 수 있으며, 심한 경우 사지 마비(Quadriplegia)나 하반신 마비(Paraplegia)를 초래할 수 있다.

수두증 Hydrocephalus / ˌhaɪdrəʊˈsɛfələs

뇌척수액(CSF)이 비정상적으로 과다 축적되어 뇌내 압력이 증가하는 질환이다. 선천적 기형, 감염, 뇌출혈 등의 원인으로 발생할 수 있으며, 심한 경우 두개골 확대, 두통, 구토, 시각 장애, 인지 기능 저하 등의 증상이 나타날 수 있다.

파상풍 Tetanus / ˈtɛtnəs

파상풍균(Clostridium tetani)이 생성하는 독소가 신경계를 침범하여 근육의 긴장성 연축(강직성 마비)을 일으키는 감염성 질환이다.

광견병 Rabies / ˈreɪbiːz

광견병 바이러스(Rabies virus)에 감염되어 발생하는 치명적인 신경계 질환이다. 주로 감염된 동물(특히 개, 박쥐, 너구리 등)의 타액을 통해 물림으로써 전파되며, 바이러스가 중추신경계(CNS)를 공격하여 행동 변화, 공격성 증가, 침 흘림, 마비, 발작 등의 증상을 유발한다.

개 인지 장애 증후군 Canine Cognitive Dysfunction Syndrome(CCDS) / ˈkeɪnaɪn kɒgˈnɪtɪv dɪsˈfʌŋkʃən ˈsɪndrəʊm

노령견에서 발생하는 신경퇴행성 질환으로, 기억력과 인지 기능이 저하되는 증후군이다.

척수염 Myelitis / ˌmaɪəˈlaɪtɪs

척수에 염증이 발생하여 운동 및 감각 기능이 손상되는 질환이다. 바이러스 감염, 자가면역 반응, 백신 반응 등이 원인이 될 수 있으며, 심한 경우 사지 마비, 감각 저하, 배뇨장애 등이 나타날 수 있다.

다발근신경염 Polyradiculoneuritis / ˌpɒlɪˌrædɪkjʊləʊnɜːˈraɪtɪs

여러 신경 뿌리에 염증이 발생하는 질환으로, 운동과 감각 기능에 영향을 미친다.

신경병증 Neuropathy / nʊˈrɒpəθi

신경이 손상되거나 기능을 상실하여 감각 이상, 통증, 근력 저하, 마비 등을 유발하는 질환이다.

자율신경계 장애 Autonomic dysfunction / ˌɔːtəˈnɒmɪk dɪsˈfʌŋkʃən

심박수, 혈압, 소화, 체온 조절 등 무의식적으로 조절되는 신체 기능을 담당하는 자율신경계의 기능 이상으로 인해 발생하는 질환이다.

감각이상 Paresthesia / ˌpærəs'θiːʒə

피부에 이상한 느낌이나 감각이 있는 상태, 예를 들어 저림이나 무감각이 발생하는 경우이다.

중추신경계 질병 진단 및 치료 용어 Diagnosis and Therapy terminology

자기공명영상 Magnetic Resonance Imaging(MRI) / ˌɛsˌɑːr'aɪ

강력한 자기장을 이용해 인체 내부의 상세한 이미지를 생성하는 의료 영상 기법이다.

컴퓨터 단층촬영 Computed Tomography(CT Scan) / 'siː'tiː skæn

X-ray를 사용하여 여러 방향에서 신체의 단면 이미지를 촬영하고, 이를 결합하여 3D 이미지를 생성하는 검사 방법이다.

뇌파검사 Electroencephalogram(EEG) / ɪˌlɛktrəʊɪnsɛfə'lɒgræm

뇌의 전기적 활동을 기록하는 검사로, 주로 발작, 간질, 수면장애, 뇌 질환의 진단에 사용된다. 누피에 부착한 전극을 통해 뇌에서 발생하는 전기 신호를 감지하고 이를 분석하여 비정상적인 신경 활동 여부를 평가할 수 있다.

뇌척수액 분석 Cerebrospinal Fluid(CSF) analysis / 'sɛrɪbrəʊspaɪnəl 'fluːɪd ə'næləsɪs

뇌척수액을 채취하여 감염이나 질환의 징후를 분석하는 검사이다.

신경 전도 속도 검사 Nerve Conduction Velocity(NCV) / nɜːrv kən'dʌkʃən və'lɒsɪti

신경 신호가 얼마나 빨리 전달되는지를 측정하여 신경 손상 여부를 판단하는 검사이다.

근전도검사 Electromyography(EMG) / ɪˌlɛktrəʊmaɪ'ɒgrəfi

근육의 전기적 활동을 측정하여 근육 질환이나 신경 질환을 진단하는 검사이다.

항간질제 Anticonvulsants / ˌæntɪkən'vʌlsənts

간질 발작을 예방하거나 치료하는 약물로, 신경계의 과도한 전기적 활동을 조절하는 역할을 한다.

진통제 Analgesics / ˌænəlˈdʒiːzɪks

통증을 완화하는 약물로, 경미한 통증부터 심한 통증까지 다양한 종류가 있다. 비스테로이드성 소염진통제(NSAIDs, 예: 이부프로펜, 나프록센), 아세트아미노펜(Acetaminophen), 마약성 진통제(Opioids, 예: 모르핀, 펜타닐) 등이 있으며, 통증의 강도와 원인에 따라 적절한 약물이 처방된다.

말초신경계 해부용어 Anatomical terminology

신경섬유 Nerve fiber / ˈnɜːrv ˌfaɪbər

신경세포의 축삭(axon)과 이를 둘러싼 수초(myelin sheath)로 구성된 구조로, 신호 전달의 기본 단위이다. 이 구조는 신경의 전기적 자극을 빠르고 효율적으로 전달하는 데 중요한 역할을 한다.

신경절 Ganglion / ˈgæŋgliən

신경세포체가 모여 있는 부위로, 말초신경계에서 정보가 중계되거나 처리되는 장소로 작용한다.

말초신경 Peripheral nerve / pəˈrɪfərəl ˈnɜːrv

중추신경계에서 신체 말단으로 신호를 전달하는 역할을 하며, 운동 및 감각 신경으로 구성된다.

신경총 Plexus / ˈplɛksəs

여러 신경이 합쳐지거나 갈라지는 복잡한 네트워크로, 신체의 특정 부위에 분포하는 신경을 형성한다.

운동신경 Motor nerve / ˈmoʊtər ˈnɜːrv

근육으로 신호를 전달하여 수의적 또는 반사적 움직임을 조절한다.

감각신경 Sensory nerve / ˈsɛnˌsɔːri ˈnɜːrv

외부 환경에서 발생하는 자극을 수용체를 통해 중추신경계로 전달하는 역할을 한다.

척수신경 Spinal nerves / ˈspaɪnəl ˈnɜːrvz

척수에서 나오는 31쌍의 신경으로, 경신경, 흉신경, 요신경, 천골신경, 미골신경으로 나뉜다. 이들은 신체의 각 부분에 분포하여 감각과 운동 기능을 제공한다.

미주신경 Vagus nerve / ˈveɪgəs ˈnɜːrv

자율신경계의 중요한 구성원으로, 심장, 폐, 소화기 등 다양한 내장기관과 연결되어 활동을 조절한다.

좌골신경 Sciatic nerve / saɪˈætɪk ˈnɜːrv

신체에서 가장 크고 긴 신경으로, 뒷다리로 신호를 전달하며 운동과 감각 기능을 지원한다.

말초신경계 관련 증상 및 질병 용어 Symptoms and Disease terminology

마비 Paralysis / pəˈrælɪsɪs

신경 손상으로 인해 근육의 운동 능력이 상실된 상태를 말한다. 완전 마비와 부분 마비로 나뉘며, 주로 말초신경 손상에서 관찰된다.

감각 이상 Paresthesia / pærɪsˈθiːʒə

비정상적인 감각으로, 환자는 저림, 따가움, 또는 타는 듯한 느낌을 경험할 수 있다.

통증 Pain / peɪn

신경 손상 또는 압박으로 인해 발생하는 고통으로, 말초신경 손상 시 흔히 나타나는 증상이다.

운동실조 Ataxia / əˈtæksiə

운동 조정 능력이 저하되어 비정상적인 움직임이나 균형 문제를 일으키는 상태이다.

근육 위축 Muscle atrophy / ˈmʌsəl ˈætrəfi

신경 손상으로 인해 근육이 점진적으로 작아지고 약화되는 상태이다.

말초신경병증 Peripheral neuropathy / pəˈrɪfərəl nʊˈrɒpəθi

말초신경 손상으로 인해 운동, 감각, 또는 자율신경 기능에 이상이 발생하는 상태이다. 원인으로는 외상, 대사질환, 독성 물질 등이 있다.

전기진단 Electrodiagnostic test / ɪˌlɛktroʊdaɪɪgˈnɒstɪk tɛst

신경과 근육의 전기적 활동을 기록하여 신경 손상의 정도와 위치를 평가하는 검사법이다.

신경전도검사 Nerve conduction study / ˈnɜːrv ˌkənˈdʌkʃən ˈstʌdi

말초신경의 전기적 신호 전달 속도를 측정하여 손상 여부를 확인하는 검사법이다.

신경 재생 치료 Nerve regeneration therapy / ˈnɜːrv ˌriːdʒəˈnɛɪʃən ˈθɛrəpi

손상된 신경의 재생을 촉진하는 최신 치료법으로, 줄기세포 치료 등이 포함된다.

재활운동 Rehabilitation exercises / riːəˌbɪlɪˈteɪʃən ˈɛksərˌsaɪzɪz

근육 재활과 신경 회복을 촉진하기 위한 운동 치료 방법이다.

전기 자극 치료 Electrical stimulation / ɪˌlɛktrɪkəl ˌstɪmjʊˈleɪʃən

신경과 근육을 전기 자극으로 활성화하여 재생과 회복을 돕는 치료이다.

연습 TEST

A 빈칸에 알맞은 한글 및 영어 의학용어를 쓰시오.

문번	한글 의학용어	영어 의학용어
01	Cerebrum	
02	Cerebellum	
03	Brainstem	
04	Medulla oblongata	
05	Pons	
06	Midbrain	
07		척수
08		신경
09		뉴런
10	Axon	
11	Dendrites	
12		시냅스
13	Sympathetic nervous system	
14	Parasympathetic nervous system	
15		뇌염
16		간질
17		발작
18	Intervertebral Disc Disease(IVDD)	
19	Hydrocephalus	
20		광견병
21		항간질제
22		진통제
23		마비
24		통증
25	Ataxia	
26	Rehabilitation exercises	
27	Electrical stimulation	

정답

01	대뇌	02	소뇌	03	뇌간	04	연수	05	교뇌
06	중뇌	07	Spinal cord	08	Nerve	09	Neurons	10	축삭
11	가지돌기	12	Synapse	13	교감신경계	14	부교감신경계	15	Encephalitis
16	Epilepsy	17	Seizure	18	추간판 질환	19	수두증	20	Rabies
21	Anticonvulsants	22	Analgesics	23	Paralysis	24	Pain	26	운동실조
26	재활운동	27	전기 자극 치료						

B 다음 그림의 빈칸에 해당하는 알맞은 용어를 쓰시오.

• 뇌의 구조

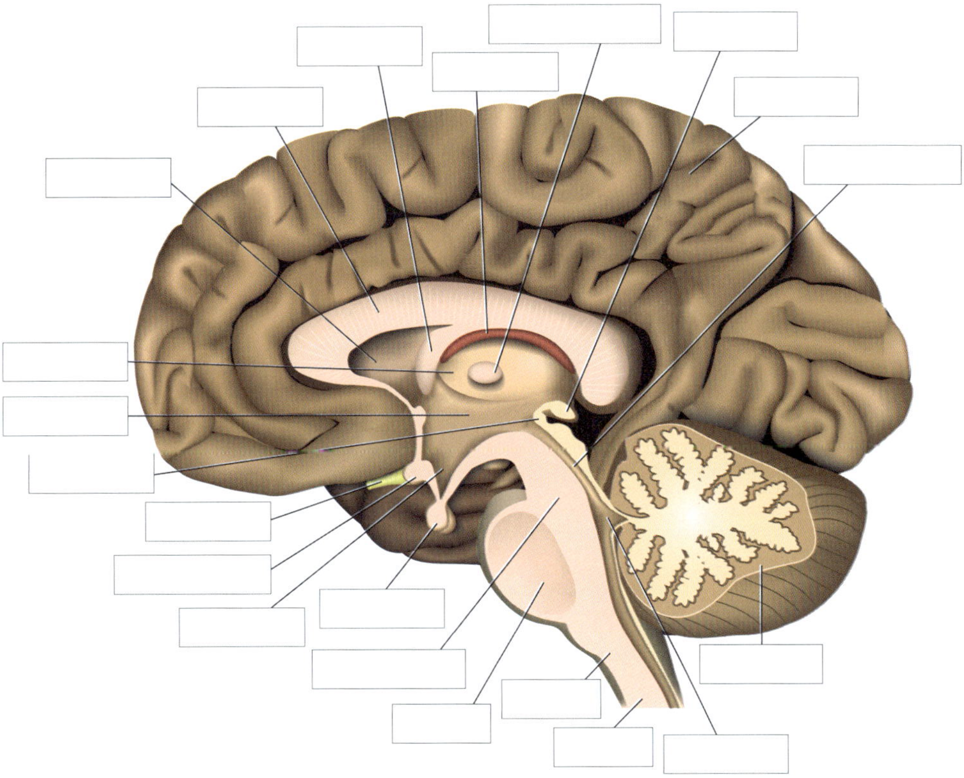

정답 p.168

CHAPTER 11

피부계통 (Integumentary system)

CHAPTER

11 피부계통 (Integumentary system)

해부용어 Anatomical terminology

표피, 외피 Epidermis / èpədé:rmis

동물의 몸을 덮고 있는 피부의 가장 바깥쪽 조직으로 보통 중층편평상피로 구성되어 있고, 혈관이 없는 것이 특징이다.

각질층 Stratum corneum / stréitəm 'kɔ:nɪəm

피부의 가장 바깥쪽의 얇은 층을 의미하는데, 편평하고 투명하며 각질화되어 있고 표면에서는 끊임없이 박리되어 탈락한다. 피부 내부의 수분 증발을 막고 물리적 자극이나 유해물질에 대해 방어하는 역할을 한다.

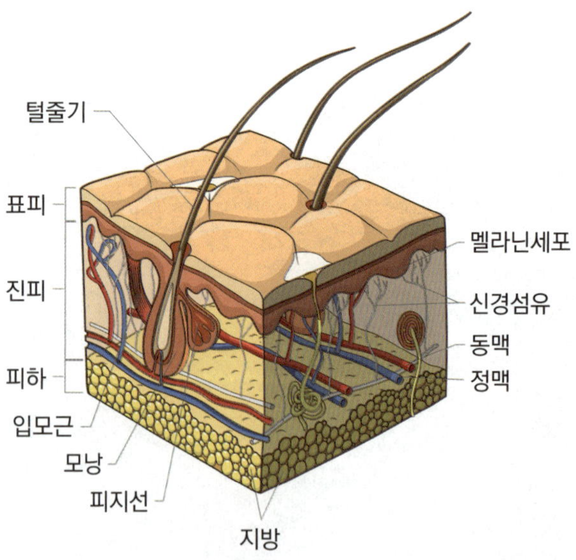

그림 11-1 피부의 구조

멜라닌세포 Melanocyte / mélənousait

멜라닌 색소를 생성하는 색소세포로 표피에서 유해한 자외선을 흡수하여 피부를 보호하는 기능을 한다.

진피 Dermis / dəːrmis

표피 아래의 두껍고 치밀한 혈관성 결합조직층을 말하며 여기에는 혈관, 신경, 모낭, 분비샘, 입모근 등이 존재한다.

털집, 모낭 Hair follicle / hεər fálikəl

털을 감싸고 있는 표피의 부분을 말하며, 관상구조로 피부에 함입되어 있다.

털세움, 입모 Piloerection / pàilouiléḱʃən

털을 세우는 현상을 의미하며 체온 이상, 흥분, 공포 등의 상황에 따라 털세움근(또는 입모근)을 조절하여 일어난다.

촉감 Tactile sensation / tǽktil senséiʃən

체표면에 가해지는 접촉자극을 인지하는 감각이다.

피부기름샘, 피지선 Sebaceous gland / sibéiʃəs glænd

포유류에서 관찰되는 표피샘의 일종으로, 대부분 모낭을 통해 피지(sebum)를 분비하여 피부 상태를 유지하고 생리적 방어 기능의 일부를 담당하지만, 독립적으로 존재하는 경우(마이봄샘, 항문주위샘 등)도 있다.

피지, 피부기름 Sebum / síːbəm

피비선의 분비물을 의미하는 것으로 피지선에서 분비되는 액상의 지방성분은 모낭을 거쳐 털구멍으로 배출되어 피부의 건조를 막는다.

항문샘, 항문낭 Anal sac(gland) / éinəl sak(glænd)

항문 주위(항문 기준으로 4시, 8시 방향)에 있는 분비샘을 말하며 일부 종(스컹크)에서는 매우 강한 액취를 분비하고, 영역표시, 페로몬으로서의 역할을 하는 것으로 알려져 있다. 개와 고양이의 경우 정상적인 배변활동을 통해 배출되지만 배출에 장애가 발생하면 염증이 쉽게 발생한다.

항문주위샘 Perianal gland / pèriéinəl glænd

항문 주위에 있는 수많은 작은 분비샘을 말하며 독특한 고유의 냄새를 만들어 영역표시, 페로몬 등의 역할을 하는 것으로 알려져 있다.

지루 Seborrhea / sèbəríːə

피지 성분이 과잉분비되는 상태를 말하며 기름기성 피지가 많은 유성지루, 분비되었던 피지가 건조해져 각질과 함께 남아 있는 건성지루로 나뉘다.

입둘레샘 Circumoral gland / sɜː(r).kəmˈɒrəl glænd

고양이의 턱부분과 윗입술 주변에 있는 피지샘의 일종으로 페로몬이 분비되어 영역표시 등의 등의 목적으로 사용된다.

발가락 볼록살 Digital pad / dídʒitl pæd

개, 고양이뿐만 아니라 다수의 포유동물의 발가락에 존재하는 질긴 조직으로 표피가 매우 두꺼운데, 그중에서 각질층이 특히 두껍고 안쪽은 질긴 조직으로 되어 있어 외부 충격과 마찰로부터 발가락을 보호하는 역할을 한다. 앞발허리, 뒷발허리에도 볼록살이 있다.

부앞발목 볼록살 Accessory carpal pad / æksésəri káːrpəl pæd

앞발목뼈 뒤쪽에 존재하는 볼록살을 말한다.

며느리발톱 Dewclaw / duːklɔ́ː

개의 앞다리 또는 뒷다리 안쪽에 있는 작은 발가락으로 체중을 지지하지 않고 실제로 거의 사용하지 않는다. 피부에만 부착되어 있는 경우도 있고, 뼈와 함께 부착되어 있는 경우도 있다.

단순 털주머니(모낭) Simple follicle / símpəl fálikəl

한 개의 털주머니에서 오직 한 개의 털만 자라나는 털주머니를 말한다.

복합 털주머니(모낭) Compound follicle / kəmpáund fálikəl

여러개의 털주머니에서 자란 털이 한 개의 모공으로 나오는 털주머니를 말한다.

보호털, 일차털 Guard hair(= Primary hair) / gaːrd hɛər

다른 털에 비해 길고 딱딱하며, 바깥쪽에는 각피(cuticle)가 겹쳐지며 둘러싸고 있다.

각피, 껍질 Cuticle / kjúːtikl

상피세포나 보호털의 가장 바깥쪽을 덮고 있는 막상구조의 층으로 물리적인 보호 작용과 수분증발을 막는 기능을 한다.

속털, 이차털 Wool hair(= Secondary hair) / wul hɛər

보호털에 비해 매우 가늘고 촘촘한 것이 특징이며, 동물의 체온을 유지하는 역할을 한다.

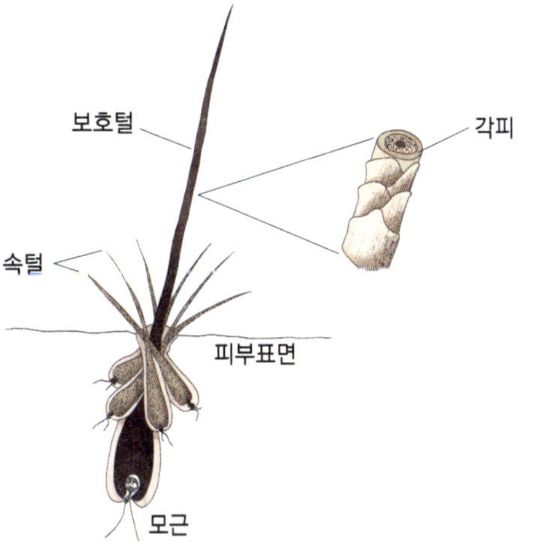

그림 11-2 보호털과 속털

촉각털, 촉모 Tactile hair(= Whisker) / tǽktil hɛər

다양한 동물에서 발견되며, 포유동물에서는 주로 얼굴 부위에 분포한다. 일반적인 털에 비해 매우 뻣뻣하고, 촉각털에는 신경이 분포하여 접촉이나 압력을 감지하는 기능을 한다.

털줄기, 모간 Hair shaft / hɛər ʃæft

피부에서 관찰되는 피부 위쪽의 털부분을 의미한다.

털뿌리, 모근 Hair root / hɛər ʃæft

피부에 나는 털의 모낭 근처에 있는 부분을 지칭하는 것으로 통상 피부 아래에 있어 보이지 않는 털의 부분을 의미한다.

털망울, 모구 Hair bulb / hɛər bʌlb

털기질(hair matrix)을 구성하는 각질세포가 존재하여 이 세포들이 빠르게 증식하고 분화하여 털뿌리의 속질, 겉질, 껍질을 만드는 부위이다.

털 성장기 Anagen phase / ǽnədʒen feiz

털의 성장주기 중 털이 성장하는 기간을 말한다.

털 퇴행기 Catagen phase / kǽtədʒen feiz

털의 성장주기 중 성장이 중지되고 휴지가 시작되는 짧은 기간을 말한다.

털 휴지기 Telogen phase / télədʒen feiz

털의 성장주기 중 퇴행기에 이어지는 단계로 털은 더 이상 성장하지 않는다.

콜라겐, 아교질 Collagen / kálədʒən

동물의 피부, 인대, 연골 및 결합조직의 주요한 지지단백질로 섬유상 구조를 갖는다.

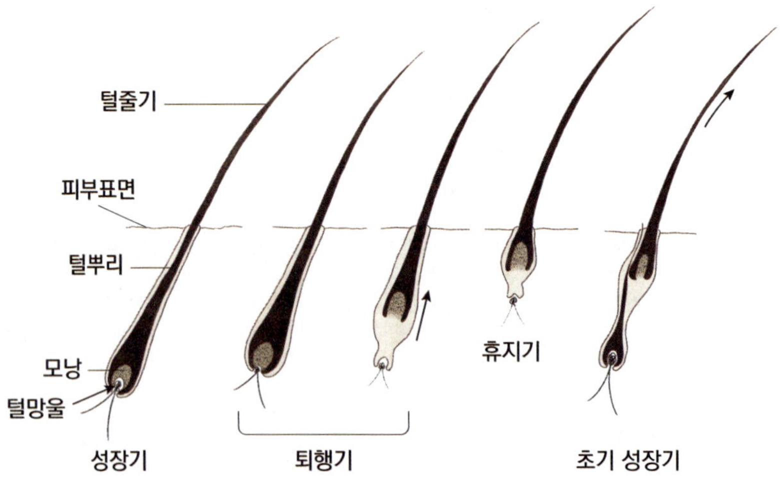

그림 11-3 털의 성장 주기

피부계통 증상 및 질병 용어 Symptoms and Disease terminology

편평세포암종, 편평상피암 Squamous cell carcinoma / skwéimous sel kὰːrsənóumə

표피를 구성하고 있는 편평상피세포(squamous epithelial cell)에서 유래하는 암으로 초기에는 만성적인 피부병변(미란, 궤양, 염증 등)을 보이기 때문에 진단이 늦어지기도 한다.

악성 흑색종 Malignant melanoma / məlígnənt mèlənóumə

멜라닌세포에서 유래하는 종양으로 구강, 발, 피부, 안구 등 다양한 부위에서 발생한다.

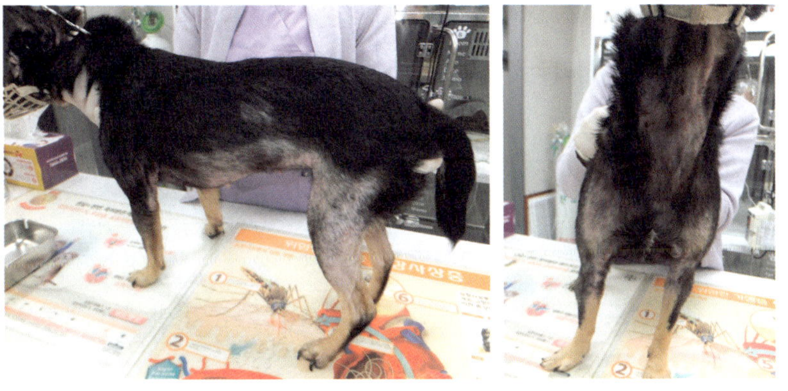

그림 11-4 아토피성 피부염으로 인한 탈모

탈모 Alopecia / æ̀loupíːʃiə

정상적으로 털이 존재해야 하는 부위에 부분적으로 또는 완전히 털이 없는 것이다.

피부염 Dermatitis / də̀ːrmətáitis

다양한 원인에 의해 피부 병변을 동반하면서 염증을 일으키는 상태를 말한다.

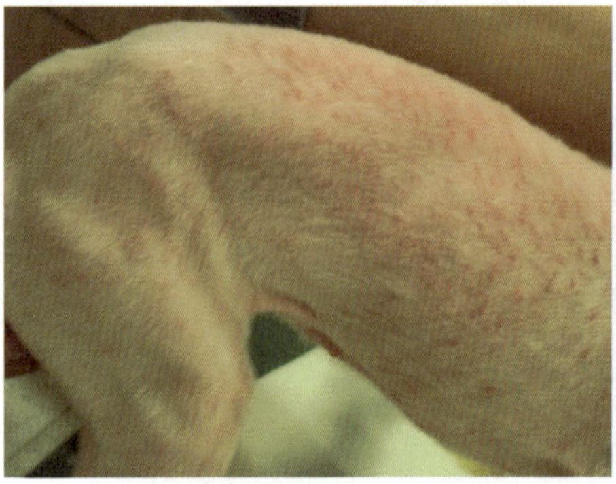

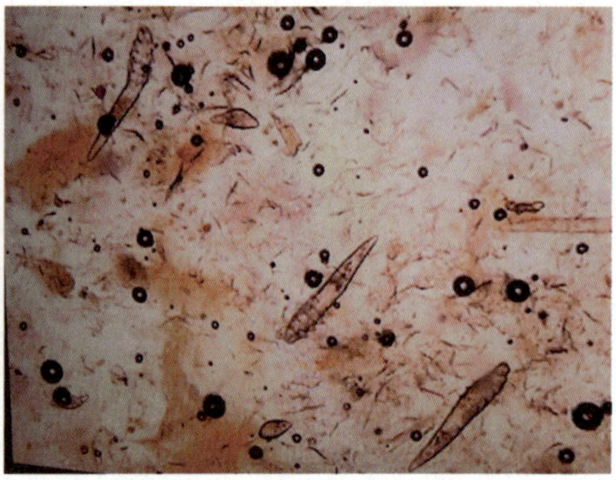

그림 11-5 모낭충 감염증을 가진 개의 피부 병변과 모낭충의 현미경 사진

모낭충증 Demodicosis / diːmádikosis

모낭충(*Demodectic Mange*)에 의한 피부병으로 모낭충은 정상적으로 피부에 상재하지만 유전적 소인이 있는 개체, 면역력이 약한 경우에 모낭충증이 나타날 수 있다. 전신 또는 국소적으로 발적을 동반하여 만성 피부염을 일으키고 재발을 잘 하고 다른 질환과 병발하는 경향이 있다.

고름피부증, 농피증 Pyoderma / pàiədəːrmə

피부의 세균감염으로 인해 발적, 농포 등의 화농성 염증이 발생한 피부병을 말한다.

피부사상균증, 피부진균증 Dermatophytosis(= Ringworm) / dəːrmətoufaitóusis

피부나 발톱의 각질화된 부위에 피부진균이 감염되어 소양감, 탈모, 발적 등의 피부염을 일으키는 질병이다.

1도 화상 1st degree burn / fəːrst digríː bəːrn

손상된 조직의 깊이에 따라 분류하는데 1도 화상은 표피층에만 손상이 발생한 경우로, 수포는 생기지 않고, 발적을 동반한 미약한 염증반응 후에 치유된다.

2도 화상 2nd degree burn / sékənd digríː bəːrn

손상된 조직의 깊이에 따라 분류하는데 2도 화상은 표피와 일부 진피까지 손상된 경우로, 통증과 수포를 동반하고 치유되는 데 시간이 걸리고 흉터 조직이 발생한다.

3도 화상 3rd degree burn / θəːrd digríː bəːrn

손상된 조직의 깊이에 따라 분류하는데 3도 화상은 표피와 진피 전층이 손상된 경우로, 피하조직까지 손상되기도 한다. 통증이 2도보다는 적지만 심한 염증반응을 일으키고 체액손실과 감염과 같은 합병증이 쉽게 나타날 수 있다.

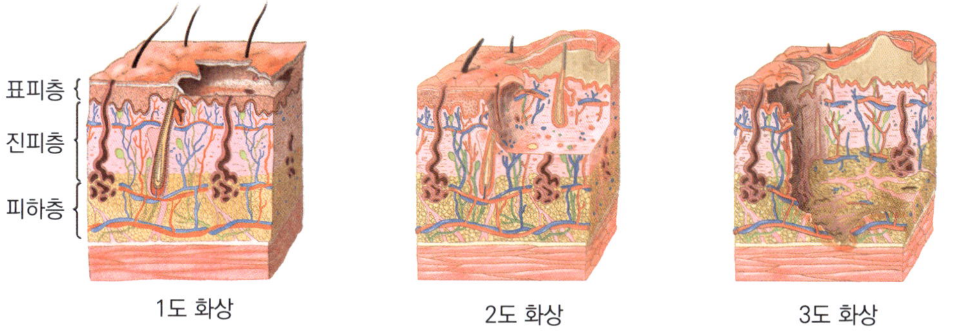

그림 11-6 손상 정도에 따른 화상의 분류

홍반, 발적 Erythema / èriθíːmə

피부가 붉은 색을 나타내는 것으로 다양한 원인에 의해 모세혈관에 확장 또는 울혈 현상이 나타나서 발생한다.

부종 Edema / idíːmə

체액이 비정상적으로 신체 조직의 간질 공간에 다량 축적되는 것으로 보통 피하조직에 축적되는 경우를 말한다.

두드러기, 팽진 Wheal / hwiːl

피부에 발생하는 편평하고 약간 융기된 부위로 주위보다 붉거나 창백하며, 크기나 형태가 변할 수 있고 수시간 내에 소실되는 병변이다.

두드러기, 담마진 Urticaria / əːrtikέəriə

피부 상층의 부분적인 부종으로 인해 발생하는 다양한 크기의 팽대를 말한다. 피부나 점막의 혈관 투과성이 증가하면서 일시적으로 혈장 성분이 조직 내에 축적되어 발생한다.

가려움증, 소양감 Pruritus / pruəráitəs

피부를 긁거나 문지르고 싶은 욕구를 일으키는 감각을 말한다.

화농성의 Purulent / pjúərələnt

고름을 포함하고 있는 삼출물 성상을 말한다.

장액성의 Serous / síərəs

투명하고 점도가 낮은 혈청성분 양상의 삼출물 성상을 말한다.

벌어짐, 열개 Dehiscence / dihísns

상처나 조직이 찢어지거나 터져서 벌어진 상태를 말한다.

육아조직 Granulation tissue / grӕ̀njuléiʃən tíʃuː

손상된 연부조직이 상처치료 과정 중 새로운 혈관이 형성되어 붉은 결절상의 덩어리처럼 보이는 조직으로 최종적으로 반흔(scar)이 남게 된다.

흉터, 반흔 Scar / skɑːr

상처 또는 다른 손상된 병변의 치유 후에 남게되는 흔적 조직을 말한다.

켈로이드, 흉터종 Keloid / kíːlɔid

상처가 결합조직으로 치유되면서 진피의 섬유세포가 과도하게 생성되어 뚜렷하면서 불규칙한 경계가 있는 융기로 보이는 반흔이다.

알러지성 피부염 Allergic dermatitis / əléːrdʒik dəːrmətáitis

알러지 유발물질의 접촉에 따라 얼굴, 귀, 복부, 구강주위, 항문주위 등의 피부에 나타나는 피부반응으로 보통 소양감, 발적, 구진 등을 동반하는 피부질환이다.

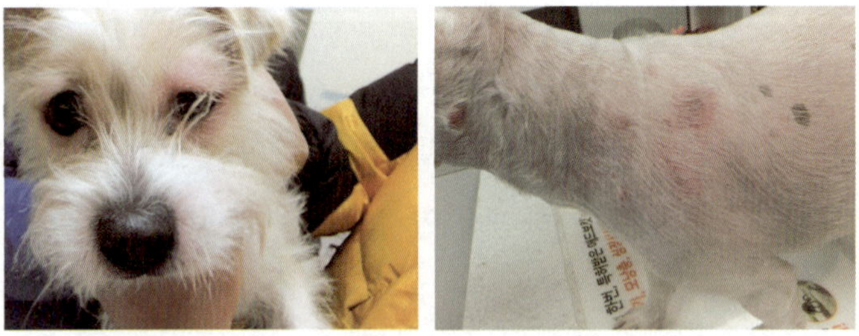

그림 11-7 음식 알러지로 인한 안면 부종과 피부 두드러기

과민성, 과민증 Hypersensitivity / hàipərsénsitìviti

외부인자에 과잉으로 반응하는 상태로 반응성이 변화한 상태를 말한다. 면역반응에 의해 발생하는 것으로 즉시형반응과 지연형반응으로 분류할 수 있다.

족피부염 Pododermatitis / pɔdodə̀ːrmətáitis

곰팡이, 기생충, 세균, 알러지 물질, 외상 등의 다양한 원인에 의해 발 또는 발가락 사이에 발생하는 피부염을 말하는데, 대부분 특발성인 경우가 많고 재발하는 경향이 있다.

개벼룩 알레르기 피부염 Flea allergy dermatitis / fliː ǽlərdʒi də̀ːrmətáitis

벼룩이 내뱉은 타액에 알레르기 반응을 보이는 피부 질환으로 심한 소양감으로 핥거나 물고 씹는 증상을 나타낸다. 이외에도 발적, 탈모, 색소침착 등 다양한 피부병변을 보인다.

음식 알러지 Food allergy / fuːd ǽlərdʒi

계절과 관계없이 사료나 섭취한 음식에 포함된 특정 성분(주로 단백질 성분)으로 인해 면역 반응이 나타나서 피부에 소양감을 일으키는 질환을 말한다.

저자극성의, 저알러지성의 Hypoallergenic / hàipouæ̀lərdʒénik

알러지 활성이 낮거나 없다는 의미로 주로 음식이나 물건과 관련하여 사용된다.

아토피(성) 피부염 Atopic dermatitis / ətάpik də̀ːrmətáitis

특정 물질에 대한 과민 반응으로 인해 만성 소양감을 유발하는 피부염으로 병인은 불분명하지만 알러지성, 유전성, 심리적인 요인이 연관된 것으로 생각된다.

피부계통 질병 및 치료 용어 Therapy terminology

발톱절제술 Onychectomy / ànikéktəmi

발톱을 절단하여 제거하는 수술로 과거에 고양이 발톱으로 인한 사고를 없애기 위해 시술되었다.

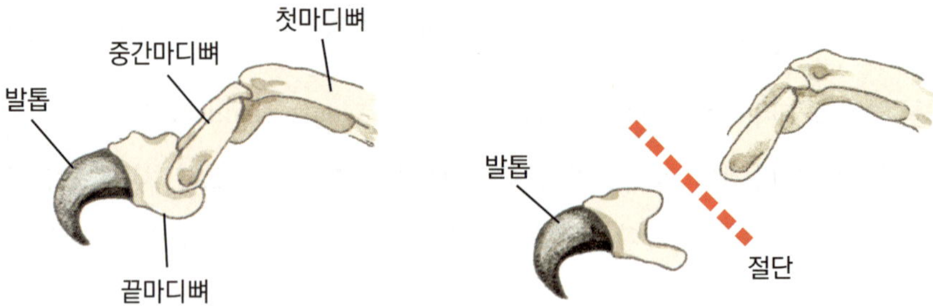

그림 11-8 정상 고양이 발톱의 구조(좌)와 발톱절제술 부위(우)

힘줄절단술, 건절단술 Tenotomy / tenátəmi

힘줄을 절단하여 해당하는 관절의 움직임을 제한하는 방법으로 과거에는 고양이 발톱의 사용을 막기 위해 시술되었다.

피내반응검사 Intradermal skin test / ìntrədə́:rməl skin test

다양한 항원을 진피 내에 주사하여 알러지 반응을 테스트하는 검사로 알레르겐을 찾기 위한 기본적인 검사방법 중 하나이다.

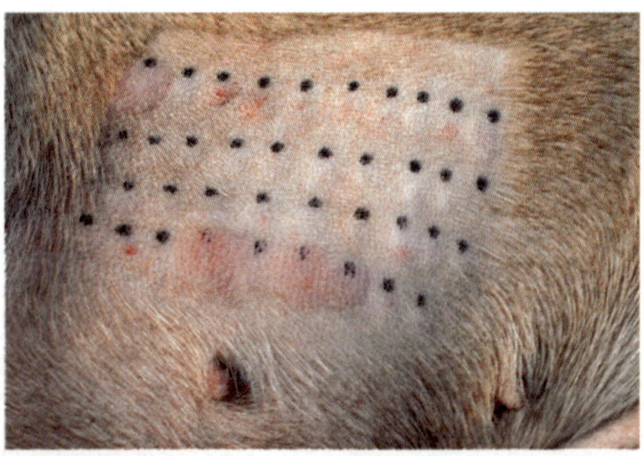

그림 11-9 아토피 진단에 사용하는 피내반응검사

연습 TEST

A 빈칸에 알맞은 한글 및 영어 의학용어를 쓰시오.

문번	한글 의학용어	영어 의학용어
01		Epidermis
02	진피	
03	피부기름샘	
04		Anal sac
05	지루	
06		Dewclaw
07		Guard hair, Primary hair
08	속털, 이차털	
09		Alopecia
10	피부염	
11	고름피부증, 농피증	
12		Dermatophytosis
13	부종	
14	가려움증, 소양감	
15		Granulation tissue
16	흉터, 반흔	
17		Hypersensitivity
18	족피부염	
19		Hypoallergenic
20		Atopic dermatitis
21		Onychectomy
22	피내반응검사	

정답

01	표피	02	Dermis	03	Sebaceous gland	04	항문샘	05	Seborrhea
06	며느리발톱	07	보호털, 일차털	08	Wool hair, Secondary hair	09	탈모	10	Dermatitis
11	Pyoderma	12	피부사상균증, 피부진균증	13	Edema	14	Pruritus	15	육아조직
16	Scar	17	과민증	18	Pododermatitis	19	저알러지성의	20	아토피(성) 피부염
21	발톱절제술	22	Intradermal skin test						

CHAPTER 12

감각계통 (Sensory system)

CHAPTER

12 감각계통 (Sensory system)

1. 귀(Ears)

해부용어 Anatomical terminology

외이 External ear / ikstə́:rnəl iər

귀의 가장 바깥 부분으로 귓바퀴와 외이도를 포함한다.

귓바퀴 Ear pinna / iər pínə

외이를 구성하는 한 부분으로 소리를 모아 외이도로 들어가도록 하는 역할을 하며 품종에 따라 다양한 형태와 크기를 가진다.

외이도 Ear canal / iər kənǽl

귀의 입구에서 고막까지 이르는 관성 구조물로 수직외이도와 수평외이도로 구분한다.

귀지 Cerumen / sirú:mən

외이도의 분비샘에서 분비된 지질과 단백질, 탈락된 상피세포의 각질세포가 합쳐져 생성되는 물질이다.

고막 Tympanic membrane(ear drum) / timpǽnik mémbrein

외이와 중이의 경계에 위치하는 얇고 투명한 막으로 소리자극을 중이의 귓속뼈로 진동시켜 내이의 달팽이관에 전달하는 역할을 한다.

중이 Middle ear / mídl iər

고막에서 달팽이관 사이의 공간으로 세 개의 귀속뼈와 고실, 유스타키오관이 존재한다.

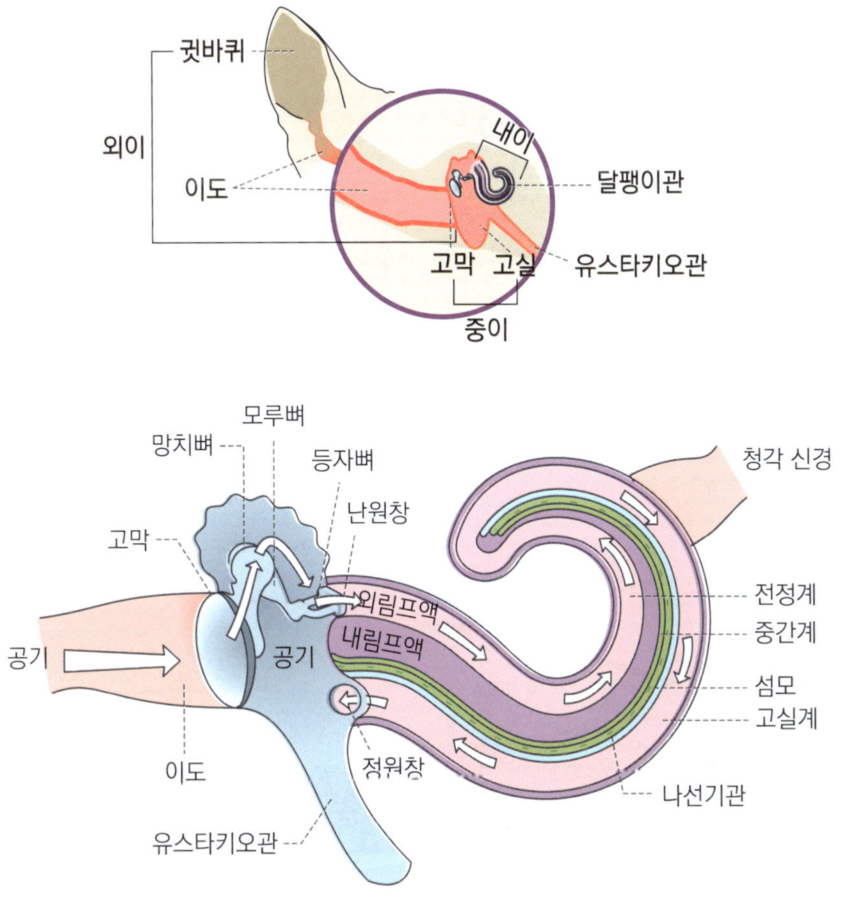

그림 12-1 귀의 구조와 소리 전달의 방법

고실 Tympanic bulla / timpǽnik búlə

중이의 일부로 뼈로 둘러싸여 있고 이 안에 귓속뼈가 존재하고 유스타키오관으로 유입된 공기로 차 있다.

귓속뼈, 청소골, 이소골 Otic ossicle / óutik ɑ́sikəl

중이에 존재하는 세 개의 뼈(망치뼈, 모루뼈, 등자뼈)를 이르는 말이다.

유스타키오관 Eustachian tube / juːstéiʃiən tjuːb

인두와 중이를 연결하는 관으로 귀 내부의 압력과 귀 외부의 압력이 같도록 조절해 주는 역할을 한다.

내이 Inner ear / ínər iər

몸의 기울기를 감지하는 평형기관과 듣기를 담당하는 청각기관으로 이루어진 귀의 가장 안쪽 부분으로 전정기관, 달팽이관이 포함된다.

전정기관 Vestibular apparatus / vestíbjələr æ̀pəréitəs

내이에 위치하여 전정과 반고리관으로 구성되어 있다.

전정 Vestibule / véstəbjùːl

두 개의 모양과 방향이 다른 작은 방으로 구성되어 있고 안쪽에는 점액성 림프액과 이석이 포함되어 있어 머리의 기울임 또는 선형 움직임을 감지한다.

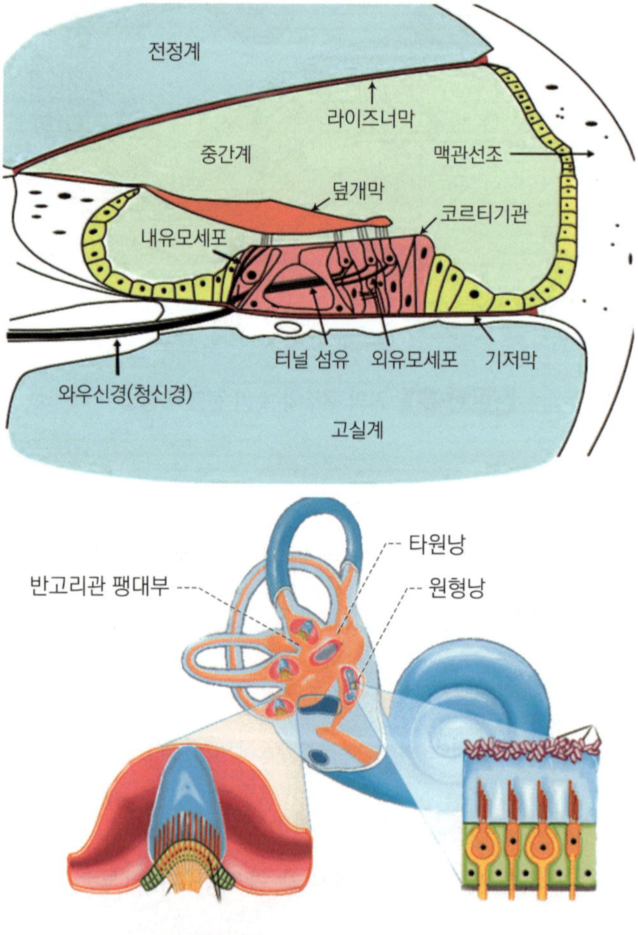

그림 12-2 전정과 반고리관의 구조

반고리관 Semicircular canal / sémisə́ːrkjələr kənǽl

전정의 위쪽에 위치한 고리모양의 구조물로 세 개의 고리는 서로 직각으로 배열되어 머리의 회전 움직임을 감지한다.

이석 Otolith / óutəliθ

전정의 낭에 들어있는 젤라틴성 물질에 부착되어 있는 탄산칼슘 알갱이이다.

증상 및 질병과 관련된 용어 Symptoms and Disease terminology

외이도염 Otitis externa / outáitis ikstə́ːrnə

외이에 발생하는 염증성 질병으로 세균, 효모균, 이물질, 알러지 등 다양한 원인에 의해 발생한다.

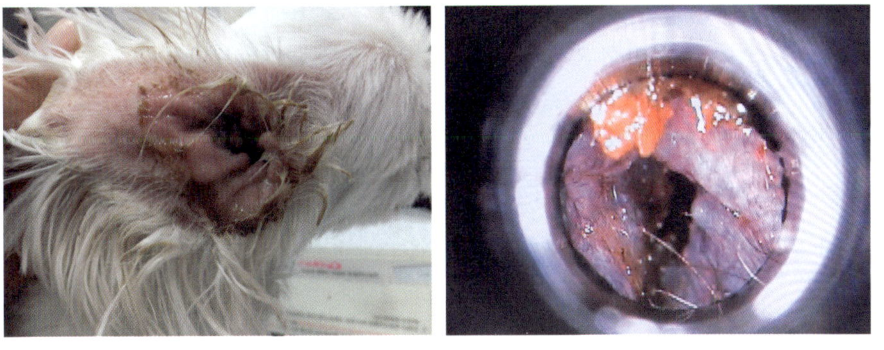

그림 12-3 외이도염의 육안 병변(좌)과 검이경 검사(우)

중이염 Otitis media / outáitis míːdiə

중이에 발생하는 염증성 질병으로 외이도염이 진행되어 나타나는 경우가 많고 공기로 차 있어야 할 고실에 염증성 물질이 존재하게 된다.

내이염 Otitis interna / outáitis intə́ːrnə

내이에 발생하는 염증으로 외이염이나 중이염이 진행되어 발생하고 신경증상이 나타난다.

귀 진드기 Ear mite(*Otodectes cynotis*) / iər mait

옥토덱테스 사이노티스(*Otodectes cynotis*)라는 진드기로 육안으로는 확인이 어렵고 전염력이 매우 높지만 귀에만 서식하고 가려움증, 외이염을 유발한다.

전정 질환 Vestibular disease / vestíbjələr dizíːz

전정계를 구성하는 전정과 반고리관의 이상에 의해 고개가 돌아가거나 어지러움, 구토 등의 증상을 보이는 질환으로 원인은 명확하지 않다.

운동실조 Ataxia / ətǽksiə

사지와 머리 몸통의 운동 부조화를 일으키는 신경계의 기능 이상으로 소뇌, 전정기관, 척수, 대사성 등의 다양한 원인으로 발생한다.

안구진탕 Nystagmus / nistǽgməs

눈이 무의식적으로 빠르고 리듬감 있게 움직이는 상태로 어지러움, 구토 등의 증상을 유발할 수 있으며 원인을 확인하기 위해 다양한 검사가 필요하다.

머리 기울임 Head tilt / hed tilt

고개를 한쪽으로 기울이는 상태로 전정기관이나 중추신경계의 이상으로 머리의 정상적인 위치를 감지하지 못하여 발생한다.

치료 및 검사와 관련된 용어 Therapy terminology

검이경 Otoscope / óutəskòup

외이도와 고막을 관찰하기 위해 사용하는 기구이다.

검이경 검사 Otoscopic exam / òutəskóupik igzǽm

검이경을 통해 수직외이도, 수평외이도, 고막을 육안 또는 확대하여 관찰하는 방법이다.

고막절개술 Myringotomy / mìriŋgátəmi

중이염 등으로 인한 중이의 삼출물 배출을 위해 고막의 일부를 절개하는 수술이다.

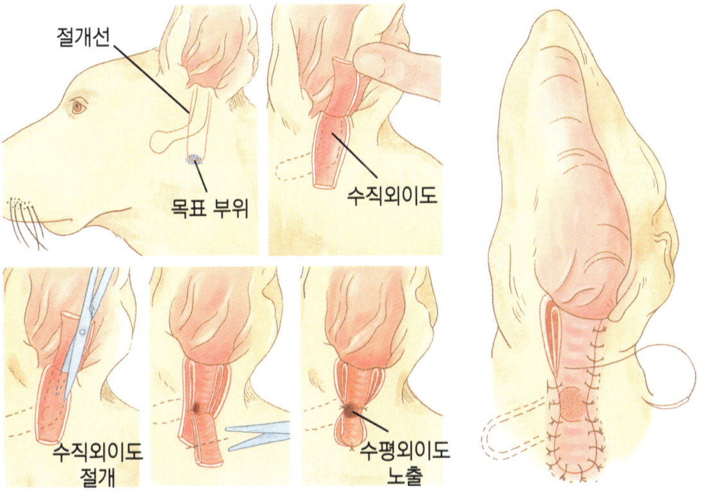

그림 12-4 젭스 수술과정(좌)과 수술 후(우) 모습

외측이도 절제술, 젭스 수술 Zepp's procedure / zéps prəsíːdʒər

외이도염이 심한 환자에서 수직외이도의 외측 일부를 잘라내어 삼출물 제거 및 공기순환을 용이하게 하여 외이염 치료를 돕는 수술 방법이다.

전이도 적출술 Total ear canal ablation / tóutl iər kənǽl æbléiʃən

만성적인 심한 외이도염으로 외이도가 정상적 기능을 하지 못하는 경우 고막을 포함하여 외이도를 모두 제거하는 수술 방법이다. 보통 중이염이 이환되어 있는 경우가 많아 외측 고실뼈를 절골(Lateral Bulla Osteotomy)하여 중이염까지 함께 치료하는 경우가 많다.

고실뼈 절골술 Bulla osteotomy / búlə àstiátəmi

중이염으로 고실 내 공기가 아닌 염증성 삼출물이 가득 차 있거나 고실 내 이상 조직의 증식이 있는 경우, 이를 제거하기 위해 외측 고실뼈 일부를 잘라 접근 후 치료하는 방법이다.

2. 눈(Eyes)

해부용어 Anatomical terminology

시각의, 광학의 Optical / ɑ́ptikəl

눈, 시력, 광학과 관련된 분야에 사용되는 형용사형이다.

쌍안의 Binocular / bənɑ́kjələr

두 눈을 이용하여 사물을 보는 것을 의미한다.

안과학 Ophthalmology / ɑ̀fθælmɑ́lədʒi

눈과 부속기관의 문제나 질병을 치료 및 연구하는 학문이다.

안과 수의사 Ophthalmologist / ɑ̀fθæl'mɑ́lədʒist

안과학이 전공인 수의사를 말한다.

눈구멍, 안와 Orbit / ɔ́ːrbit

눈알이 박혀 있는 구멍, 장소를 말한다.

눈알, 안구 Eyeball / aibɔːl, Globe / gloub

눈구멍 안에 박혀 있는 원형 기관으로 시각 정보를 감지하는 데 중요한 역할을 한다.

눈꺼풀, 안검 Eyelid / ailid, Palpebrae / pǽlpəbra

눈알을 덮고 있는 피부조직으로 위눈꺼풀과 아래눈꺼풀이 있다.

눈구석, 안각 Canthus / kǽnθəs

위아래눈꺼풀이 만나는 눈의 양끝으로 안쪽눈구석(내안각), 가쪽눈구석(외안각)이 있다.

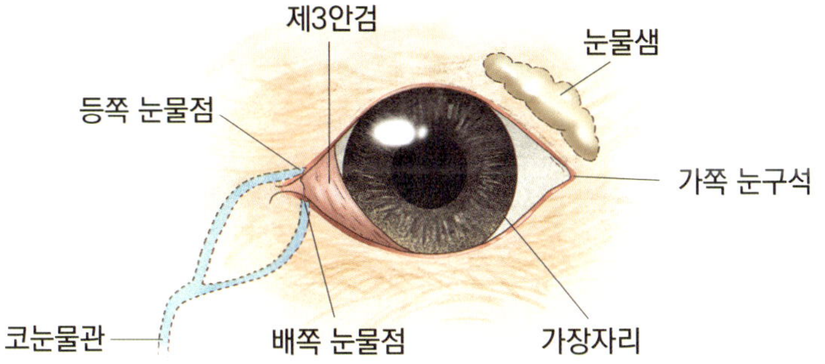

그림 12-5 안구의 구조

눈물점 Lacrimal punctum / lǽkrəməl pʌ́ŋktəm

안쪽눈구석에 위치하여 코눈물관과 연결되는 곳으로 이곳을 통하여 눈물이 코쪽으로 빠져나간다.

코눈물관, 비루관 Nasolacrimal duct / néizoulǽkrəməl dʌkt

눈물점을 통해 빠져나온 눈물이 코쪽으로 이동하는 통로이다.

눈물샘 Lacrimal gland / lǽkrəməl glænd

눈물을 분비하는 샘으로 눈물을 통해 눈 표면에 수분을 공급하고 이물질이나 노폐물을 제거하고 항균작용을 하여 눈을 보호하는 역할을 한다.

깜박눈꺼풀, 순막, 제3안검 Nictitating membrane, third eyelid / ˈnik-tə-ˌtātɪŋ ˈmembreɪn

아래 눈꺼풀 안쪽에 위치한 결막 조직의 일종으로 각막을 보호하고 눈물 분비샘을 가지고 있다.

결막 Conjunctiva / kὰndʒʌŋktáivə

위, 아래 눈꺼풀의 안쪽과 공막을 덮고 있는 투명하고 얇은 막으로 각막의 가장자리까지 분포한다.

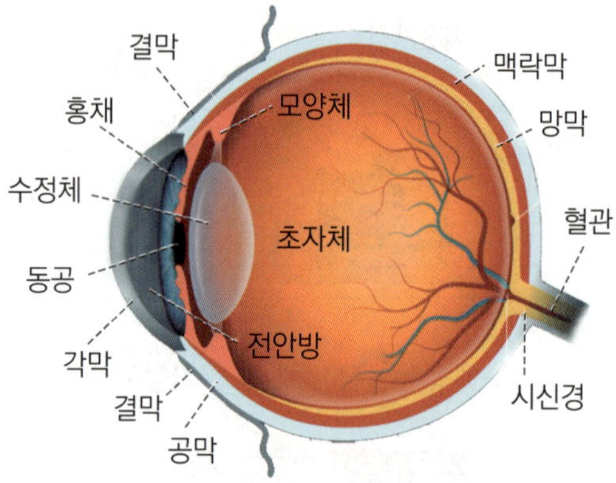

그림 12-6 안구의 내부 구조

눈꺼풀 결막 Palpebral conjunctiva / pǽlpəbrəl kàndʒʌŋktáivə

눈꺼풀 안쪽을 덮고 있는 결막을 말한다.

눈알 결막 Bulbar conjunctiva / bʌ́lbər kàndʒʌŋktáivə

눈알의 공막을 덮고 있는 결막을 말한다.

가장자리 Limbus / límbəs

안구에서는 투명한 각막과 공막의 연접부를 말한다.

공막 Sclera / sklí(ː)rə

안구를 둘러싸고 있는 흰색의 질긴 막이다.

눈꺼풀판샘 Meibomian gland / mʌɪˈbəʊmɪən glænd

눈꺼풀에 존재하는 샘으로 지방을 분비하여 눈물의 윤활작용을 돕는다.

각막 Cornea / kɔ́ːrniə

눈 가운데 위치하고 있는 안구 표면의 투명한 막으로 홍채와 동공을 보호하고, 상피층, 기질층, 데스메막, 내피층으로 이루어진다.

데스메막 Descemet('s) membrane / dəsimétʃs mémbrein

각막의 기질층과 내피층 사이에 존재하는 얇은 막이다.

앞방, 전안방 Anterior chamber / æntíəriər tʃéimbər

각막과 홍채, 모양체, 수정체로 둘러싸인 공간으로 투명한 방수로 채워진다.

눈방수, 방수 Aqueous humor / éikwiəs hjúːmər

각막과 수정체 사이 공간을 채우고 있는 투명한 액체로 섬모체(ciliary body)에서 생산한다.

유리체액, 초자체액 Vitreous humor / vítriəs hjúːmər

안구 내부를 채우고 있는 젤리 양상의 투명한 덩어리이다.

홍채 Iris / àiris

수축과 이완을 통해 눈으로 들어오는 빛의 양을 조절하는 조리개 역할을 하는 동공 주위 조직이다.

섬모체, 모양체 Ciliary body / sílièri bádi

수정체를 둘러싸고 있어 수축과 이완을 통해 수정체의 두께를 변화시키는 조직이다.

섬모체띠섬유 Zonular fiber / zóunjulər fáibər

섬모체와 수정체 캡슐을 연결하는 섬유성 구조물로 수정체의 두께를 변형시킨다.

동공 Pupil / pjúːpl

홍채에 만들어지는 원모양의 공간으로 이를 통해 외부의 빛이 망막까지 전달된다.

뒤방, 후방 Posterior chamber / pastíəriər tʃéimbər

방수로 채워져 있는 홍체와 수정체 사이의 공간이다.

수정체 Lens / lenz

안구 내부의 양면이 볼록한 렌즈 형태의 탄력성 조직으로 두께에 따라 빛의 굴절 정도를 조절하여 망막에 맑은 상이 맺히게 해주는 역할을 한다.

유리체방 Vitreous chamber / vítriəs tʃéimbər

앞쪽으로는 수정체와 모양체, 뒤쪽으로는 눈의 뒤쪽까지의 공간으로 초자체액을 함유한다.

망막 Retina / rétənə

빛 자극을 받아들이는 시세포가 분포하며 안구의 가장 안쪽에 위치하는 얇고 투명한 막이다.

(안구)바닥, 안저 Fundus / fʌ́ndəs

시신경과 혈관, 반사판이 모여 있는 안구의 바닥부분이다.

반사판 Tapetum lucidum / tə'pi:təm lusídəm

눈이 어두운 곳에서 밝게 빛나는 성질로 소량의 빛을 역반사하여 시신경의 광수용체가 수용할 수 있는 빛의 양을 늘린다.

맥락막 Choroid / kɔ́:rɔid

망막과 공막 사이에 존재하는 층으로 빛의 산란을 막는 혈관과 색소가 많이 분포하는 조직이다.

포도막 Uvea / jú:viə

홍체, 모양체, 맥락막 등을 포함한 안구의 혈관이 풍부한 조직이다.

시신경 Optic nerve / áptik nə:rv

시각을 맡는 지각신경으로 망막에서 받아들인 시각정보를 뇌에 전달하는 신경섬유이다.

시각신경원반, 시각신경유두 Optic disc / áptik disk

망막위의 시각신경이 모여 뇌로 이어지기 시작하는 부위이다.

광수용체, 막대세포 Photoreceptor, Rod / fòutouriséptər, rɑ:d

감지된 빛을 전기신호로 바꾸는 세포의 일종으로 빛을 감지하는 데 이용된다.

광수용체, 원뿔세포 Photoreceptor, Cone / fòutouriséptər, koʊn

감지된 빛을 전기신호로 바꾸는 세포의 일종으로 색 구별에 이용된다.

증상 및 질병 용어 Symptoms and Disease terminology

돌출 Proptosis / praptóusis

조직이 정상적인 위치보다 튀어나온 상태를 말하며 눈에서는 안구돌출과 같은 의미로 사용한다.

안구돌출 Exophthalmos / èksafθǽlməs

눈 주변 구조물과 비교해 상대적으로 안구가 앞쪽으로 튀어나온 상태이다.

토끼눈증, 토안 Lagophthalmos / lægɔfθǽlməs

잠을 잘 때 안검이 완전히 감기지 않는 상태로 단두종에서 흔하고 다양한 안구질환을 유발하게 된다.

깜박눈꺼풀샘탈출, 제3안검 돌출증, 체리아이 Prolapse of nictitans gland, Cherry eye / proulǽps ɑv nik-tə-ˌtānz glænd, tʃéri ai

아래안검 안쪽의 제3안검이 다양한 원인에 의해 밖으로 돌출되는 것으로 붉은 체리 같은 종괴가 밖으로 돌출되어 보이기 때문에 체리아이라는 별칭을 쓰기도 한다.

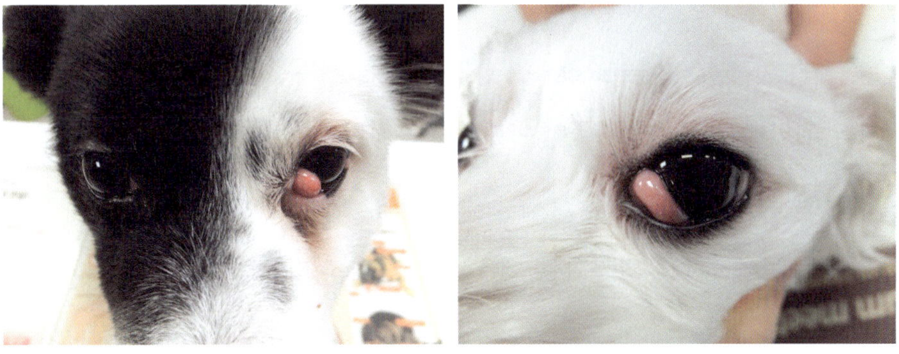

그림 12-7 깜박눈꺼풀샘탈출

건성 각결막염 Keratoconjunctivitis Sicca(KCS) / kèrətoukəndʒʌ̀ŋktiváitis sikɑ

눈물 분비량이 부족하여 눈이 건조하게 되어 각막, 결막 및 그 주변조직에 염증이 발생하는 질환이다.

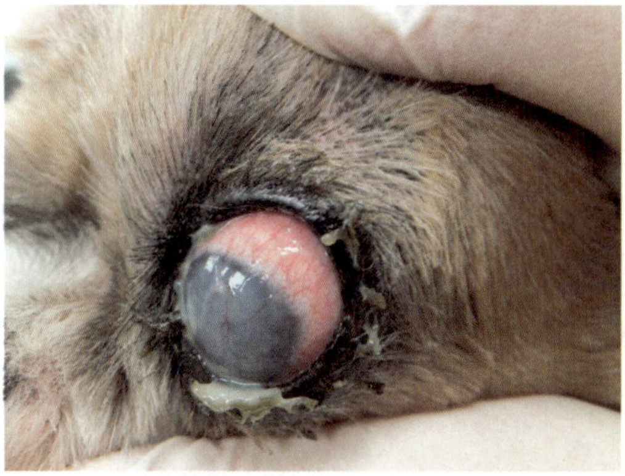

그림 12-8 건성 각결막염

동공확대, 산동 Mydriasis / midráiəsis

동공의 크기가 커진 상태이다.

동공축소, 축동 Miosis / maióusis

동공의 크기가 줄어든 상태이다.

동공부등, 동공부동증 Anisocoria / ænaisəkóuriə

동공의 크기가 좌우가 다른 경우이다.

눈꺼풀처짐, 안검하수 Blepharoptosis / blèfərətóusis

다양한 원인에 의해 윗눈꺼풀이 아래쪽으로 처지는 상태이다.

호너증후군 Horner's syndrome / hɔ́:rnərs síndroum

동공수축, 눈꺼풀처짐, 안구함몰, 제3안검노출을 특징으로 하는 신경계 질환이다.

포도막염 Uveitis / jù:viáitis

포도막 조직에 발생하는 염증이다.

유착 Synechia / sinékiə

홍채가 각막 또는 수정체에 달라붙는 것이다.

눈꺼풀연축, 안검경련 Blepharospasm / blèfərəspǽzəm

눈꺼풀 근육의 강직성 경련으로 인해 눈깜박임이 많이지거나 눈이 닫히는 상태이다.

앞방출혈, 전안방출혈 Hyphema / haifíːmə

다양한 원인에 의해 앞방에 출혈이 발생한 상태이다.

녹내장 Glaucoma / glaukóumə

안구내압이 병적으로 증가한 상태이다.

눈꺼풀겉말림, 안검외반 Ectropion / ektróupiən

눈꺼풀이 바깥쪽으로 반전되어 결막이 밖으로 노출된 상태를 말한다.

눈꺼풀속말림, 안검내반 Entropion / entróupiàn

눈꺼풀의 가장자리가 안구쪽으로 구부러지는 상태를 말한다.

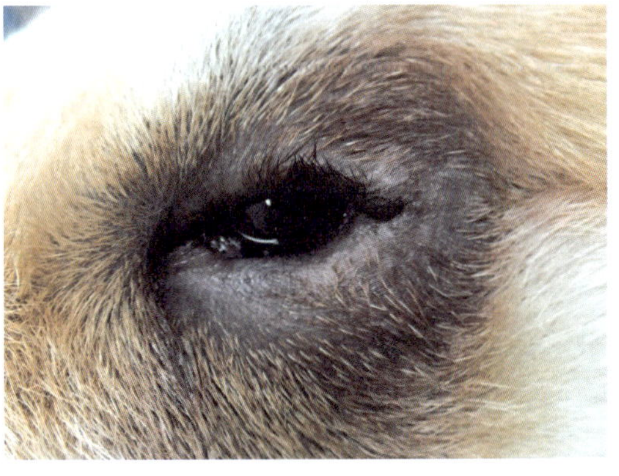

그림 12-9 눈꺼풀속말림이 있는 개의 눈

각막표면궤양 Superficial corneal ulcer / sùːpərfíʃəl kɔ́ːrniəl ʌ́lsə

각막 상처가 각막 상피층에 발생한 경우를 말한다.

각막궤양형성 Corneal ulceration / kɔ́ːrniəl ʌlsəréiʃən

다양한 원인에 의해 각막 상처가 기질층까지 진행된 상태로 충혈, 안검경련, 눈물 증가, 눈 분비물 증가 등의 증상을 보인다.

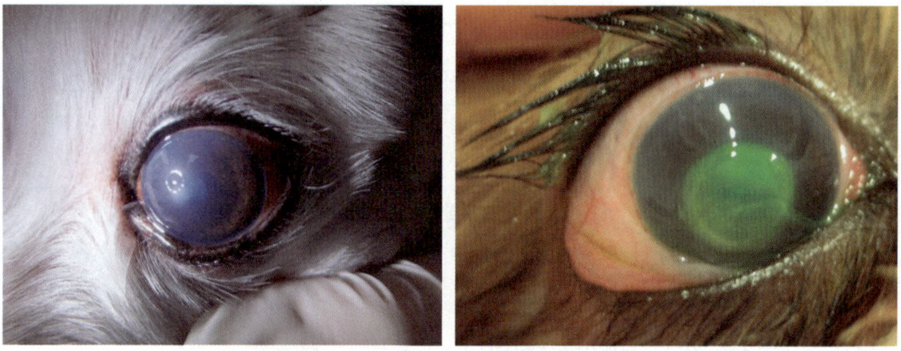

그림 12-10 각막궤양, 형광염색 전(좌), 후(우)

데스메막류 Descemetocele / dəsimətásil

각막의 상처나 염증으로 인해 기질층까지 파괴되어 데스메막의 일부가 안구 바깥쪽으로 수포처럼 튀어나온 상태이다.

각막부종 Corneal edema / kɔ́ːrniəl ɪ'diːmə

다양한 원인에 의해 각막의 수분량이 증가한 상태로 회색에서 푸른 빛을 띠고 각막이 혼탁해진다.

백내장 Cataract / kǽtərækt

투명한 수정체가 혼탁해지면서 빛을 제대로 통과시키지 못해 시야를 저하시키는 질환이다.

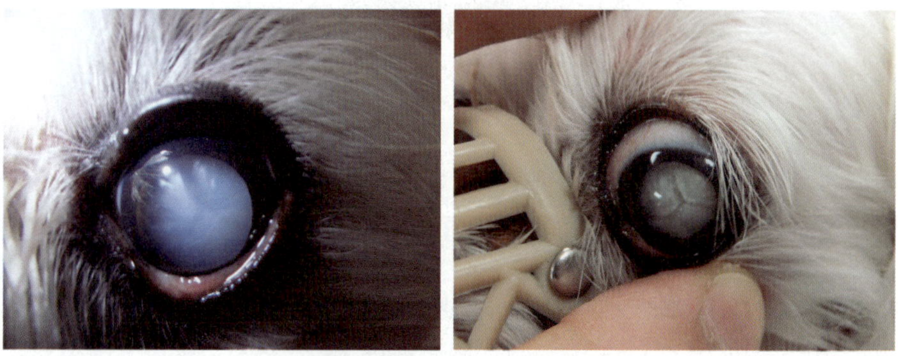

그림 12-11 백내장이 발생한 눈

수정체 핵경화 Nuclear sclerosis / njúːkliər skliəróusis

수정체의 노화현상으로 오래된 세포가 수정체의 중심으로 모이며 뭉치면서 단단해지는 현상으로 수정체가 회색이나 푸른색을 띄게 된다.

망막병증 Retinopathy / rètənάpəθi

망막 손상을 말하며 주로 망막 혈관 이상으로 시력에 영향을 준다.

망막박리 Retinal detachment / rétənæ̀l ditǽtʃmənt

망막의 신경망막층이 색소상피층으로부터 유리체 쪽으로 분리되는 질환이다.

진행성 망막 위축 Progressive Retinal Atrophy(PRA) / prəgrésiv rétənæ̀l ǽtrəfi

망막 세포의 퇴화로 서서히 시력을 잃게되는 질환으로 유전적인 경우가 많다.

질병 치료 용어 Therapy terminology

검안경검사 Ophthalmoscopy / ɑfθælmάskəpi

검안경을 통해 눈의 내부를 검사하는 것이다.

검안경 Ophthalmoscope / ɑfθǽlməskòup

수정체, 유리체, 안저 등 눈 내부를 검사하는 데 사용하는 기구이다.

안압 Intraocular pressures(IOP) / ìntrəάkjulər préʃərs

안구가 구형을 유지하고 있는 일정한 압력이다.

안압측정 Tonometry / təu'nɜmitri

안구에 가해진 힘에 대한 안구의 저항력 측정을 통해 안압을 간접 평가한다.

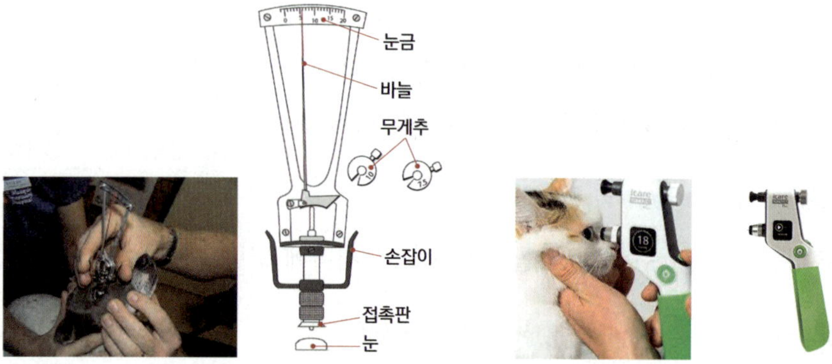

그림 12-12 안압측정 방법

안구적출 Enucleation / injùːkliéiʃən

안구 주변근육을 잘라내고 시신경을 절단하여 안구를 적출하는 수술이다.

눈꺼풀성형술, 안검성형술 Blepharoplasty / bléfərəplæ̀sti

눈꺼풀겉말림, 눈꺼풀속말림을 치료하기 위해 늘어진 피부나 근육을 당겨 여유 있는 조직을 제거하고 봉합하여 눈꺼풀의 위치를 정상화하는 수술이다.

눈꺼풀봉합술, 안검판봉합술 Blepharorrhaphy / blèfərɔ́ːrəfi

눈꺼풀을 임시로 봉합하는 수술로 주로 각막궤양이 심할 때 실시하고 점안 처치를 위해 일부의 틈을 만들어 놓는다.

결막이식 Conjunctival graft / kɑ̀ndʒʌŋktáival græft

데스메막류나, 깊은 각막 궤양과 같이 심각한 각막 손상이 있을 때, 주변 결막을 이식하여 손상된 궤양 부위를 덮는 수술이다.

3. 코(Nose)

해부용어 Anatomical terminology

코선반, 비갑개 Nasal concha / néizəl káŋkə

비강내에서 벌집뼈능선(사골능선, ethmoid crest)에 연결되어 있고, 벌집뼈선반과 함께 미로처럼 되어 있어 들어오는 공기를 덮이고 습기를 더하여 후각상피세포가 냄새를 맡기에 좋은 환경으로 만들어 주는 기능을 한다.

벌집뼈선반, 사골갑개 Ethmoturbinal / èθnouté:rbinl

비강의 뒤쪽에 위치하고 있으며, 동그랗게 말린 형태로 되어 있고 후각 신경이 분포한 후각상피에 둘러싸여 있다.

벌집뼈, 사골 Ethmoid / éθmɔid

두개골 안쪽의 두개강과 비강을 나누는 경계를 구성하는 뼈로 앞쪽으로는 벌집뼈선반과 이어져 있고, 뒤쪽에는 후각망울이 존재한다.

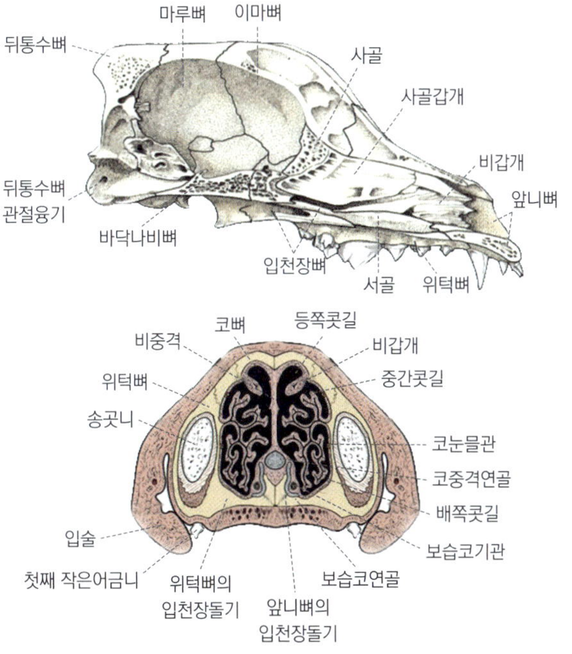

그림 12-13 비강의 구조

코 관련 증상 및 질병 용어 Symptoms and Disease terminology

재채기 Sneeze / sniːz

코의 점막에 화학적 또는 물리적 자극이 발생하였을 경우에, 이를 제거하기 위해 코와 입을 통해서 빠르고 강하게 반사적으로 공기를 배출하는 과정을 말한다.

역류성 재채기 Reverse sneezing / rivəːrs sniːziŋ

갑자기 빠르고 강하게 코를 통해서 공기를 들이마시는 행동을 말하며, 코골이 소리와 비슷한 소리를 낸다. 보통 비강이나 비강 뒤쪽에 분비물, 꽃가루, 알러지, 이물질, 종괴 등과 같은 여러 가지 물리화학적 자극에 의해 유발된다.

비루, 비강 삼출물 Nasal discharge / néizəl distʃáːrdʒ

콧구멍에서 나오는 액성 물질을 말하며, 정상적으로는 소량 존재하지만 질병이 발생하면 장액성, 점액성, 농성, 혈액성 등 원인에 따라 다양한 형태의 분비물이 나타난다.

비염 Rhinitis / raináitis

비강 점막의 충혈, 부종, 삼출물, 재채기 등의 증상이 나타나는 비강의 염증을 말한다.

구강비강누공 Oronasal fistula / àrənéizəl fístʃulə

입과 코 사이에 누공(구멍)이 발생하는 질환으로 주로 치아질환(치첨 농양)과 관련하여 염증으로 약해진 상악뼈와 연부조직이 사라지면서 발생한다. 주로 화농성 콧물, 비출혈, 코막힘과 같은 만성적인 비염 증상을 보인다.

코 관련 질병 치료 용어 Therapy terminology

비경검사 Rhinoscopy / rainάskəpi

코의 내부를 눈으로 직접 관찰하기 위해 내시경을 이용하는 검사로, 코 안의 이물질을 제거하거나 조직검사를 위한 시술을 병행하기도 한다.

비갑개절제술 Turbinectomy / təːrbinéktəmi

사람에서는 비갑개의 비후로 코막힘으로 인한 불편을 해소하기 위해 실시하지만, 동물에서는 비강내 질환의 진단을 위해 조직을 생검해야 할 경우에 실시하는 수술이다.

연습 TEST

A 빈칸에 알맞은 한글 및 영어 의학용어를 쓰시오.

문번	한글 의학용어	영어 의학용어
01		Ear pinna
02	귀지	
03	고막	
04		Tympanic bulla
05		Eustachian tube
06	내이	
07	반고리관	
08		Otolith
09		Otitis media
10	귀 진드기	
11	운동실조	
12		Head tilt
13	안구진탕	
14	고막절개술	
15		Otoscope
16	외측이도 절제술, 젭스 수술	
17		Total ear canal ablation
18	안과학	
19	눈구멍, 안와	
20	눈꺼풀, 안검	
21		Lacrimal punctum
22	코눈물관, 비루관	
23	깜박눈꺼풀, 순막, 제3안검	
24		Conjunctiva

25		Sclera
26	각막	
27	앞방, 전안방	
28		Iris
29		Pupil
30	망막	
31		Tapetum lucidum
32	포도막	
33		Optic nerve
34		Exophthalmos
35	건성 각결막염	
36		Mydriasis
37	동공축소, 축동	
38		Uveitis
39	눈꺼풀연축, 안검경련	
40		Glaucoma
41	백내장	
42		Nuclear sclerosis
43		Intraocular pressures(IOP)
44		Enucleation
45	재채기	
46		Rhinitis
47	구강비강누공	
48		Rhinoscopy

정답

01	귓바퀴	02	Cerumen	03	Tympanic membrane	04	고실	05	유스타키오관
06	Inner ear	07	Semicircular canal	08	이석	09	중이염	10	Ear mite
11	Ataxia	12	머리 기울임	13	Nystagmus	14	Myringotomy	15	검이경
16	Zepp's Procedure	17	전이도 적출술	18	Ophthalmology	19	Orbit	20	Eyelid
21	눈물점	22	Nasolacrimal duct	23	Nictitating membrane, third eyelid	24	결막	25	공막
26	Cornea	27	Anterior chamber	28	홍채	29	동공	30	Retina
31	반사판	32	Uvea	33	시신경	34	안구돌출	35	Keratoconjunc-tivitis sicca
36	동공확대, 산동	37	Miosis	38	포도막염	39	Blepharospasm	40	녹내장
41	Cataract	42	수정체 핵경화	43	안압	44	안구적출	45	Sneeze
46	비염	47	Oronasal fistula	48	비경검사				

B 다음 그림의 빈칸에 해당하는 알맞은 용어를 쓰시오.

• 귀의 구조와 소리 전달의 방법

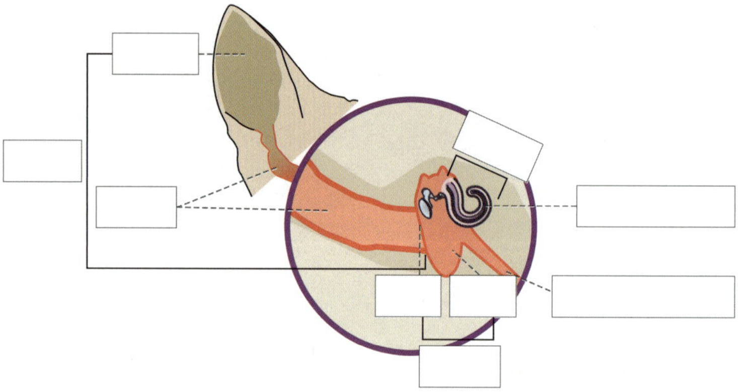

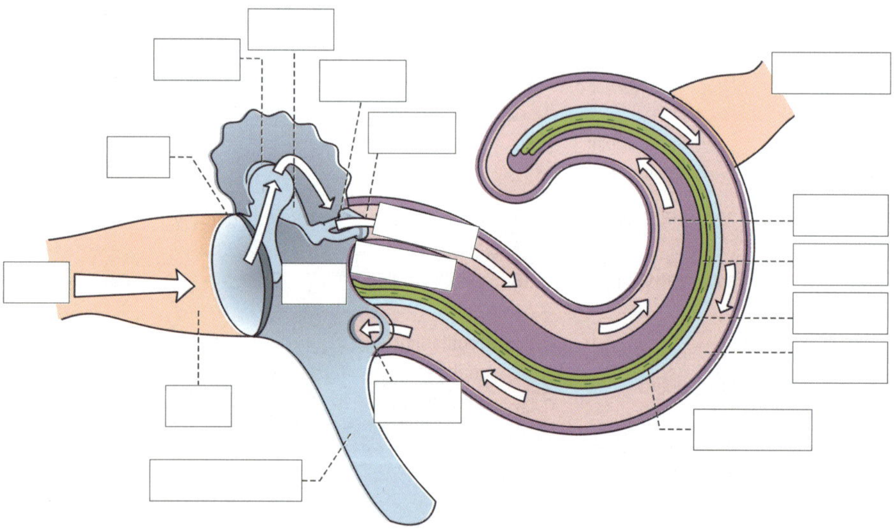

정답 p.199

CHAPTER 13

내분비계통 (Endocrine system)

CHAPTER

13 내분비계통 (Endocrine system)

해부용어 Anatomical terminology

호르몬 Hormone / hɔ́ːrmoun

체내의 특정 조직에서 분비되어 혈액을 통해 표적기관에 도달하여 동물의 생리 작용을 조절하는 일종의 화학물질이다.

내분비 Endocrine / éndoukràin

다른 조직이나 기관에 특이적 효과를 보이는 화학물질(호르몬)을 특정 도관으로 분비하지 않고 혈액이나 림프액으로 분비하는 현상이다.

내분비학 Endocrinology / èndoukrainάlədʒi

내분비 조직과 이곳에서 분비되는 정상적인 호르몬의 기능을 연구하거나 비정상적인 호르몬의 생산으로 발생하는 다양한 질병을 다루는 수의학의 한 분야이다.

뇌하수체 Pituitary gland / pitjúːətèri glænd

뇌의 아래쪽에 위치하여 직접 호르몬을 분비하기도 하고 다른 내분비 장기의 호르몬 분비를 조절하기도 한다.

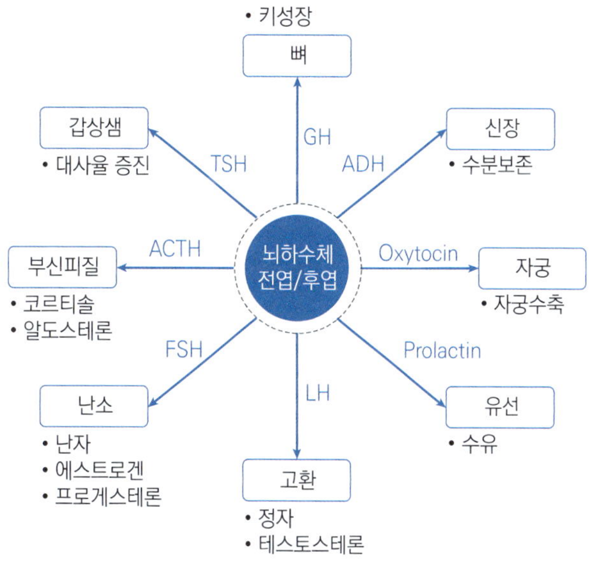

그림 13-1 뇌하수체에서 분비되는 호르몬

샘 뇌하수체 Adenohypophysis / æ̀dinouhaipɑ́fisis, **뇌하수체 전엽** Anterior pituitary / æntíəriər pitjúːətèri

뇌하수체의 앞쪽 부분으로 다양한 호르몬(ACTH, TSH, GH, FSH, LH, 프로락틴)이 분비된다.

부신피질자극호르몬 Adrenocorticotropic hormone / ədríːnoukɔ̀ːrtikoutrɑ́fik hɔ́ːrmoun

부신에서 글루코코르티코이드(코티솔)를 만들도록 자극한다.

갑상샘자극호르몬 Thyroid-stimulating hormone / θáirɔid stímjəlèitiŋ hɔ́ːrmoun

갑상샘에서 갑상샘 호르몬을 생산하도록 자극한다.

성장호르몬 Growth hormone / grouθ hɔ́ːrmoun

몸의 성장, 발육을 촉진하는 물질의 총칭이다.

난포자극호르몬 Follicle-stimulating hormone / fɑ́likəl stímjəlèitiŋ hɔ́ːrmoun

LH와 함께 난소의 난포에 작용해 발육을 촉진하고 정소에 작용해 정자형성을 촉진한다.

황체형성호르몬 Luteinizing hormone / lúːtiənàiziŋ hɔ́ːrmoun

FSH와 함께 성세포의 성숙에 관여하고, 암컷에서는 난소에서 배란을 촉진한다.

프로락틴 Prolactin / proulǽktin

암컷이 임신하였을 때 유선을 자극하여 유즙 분비를 유도한다.

신경뇌하수체 Neurohypophysis / njùərouhaipáfəsis, **뇌하수체 후엽** Posterior pituitary / pastíəriər pitjúːətèri

뇌하수체의 뒤쪽 부분으로 다양한 호르몬(ADH, 옥시토신)이 이곳에서 분비되지만 생산은 시상하부에서 생산된다.

항이뇨호르몬 Antidiuretic hormone / ǽntidàijuərétik hɔ́ːrmoun

바소프레신(vasopressin)이라고도 하며, 체내 수분이 부족할 경우에 신장에 작용하여 수분을 재흡수하여 소변을 농축시키고, 모세혈관을 수축시켜 혈압을 상승시키는 작용을 한다.

옥시토신 Oxytocin / àksətóusin

암컷에서 자궁을 수축시키고 유즙 배출 작용을 한다.

갑상샘 Thyroid gland / θáirɔid glænd

목 아래 기관 옆에 존재하는 내분비기관으로 갑상샘호르몬과 칼시토닌을 분비한다.

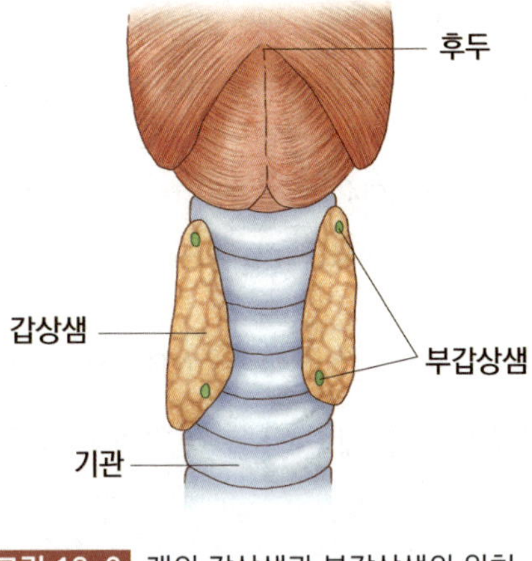

그림 13-2 개의 갑상샘과 부갑상샘의 위치

트리요오드티로닌 Triiodothyronine(T3) / tràiaiòudouθáirənìːn

갑상샘호르몬의 일종으로 생리학적 활성형이며, 동물 체내의 거의 모든 대사과정에 관여한다.

티록신 Thyroxine(Tetraiodothyronine, T4) / θairáksiːn

갑상샘호르몬의 일종으로 뇌하수체에서 분비하는 TSH의 자극에 의해 분비되며, 동물체내의 거의 모든 대사과정, 특히 이화작용에 관여한다. 갑상샘기능저하증, 갑상샘기능항진증 진단의 지표로 이용한다.

칼시토닌 Calcitonin / kæ̀lsətóuni

혈중 칼슘 농도가 높은 경우에 이를 낮춰주는 작용을 하는 호르몬으로 갑상샘에서 분비된다. 부갑상샘호르몬(PTH)과 비타민D와 함께 혈중 칼슘 농도의 항상성 유지에 중요한 역할을 한다.

부갑상샘 Parathyroid gland / pərάːθáirɔid glænd

갑상샘의 등쪽 부위에 매몰되어 있고, 부갑상샘호르몬을 분비하는 내분비 기관이다.

부갑상샘호르몬 Parathyroid Hormone(PTH) / pərάːθáirɔid hɔ́ːrmoun

부갑상샘에서 분비되는 호르몬으로 혈중 칼슘 농도가 낮아졌을 때 이를 증가시키는 작용을 한다. 뼈의 재흡수와 신장에서의 칼슘 재흡수, 소장에서의 칼슘 흡수 증가를 통해 혈중 칼슘농도를 증가시킨다.

부신 Adrenal gland / ədríːnəl glænd

콩팥의 내측에 존재하는 한 쌍의 내분비기관으로 양쪽 부신의 모양과 크기가 다르다. 부신겉질과 속질로 구분하며 그 위치에 따라 분비되는 호르몬의 종류가 다르다.

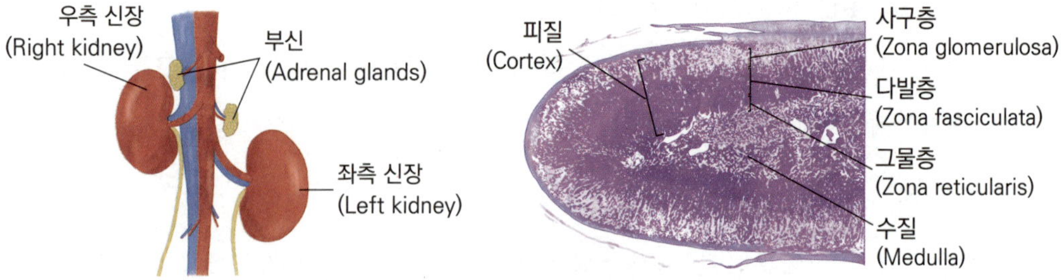

a) b)

그림 13-3 부신의 위치(a)와 구조(b)

부신겉질, 부신피질 Adrenal cortex / ədríːnəl kɔ́ːrteks

부신의 외측부위를 구성하는 조직으로 바깥쪽으로부터 사구층(zona glomerulosa), 다발층(zona fasciculata), 그물층(zona reticularis)으로 구분되고, 그 위치에 따라 서로 다른 호르몬을 분비한다.

부신겉질호르몬, 부신피질호르몬 Adrenocortical hormone / ədríːnokɔ́ːrtikəl hɔ́ːrmoun

부신 피질에서 생산되는 스테로이드 호르몬의 총칭으로 분비되는 위치와 역할에 따라 무기질코르티코이드와 당질코르티코이드로 분류한다.

무기질코르티코이드, 미네랄로코르티코이드 Mineralocorticoid / mìnərəlokɔ́ːrtəkɔ̀id

부신 피질(사구층)에서 분비되는 스테로이드 호르몬의 일종으로 수분 및 전해질을 조절하는 알도스테론이 대표적인 호르몬이다.

알도스테론 Aldosterone / æ̀ldoustiróun

부신 피질에서 분비되는 대표적인 무기질코르티코이드로 탄수화물, 단백질, 지방의 대사에 약간 영향을 미치지만 주로 신장에서의 재흡수, 분비 등을 통해 혈액 내 수분, 전해질, pH 조절에 관여한다.

당질코르티코이드, 글루코코르티코이드 Glucocorticoid / glùːkekɔ́ːrtikɔid

부신 피질(다발층)에서 분비되는 스테로이드 호르몬의 일종으로 탄수화물, 단백질, 지방의 대사조절, 포도당 신생, 염증 조절 등의 작용을 하고 대표적으로 코티솔이 있다.

코티솔 Cortisol / kɔ́ːrtəsɔ̀ːl

부신 피질에서 분비되는 대표적인 당질코르티코이드로 주로 스트레스에 반응해 분비되기 때문에 스트레스 호르몬으로도 불린다. 포도당 신생을 촉진하고 혈압을 높이는 작용을 한다.

부신속질, 부신수질 Adrenal medulla / ədríːnəl mədʌ́lə

부신의 내측부위 중앙을 구성하는 조직으로 교감신경의 자극에 의해 아드레날린, 노르아드레날린을 분비한다.

부신속질호르몬, 부신수질호르몬 Adrenomedullary hormone / ədríːnomédəlèri hɔ́ːrmoun

부신 수질 중의 크롬친화세포(chromaffine cell)에서 분비되는 호르몬으로 대표적으로 아드레날린과 노르아드레날린이 있으며, 이들은 혈압상승, 혈당 증가 등의 작용을 한다.

에피네프린, 노르에피네프린 Epinephrine, Norepinephrine / èpənéfrin, nɔ̀ːrepənéfriːn

부신 수질에서 분비되는 카테콜아민족 호르몬의 일종으로 아드레날린(adrenaline)이라고도 하며, 포도당 신생과 혈압 상승 등의 작용을 한다.

알파 아드레날린 수용체 α-Adrenergic receptor / ǽlfə æ̀drənə́ːrdʒik riséptər

아드레날린 수용체 구성단위의 일종으로 알파1과 알파2로 분류되고 알파1은 평활근을 수축, 알파2는 신경세포 말단에서 신경전달물질 분비를 억제하는 작용을 한다.

베타 아드레날린 수용체 β-Adrenergic receptor / béitə æ̀drənə́ːrdʒik riséptər

아드레날린 수용체 구성단위의 일종으로 베타1, 베타2 수용체로 분류할 수 있고, 베타1은 심장 수축력 및 심박동수 증가, 베타2는 기관지 확장과 같은 작용을 한다.

췌장, 이자 Pancreas / pǽŋkriəs

십이지장, 위와 인접한 장기로 음식물을 소화시키기 위한 소화효소와 혈당 농도를 조절하는 호르몬(인슐린, 글루카곤)을 분비하는 장기이다.

글루카곤 Glucagon / glúːkəgɑ̀n

췌장의 랑게르한스섬의 알파세포에서 분비되는 호르몬으로 인슐린과 반대로 혈중 포도당 농도가 감소하면 분비되어 혈당을 높이는 작용을 하는 단백질성 호르몬이다.

인슐린 Insulin / ínsəlin

췌장의 랑게르한스섬의 베타세포에서 분비되는 호르몬으로 글루카곤과 반대로 혈중 포도당 농도가 증가하면 분비되어 혈당을 낮추는 작용뿐만 아니라 여러 대사조절에 관여하는 단백질성 호르몬이다.

난소 Ovary / óuvəri

암컷의 내부 생식기관 중 하나로 한 쌍으로 존재하며, 난자를 생산하고 내분비샘으로 에스트로겐과 프로게스테론을 분비한다.

에스트로겐 Estrogen / éstrədʒən

주로 암컷의 여포와 황체에서 분비되는 호르몬으로 생식기관의 발달과 생식주기를 조절한다.

프로게스테론 Progesterone / proudʒéstəròun

주로 암컷의 난소안의 황체에서 분비되는 호르몬으로 에스트로겐과 함께 생식주기를 조절하고 임신유지에 중요한 역할을 한다.

고환, 정소 Testis / tésti:s

포유류 수컷의 생식선으로 정자가 만들어지는 장소로 한 쌍이 음낭 내부에 존재하고, 내분비샘으로 테스토스테론을 분비한다.

테스토스테론 Testosterone / testástəròun

수컷 고환에서 분비되는 대표적인 스테로이드 성호르몬으로 생식기 및 정자 발달을 유도하고 성장호르몬 분비를 촉진하여 근육, 뼈 등의 성장을 촉진한다.

에리트로포이에틴 Erythropoietin / iriθroupɔ́iətən

신장에서 생산되는 호르몬으로 골수에 작용하여 적혈구의 생산을 조절하는 작용을 한다.

가스트린 Gastrin / gǽstrin

위의 유문부에서 분비되는 호르몬으로 위산분비, 췌장효소 생산 자극, 위, 소장, 대장의 움직임을 촉진하는 역할을 하는 등 소화작용을 촉진한다.

레닌 Renin / ríːnin

신장의 사구체옆장치에서 분비되는 호르몬으로 혈압이 떨어지면 분비되어 안지오텐시노겐을 안지오텐신I으로 전환시키는 역할을 한다.

안지오텐신 Angiotensin / æ̀ndʒiouténsin

혈중에 존재하는 폴리펩타이드로 혈중의 안지오텐시노겐이 레닌의 작용에 의해 안지오텐신I이 되고, 폐조직에 존재하는 안지오텐신전환효소에 의해 안지오텐신Ⅱ가 되어 혈관을 수축시켜 혈압을 상승시키고, 부신피질을 자극하여 알도스테론 분비를 자극한다.

안지오텐신전환효소 Angiotensin-Converting Enzyme(ACE) / æ̀ndʒiouténsin kənvə́ːrtiŋ énzaim

안지오텐신I을 안지오텐신Ⅱ로 전환시키는 효소로서 결과적으로 혈압을 상승시키는 작용을 한다.

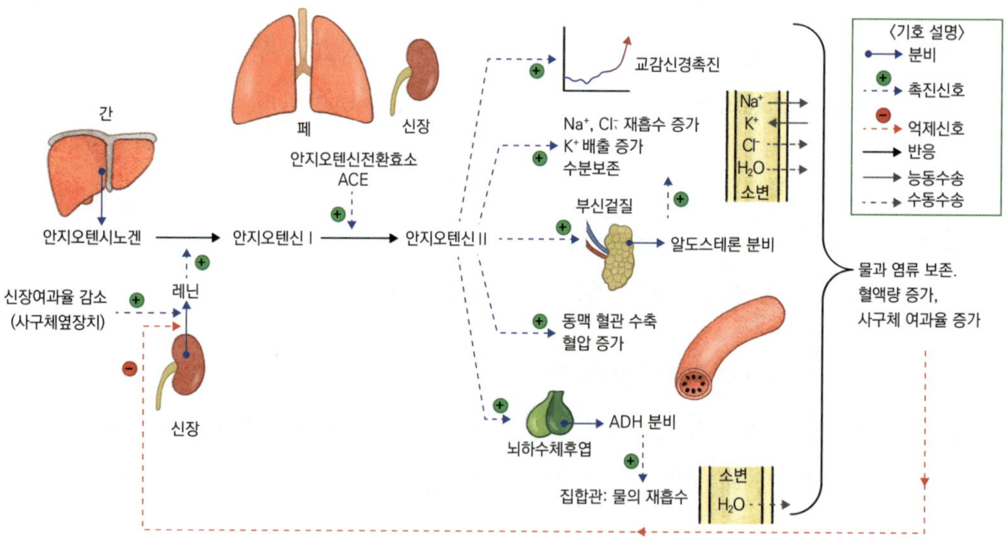

그림 13-4 레닌-안지오텐신-알도스테론 시스템

내분비 관련 증상 및 질병 용어 Symptoms and Disease terminology

항상성 Homeostasis / ho·moe·ostéisis

생체 조직이 다양한 자극에 반응하여 적절한 상태를 유지하려는 성질을 말한다.

음성되먹임 Negative feedback / négətiv fiːdbæk

동물의 체내의 특정 장기에서 어떠한 물질이나 호르몬이 생산되었을 경우에 이러한 물질이 오히려 생산한 특정 장기에 영향을 주어 어떠한 물질이나 호르몬의 생산을 억제하는 현상을 말하는 것으로 항상성을 유지하는 데 필수적인 방법이다.

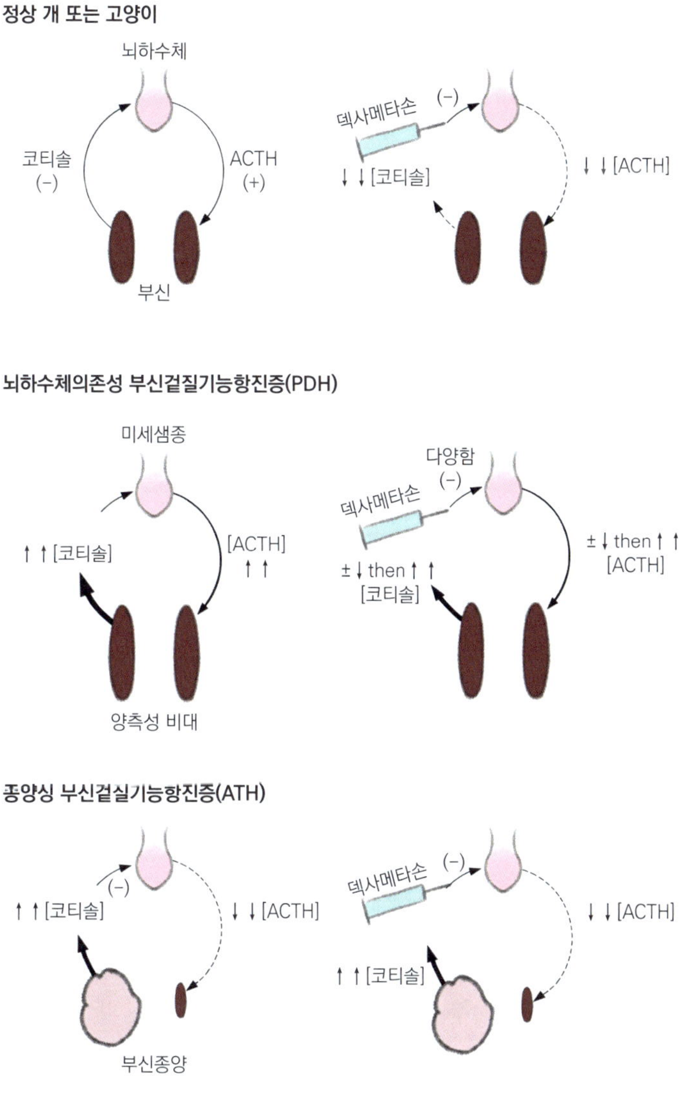

※ 뇌하수체 의존성 부신피질항진증의 경우 덱사메타손 투여 후 초반에 ACTH를 억제하지만, 2~6시간 후 원래대로 회복한다. 부신의존성(부신종양성) 부신피질항진증의 경우 덱사메타손을 투여하여도 ACTH가 이미 억제되어 있어 효과가 발현되지 않는다.

그림 13-5 부신피질기능항진증 진단 시 사용되는 덱사메타손 억제 시험과 음성되먹임 기전

요붕증 Diabetes insipidus / dàiəbíːtis insípədəs

항이뇨호르몬이 부족하거나 효과가 감소하여 비정상적으로 다량의 소변이 생성되는 질환이다.

당뇨병 Diabetes mellitus / dàiəbíːtis mélitəs

혈중의 포도당 농도를 조절하는 인슐린이 부족하거나 내성이 발생하여 고혈당, 요당이 발생하는 대표적인 내분비 질환이다.

갑상샘종 Goiter / gɔ́itər

갑상샘이 비대해진 상태를 말하는 것으로 갑상샘기능저하증, 갑상샘기증항진증이 나타날 수 있다.

갑상샘기능항진증 Hyperthyroidism / háipərθáirɔidìzəm

갑상샘에서 갑상샘 호르몬(T3, T4)이 과도하게 분비되어 나타나는 질환으로 과증식이나 종양 등의 원인으로 발생하고, 개보다는 고양이에서 주로 발생한다.

갑상샘기능저하증 Hypothyroidism / hàipəθáirɔidizəm

갑상샘에서 갑상샘 호르몬(T3, T4)이 부족하게 생산되어 대사 활성이 감소하고 행동 변화까지 초래하는 질환으로 고양이보다 개에서 주로 나타난다.

부신겉질항진증, 부신피질기능항진증 Hyperadrenocorticism / hàipərədrènəkɔ́ːrtisizəm

과도한 ACTH의 자극 또는 부신 종양으로 인해 부신겉질의 기능이 비정상적으로 증가하는 질병으로 과도한 코티솔 분비로 인해 다양한 증상이 발생한다.

부신겉질저하증, 부신피질기능저하증 Hypoadrenocorticism(Addison's disease) / hàipəædrìːnəkɔ́ːrtisizəm

부신겉질에서 분비되는 글루코코르티코이드 또는 미네랄로코르티코이드가 비정상적으로 낮게 분비되어 나타나는 내분비성 질병이다.

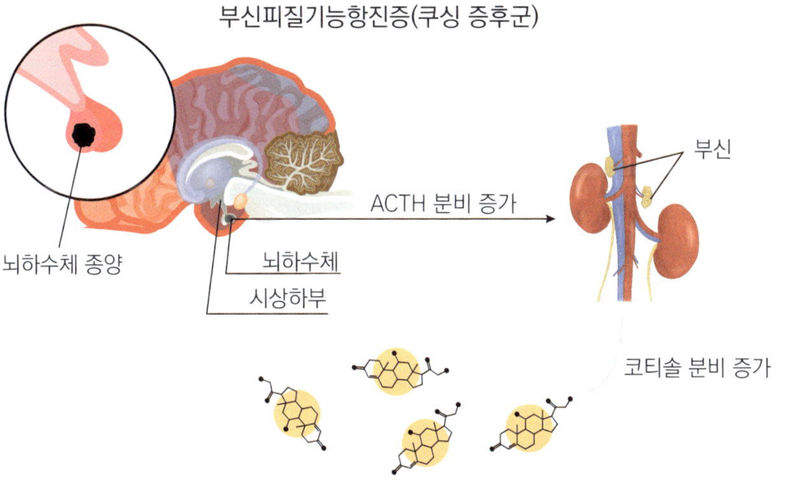

그림 13-6 뇌하수체 의존성 부신피질기능항진증의 병인론

내분비 관련 질병 및 치료 용어 Therapy terminology

갑상샘절제술 Thyroidectomy / θàirɔidéktəmi

갑상샘을 외과적으로 제거하는 수술이다.

부갑상샘절제술 Parathyroidectomy / pərǽːθàirɔidéktəmi

부갑상샘을 외과적으로 제거하는 수술이다.

췌장염 Pancreatitis / pæ̀ŋkriətáitis

췌장에 염증이 발생한 경우를 말하며, 원인은 명확하지 않고 염증의 심한 정도에 따라 구토, 복통, 설사 등 다양한 증상이 나타난다. 췌장염이 심한 경우 내분비 기능에 장애를 가져오기도 한다.

당뇨병성 케톤산증 Diabetic ketoacidosis / dàiəbíːtis kíːtouæ̀sədóusis

혈당 조절이 잘 되지 않는 당뇨병의 급성 합병증으로 고혈당, 대사성산증, 케톤혈증 등을 특징으로하는 질환이다. 산증이 심해지고 탈수, 전해질 불균형, 구토 등의 증상이 동반된 경우에는 빨리 치료하지 않으면 죽음에 이를 수 있다.

연습 TEST

A 빈칸에 알맞은 한글 및 영어 의학용어를 쓰시오.

문번	한글 의학용어	영어 의학용어
01		Hormone
02	내분비학	
03	뇌하수체	
04		Adrenocorticotropic hormone
05		Thyroid-Stimulating hormone
06	성장호르몬	
07		Antidiuretic hormone
08	옥시토신	
09	티록신	
10		Parathyroid gland
11	부신	
12	부신겉질호르몬, 부신피질호르몬	
13		Aldosterone
14	코티솔	
15	에피네프린	
16		Pancreas
17		Glucagon
18	인슐린	
19		Progesterone
20		Estrogen
21	에리트로포이에틴	
22		Angiotensin-converting enzyme
23		Homeostasis
24		Negative feedback

25		Diabetes mellitus
26	갑상샘기능항진증	
27	부신겉질항진증, 부신피질기능항진증	
28	부신겉질저하증, 부신피질기능저하증	
29		Hypothyroidism
30	췌장염	
31		Diabetic ketoacidosis

정답

01	호르몬	02	Endocrinology	03	Pituitary gland	04	부신피질자극호르몬	05	갑상샘자극호르몬
06	Growth Hormone	07	항이뇨호르몬	08	Oxytocin	09	Thyroxine	10	부갑상샘
11	Adrenal gland	12	Adrenocortical hormone	13	알도스테론	14	Cortisol	15	Epinephrine
16	췌장, 이자	17	글루카곤	18	Insulin	19	프로게스테론	20	에스트로겐
21	Erythropoietin	22	안지오텐신전환효소	23	항상성	24	음성되먹임	25	당뇨병
26	Hyperthyroidism	27	Hyperadreno-corticism	28	Hypoadreno-corticism	29	갑상샘기능저하증	30	Pancreatitis
31	당뇨병성 케톤산증								

B 다음 그림의 빈칸에 해당하는 알맞은 용어를 쓰시오.

• 부신의 위치(a)와 구조(b)

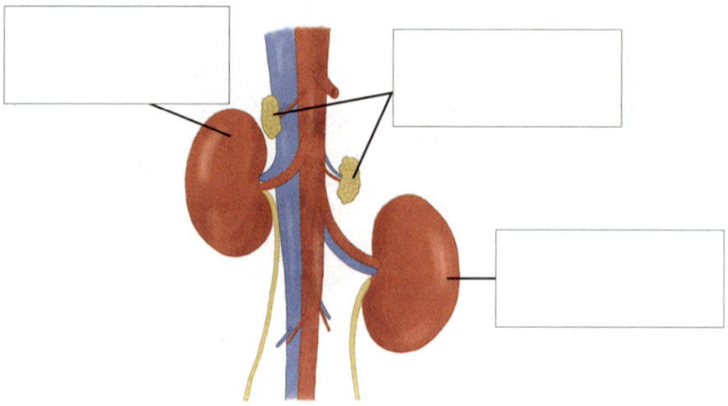

a)

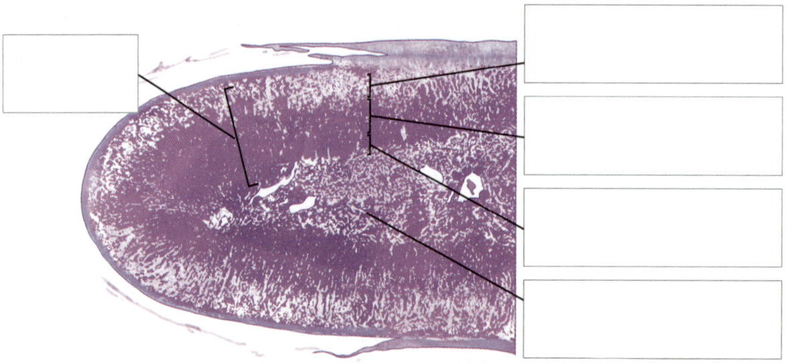

b)

정답 p.226

CHAPTER 14

면역계통 (Immune system)

CHAPTER

14 면역계통 (Immune system)

해부용어 Anatomical terminology

지라, 비장 Spleen / spliːn

척추동물에서 가장 큰 림프기관으로 면역반응에 관여하는 림프구를 만들고, 오래된 적혈구나 혈소판을 제거하기도 하며, 필요에 따라 혈구세포를 생산하는 데 관여한다.

가슴샘, 흉선 Thymus / θáiməs

흉부의 앞쪽에 위치하는 림프기관으로 T 림프구를 생산하고 어린 동물에서는 크기가 크지만 성숙함에 따라 퇴축한다.

편도 Tonsil / tánsil

목의 안쪽에 존재하는 림프조직으로 외부로부터 구강이나 호흡기로 침입하는 병원성 미생물에 대해 일차적으로 방어하는 조직으로 림프절과 달리 림프액이 흐르지 않는다.

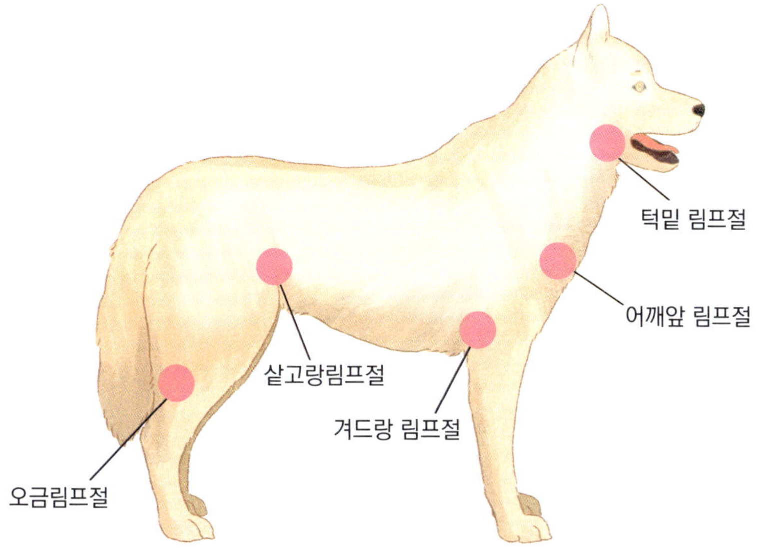

그림 14-1 개의 체표 림프절 위치

림프절 Lymph node / límf noud

전신에 존재하는 림프조직으로 간질액으로부터 유입된 림프액에 존재하는 다양한 외부 항원 물질을 걸러내고 제거하는 역할을 한다. 이는 B림프구, T림프구, 대식구를 통해 이루어지고, 림프절은 림프구의 생산 및 성숙에도 중요한 역할을 한다.

림프아구, 림프모구 Lymphoblast / límfoublæ̀st

적혈구 직경의 2.5~3배 정도 크기의 대형림프구를 지칭하는 것으로 성숙 림프구로 발달하기 전 단계의 세포이며, 항원의 자극이나 종양성 변화로 발생한다.

체액성 면역 Humoral immunity / hjúːmərəl imjúːnəti

외부로부터 유입된 항원물질을 동물의 체내에 있는 항체, 보체, 특정 펩타이드 등과 반응시켜 제거하는 면역을 말하며 가장 대표적인 역할을 하는 것이 면역글로불린이다.

병원체 Pathogen / pǽθədʒən

감염되어 질병을 직접적으로 일으키는 미생물로 세균, 바이러스, 곰팡이, 리케차, 기생충 등을 모두 일컫는다.

항원 Antigen / ǽntidʒən

항체 생성을 자극하여 면역반응을 일으키는 물질로 외부로부터 유입되는 경우가 대부분이지만 개체 내에서 면역반응을 일으키는 경우(자가면역질환)도 있다.

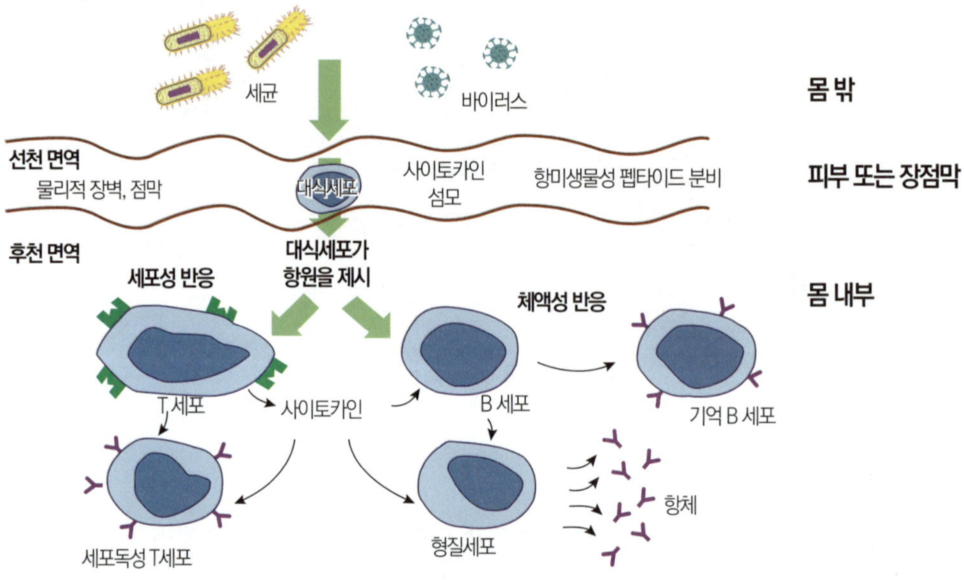

그림 14-2 선천성 면역과 후천성 면역

면역글로불린 Immunoglobulin / ìmjuːnouglábjulin

B 림프구가 생산하는 단백질로 체내에 침입한 이물질이나 병원체를 항원항체반응을 통해 인식하여 면역반응을 유발시킨다.

기억세포 Memory cell / méməri sel

면역세포의 일종으로 재감염시 빠르고 강한 항체 형성을 유도(B 림프구)하거나 강화된 세포성 면역반응과 B 림프구의 분화를 유도(T 림프구)하는 세포로 수년에서 평생 동안 동물의 체내에 살아있다.

인터류킨 Interleukin(IL) / ìntə(ː)rlúːkin

동물의 체내로 들어온 항원 물질에 대해 면역계가 싸우도록 면역세포가 만들어내는 단백질의 총칭이다.

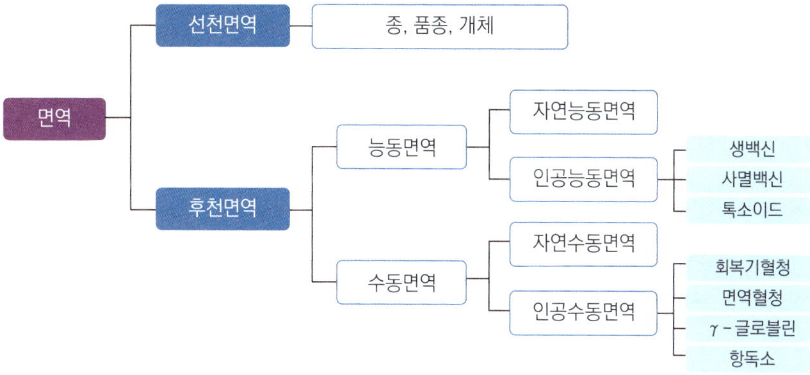

그림 14-3 면역 반응의 분류

면역계 증상 및 질병 용어 Symptoms and Disease terminology

비장종대 Splenomegaly / splìːnəmégəli

비장의 크기가 커진 상태로 감염증, 혈액 관련 질환, 종양 등과 같은 다양한 원인에 의해 발생한다.

면역결핍, 면역부전 Immunodeficiency / ìmjuːnoudifíʃənsi

면역반응의 기능부전으로 정상적인 면역반응이 나타나지 않는 경우를 말한다. 선천성, 후천성 또는 체액성, 세포성, 식작용 문제 등으로 구분할 수 있다.

편도선염, 편도염 Tonsillitis / tὰnsəláitis

편도선에 발생하는 염증을 말하는 것으로 급성, 만성으로 나누어 볼 수 있고 주로 세균, 바이러스 등에 의해 발생한다. 발열과 통증을 유발하며 심하면 연하곤란, 호흡곤란 증상이 나타날 수 있다.

림프절병증, 림프절질환 Lymphadenopathy / limfæ̀dənápəθi

림프절이 부어오르는 질환으로 림프절종대라고도 하며 염증성 또는 종양성 원인으로 발생한다.

능동면역 Active immunity / ǽktiv imjúːnəti

외부로부터 유입된 병원체나 백신과 같은 항원자극에 대해 스스로 개체 자신이 항체를 생산하여 획득한 면역을 말한다. 자연면역, 인공면역으로 구분할 수 있다.

수동 면역 Passive immunity / pǽsiv imjúːnəti

능동면역에 대응되는 의미로 다른 동물에서 형성된 항체를 이동시켜 일시적으로 면역상태를 만드는 것을 말한다.

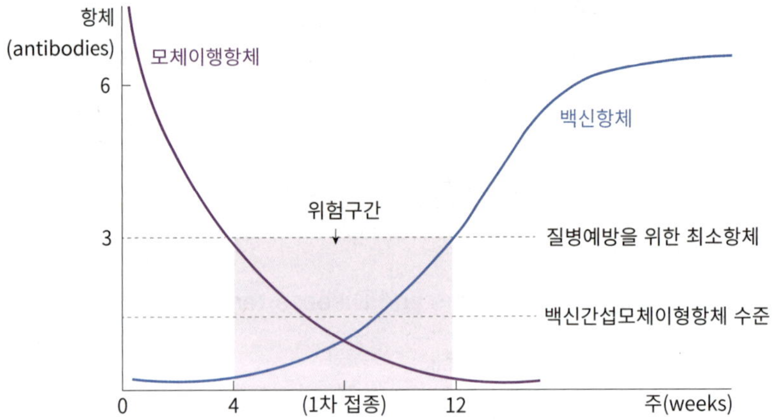

그림 14-4 모체이행항체와 백신에 의한 항체 형성과의 관계

모체이행항체 Maternal antibody / mətə́ːrnl ǽntibɑ̀di

모체로부터 태아에게 전달되는 항체를 말하며 출생 전 태반을 통해서 항체가 전달되는 동물도 있고, 출생 후 초유를 통해 항체가 전달되는 동물이 있다.

면역법, 예방접종 Immunization / ìmju(ː)nizéiʃən, Vaccination / væ̀ksinéiʃən

특정 질병에 대해 면역을 유발 또는 획득시키기 위해 체내에 백신을 주사하는 것이다.

기왕성 반응, 면역기억반응 Anamnestic response / æ̀næmnéstik rispɑ́ns

과거에 특정 감염에 대해 항체를 만들어낸 경우가 있다면, 이후에 다시 항원에 노출되었을 때 급속히 해당 항체가 만들어지는 반응을 말한다.

감작, 면역화 Sensitization / sènsitizéiʃən

개체가 특정 항원에 처음으로 노출되어 면역반응을 일으키는 것을 말한다.

민감저하화, 저감작 Hyposensitization / hàipəsènsitizéiʃən

즉시형 알레르기 질환이 질병의 원인일 경우 해당 알러젠을 소량씩 반복적으로 노출시킴으로써 알러젠에 대한 감수성을 저하시키는 면역학적 치료법이다.

면역억제 Immunosuppression / ìmju:nəsəpréʃən

인공적으로 면역반응을 예방하거나 소실시키는 것을 말한다.

아나필락시스 Anaphylaxis / ænəfəlǽksis

즉시형 과민반응의 한 형태로 항원-항체 면역반응이 원인이 되어 발생하는 급격한 전신 반응으로 주로 IgE가 매개한다.

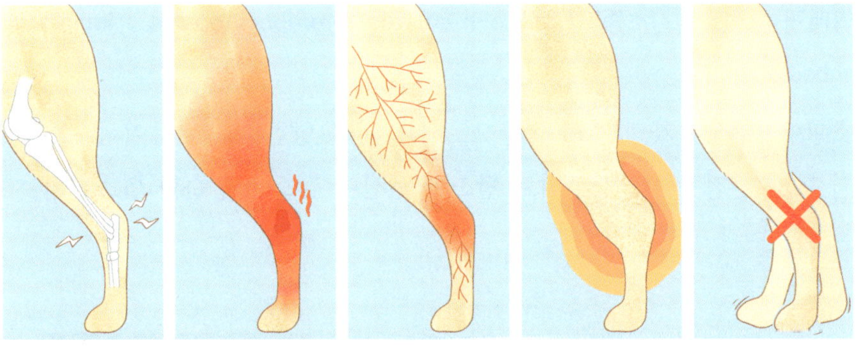

그림 14-5 5가지 염증의 주요 증상

염증 Inflammation / ìnfləméiʃən

조직이 손상되거나 파괴되었을 경우에 이에 대한 생체조직의 국소적 방어보호반응으로 통증, 발열, 발적, 종창, 기능상실을 특징으로 한다.

발열 Pyrexia / paiəréksiə = Fever / fí:vər

체온이 비정상적으로 상승한 경우로 생리적 또는 병리적 원인으로 나타날 수 있다.

자가면역 Autoimmune / ɔ̀:touimjú:n

자기의 조직에 대해 면역반응을 일으키는 것을 말한다.

자가항체 Autoantibody / ɔ̀:touǽntibɑ̀di

자기 조직의 항원에 대해 자연적으로 발생하는 항체를 말하며, 자가면역질환에서 증가한다.

특발성의, 원인불명의 Idiopathic / ìdiəpǽθik

원인이 불명확한 경우를 지칭할 때 사용한다.

면역매개성 용혈성 빈혈 Immune-mediated hemolytic anemia / imjúːn míːdièitid hìːməlítik əníːmiə

자기 자신의 적혈구 표면 항원에 대해 자가 항체가 작용하여 적혈구가 파괴되어 용혈되는 질환이다.

면역매개성 혈소판감소증 Immune-mediated thrombocytopenia / imjúːn míːdièitid θràmbousàitəpíːniə

혈소판에 대한 자가 항체의 작용으로 혈소판을 향한 탐식작용이 증가하거나 골수에서 혈소판 전구세포의 파괴로 혈소판 생산이 감소하여 순환 혈소판의 수가 줄어드는 질환이다.

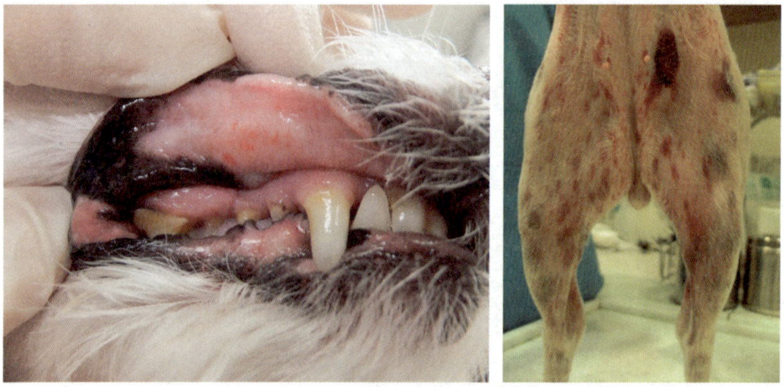

그림 14-6 면역매개성 혈소판감소증 환자(개)의 구강점막과 피부

동종항체 Alloantibody / æ̀louǽntibàdi

같은 종의 동물이지만 한 개체가 생산하거나 가지고 있는 항체가 다른 개체의 항원과 특이적으로 반응할 수 있는 항체를 말한다.

면역계 관련 질병 및 치료 용어 Disease and Therapy terminology

비장적출술 Splenectomy / splinéktəmi

다양한 원인(외상, 종양, 농양, 면역계 질환 등) 때문에 비장을 제거하는 수술을 말한다.

림프절절제술 Lymphadenectomy / limfæ̀dinéktəmi

림프절을 떼어 제거하는 수술로 전이된 종양을 제거하거나 전이 여부를 확인하기 위해 종대된 림프절을 제거하기도 한다.

면역억제제 Immunosuppressant / ìmjuːnəsəprésənt

동물 체내의 면역체계 활성을 줄이거나 억제하는 약물이다.

연습 TEST

A 빈칸에 알맞은 한글 및 영어 의학용어를 쓰시오.

문번	한글 의학용어	영어 의학용어
01	지라, 비장	
02	가슴샘, 흉선	
03	림프절	
04		Humoral immunity
05		Pathogen
06	항원	
07		Immunoglobulin
08	인터류킨	
09	비장종대	
10	면역결핍, 면역부전	
11		Lymphadenopathy
12	모체이행항체	
13		Immunization, vaccination
14		Immunosuppression
15	아나필락시스	
16		Inflammation
17		Pyrexia, Fever
18		Autoimmune
19	면역매개성 용혈성 빈혈	
20		Immunosuppressant

정답

01	Spleen	02	Thymus	03	Lymph node	04	체액성 면역	05	병원체
06	Antigen	07	면역글로불린	08	Interleukin(IL)	09	Splenomegaly	10	Immunodefi-ciency
11	림프절병증, 림프절질환	12	Maternal antibody	13	면역법, 예방접종	14	면역억제	15	Anaphylaxis
16	염증	17	발열	18	자가면역	19	Immune-mediated hemolytic anemia	20	면역억제제

CHAPTER 15

기타

CHAPTER

15 기타

1. 동물임상병리 관련 용어

혈액학 Hematology / hèmətálədʒi

혈액의 형태와 혈액을 생산하는 조직의 생리와 질병을 연구하는 의학의 한 분야이다.

항응고제 Anticoagulant / æ̀ntikouǽgiulənt

혈액의 응고를 지연, 억제, 저해하는 물질로 시트르산, 헤파린, EDTA 등 여러 가지가 있다.

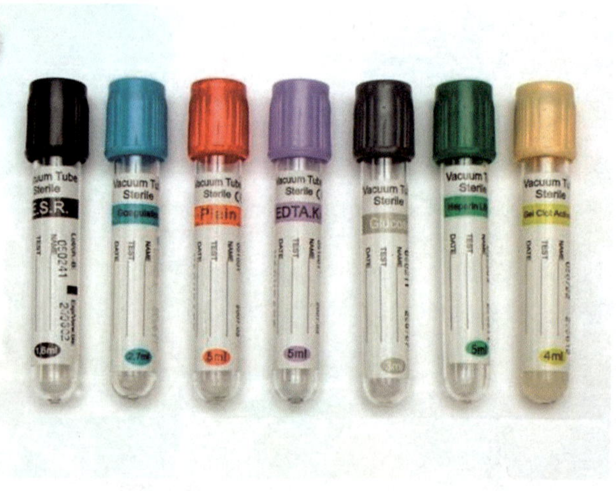

그림 15-1 다양한 항응고제가 포함된 채혈병

응고, 응고반응 Coagulation / kouæ̀gjuléiʃən

콜로이드 모양으로 분산한 작은 입자들이 서로 집합하여 큰 입자가 되면서 젤(gel)처럼 덩어리가 되는 현상을 말하지만, 의학에서는 주로 혈액응고(blood coagulation)를 의미한다. 혈액 속의 다양한 응고인자가 상호작용하여 결국 불용성의 섬유소 덩어리를 형성하여 지혈을 유도한다.

응고장애, 응고병증 Coagulopathy / kouæ̀gjulápəθi

혈액응고 과정에 문제가 발생하여 정상적으로 지혈 과정이 이루어지지 않는 상태를 말한다.

용혈 Hemolysis / hiːmálisis

적혈구막의 손상으로 내부의 헤모글로빈이 적혈구에서 유리되어 혈장 중에 나타나는 상태를 말한다.

그림 15-2 다양한 종류의 원심분리기

원심분리기 Centrifuge / séntrifjuːdʒ

빠르게 회전시켜 발생하는 원심력을 이용해 비중이 다른 액체 또는 액체와 고체를 분리시키는 장치를 말하며 의학분야에서는 혈액이나 체액분석시 세포와 체액성분을 분리하기위해 주로 사용한다.

혈청, 장액 Serum / sí(ː)rəm

혈액에서 혈구와 같은 고형성분과 피브리노겐을 제거한 맑은 액체로 알부민, 글로불린 등과 같은 다양한 단백질과 생체의 기능유지에 필요한 다양한 효소, 영양소, 노폐물 등을 함유한다.

혈장 Plasma / plǽzmə

혈액에서 혈구성분을 제거한 액체부분을 말하며 혈청과 달리 피브리노겐을 함유하고 있다.

피브리노겐, 섬유소원 Fibrinogen / faibrínədʒən

주로 간에서 생산되어 혈장으로 분비되는 단백질로 트롬빈(thrombin)에 의해 피브린(fibrin)으로 전환되어 혈액이 응고되는데 중요한 역할을 한다.

혈청학 Serology / siːrálədʒi

혈청에 존재하는 항체를 이용해 항원항체 반응을 연구하는 면역학의 한 분야이다.

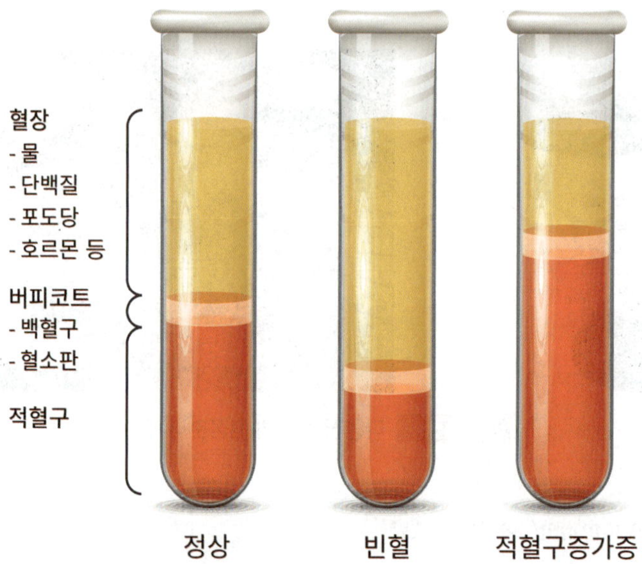

그림 15-3 혈액의 성분과 상태

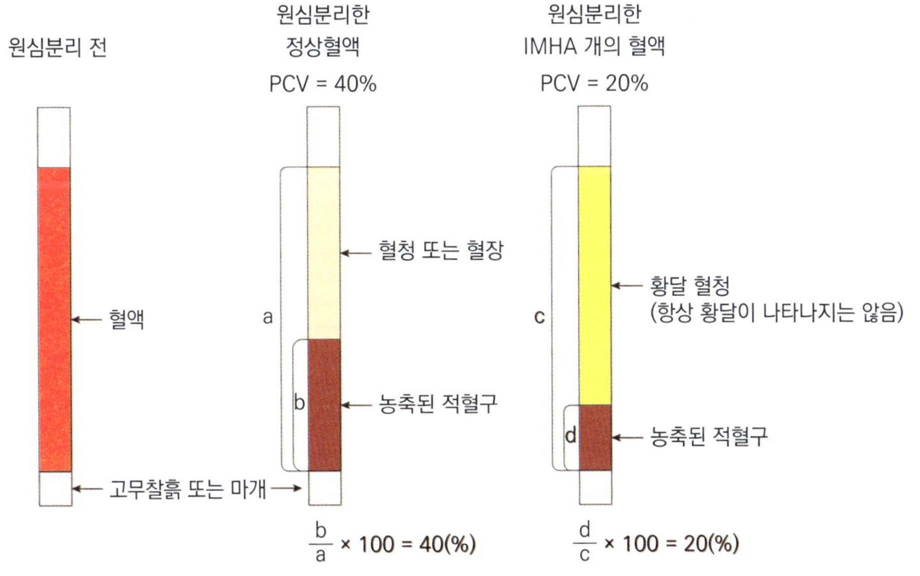

그림 15-4 모세관을 이용한 PCV 측정

농축세포 용적 Packed Cell Volume(PCV) / pækt sel válju:m

혈액을 원심분리하여 적혈구를 침전시킨 후, 전체 혈액에 대한 적혈구의 비율을 말하는 것으로 빈혈의 지표로 헤모글로빈(Hb)과 함께 판단한다.

적혈구용적률, 헤마토크리트 Hematocrit(HCT) / hémətəkrit

전체 혈액에 대한 적혈구의 용적률을 말하는 것으로 PCV와 유사한 개념으로 사용되지만, 다음 식에 의해 계산된 값이다.

$$HCT = (RBC\ 수 \times 10^6/\mu l) \times MCV/10$$

적혈구증가증, 적혈구과다증 Polycythemia / pàlisaiθí:miə, Erythrocytosis / iriθrousaitóusis

혈관내의 적혈구 수가 정상범위를 넘어서 증가한 상태를 말하는 것으로 혈액의 점도가 증가하여 다양한 증상이 나타나며, 상대적 적혈구증가증과 진성 적혈구증가증으로 구분한다.

빈혈 Anemia / əníːmiə

혈액 중에 적혈구나 헤모글로빈 농도가 부족한 상태를 말하는 것으로 조직의 대사에 필요한 충분한 산소를 공급할 수 없어 저산소증을 초래한다. 재생성 여부에 따라 재생성 빈혈, 재생 불량성 빈혈로 구별할 수 있고, 적혈구의 크기와 혈색소 농도에 따라서도 구분하여 원인을 찾는다.

백혈구증가증 Leukocytosis / lùːkəsaitóusis

혈액 내의 백혈구 수가 정상보다 증가한 경우를 말하는 것으로 조직손상, 감염, 염증, 종양 등 다양한 원인에 의해 발생한다.

백혈구감소증 Leukopenia / lùːkəpíːniə

혈액 내의 백혈구 수가 일반적인 경우보다 감소하는 경우로 백혈구 생산에 문제가 있거나 과도한 소모로 나타난다.

버피코트 Buffy coat / bʌ́fi kout

혈액을 원심분리한 경우, 가장 아래쪽의 적혈구와 상층액인 혈장(또는 혈청) 사이에 존재하는 흰색의 얇은 띠 모양의 부분으로 이곳에는 백혈구와 혈소판이 모여 있다.

지질혈증, 지방혈증 Lipemia / laipíːmiə

혈액 중 지방 또는 지질이 과도하게 존재하는 상태로 혈청(또는 혈장)이 백탁 상태인 경우가 많다.

고빌리루빈혈증 Hyperbilirubinemia / hàipərbìlirùːbiníːmiə

혈액 중에 빌리루빈이 과도하게 존재하는 상태로 황달 증상을 일으킨다.

황달 Icterus / íktərəs

혈액 중에 빌리루빈이 과도하게 존재하여 공막, 피부, 점막 등의 색이 노랗게 변한 상태를 말한다.

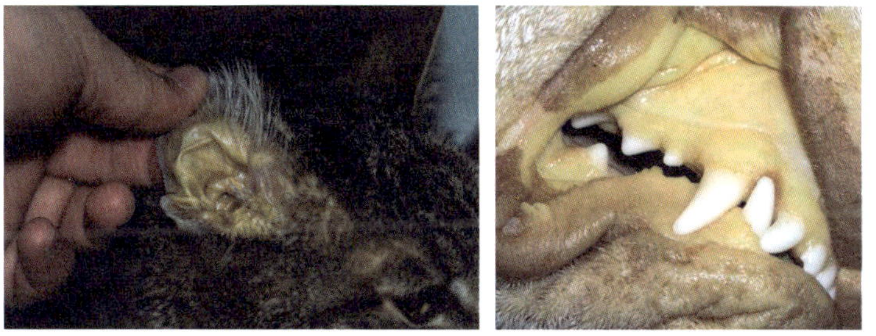

그림 15-5 황달 환자의 귓바퀴 안쪽과 잇몸 점막

총고형물 Total solid / tóutl sálid

각종 체액성분에 포함된 다양한 단백질 및 기타 입자들의 총합을 일컫는 용어로 보통 굴절계를 이용한 측정값을 말한다.

총단백질 Total Protein(TP) / tóutl próuti:in

혈장(또는 혈청)에 포함된 총단백질량을 말하는 것으로 알부민과 글로불린이 대표적인 혈장단백질이며, 혈청화학검사를 통해 정량화한다.

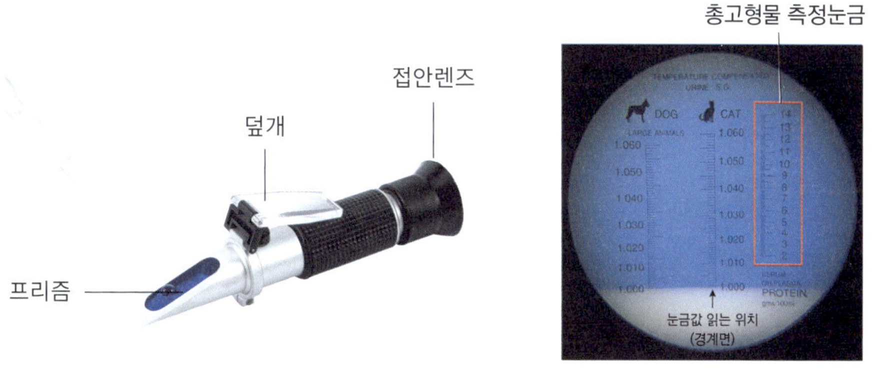

그림 15-6 굴절계

굴절계 Refractometer / rìfræktámitər

각종 물질의 굴절률을 측정하는 장치로 반려동물에서는 소변, 혈장(또는 혈청), 각종 체액의 비중을 측정하거나 시료에 포함된 총고형물(total solid) 양을 측정하는 데 사용한다.

적혈구형성 Erythropoiesis / iriθroupɔií:sis

조혈조직에서 새로운 적혈구를 만들어내는 것으로 신장에서 분비되는 호르몬인 에리스로포이에틴(erythropoietin)의 작용이 필요하다.

다염적혈구증가증 Polychromasia / pálikro:meisiə

적혈구를 염색하였을 때 일반적인 핑크색이 아니라 약간 푸르거나 보라색이 더 보이는 염색성을 가진 적혈구가 다수 관찰되는 상태를 말한다. 이러한 다염성 적혈구는 망상적혈구(reticulocyte)인 경우가 많으며, 이는 조혈장기에서 미성숙한 적혈구가 빠져나와 발생한다.

호염기성의 Basophilic / bèisəfílik

염기성 색소에 쉽게 염색되는 성질 또는 부위를 말하며, 혈액 염색에서는 보라색으로 염색되어 보인다.

호산성의, 호산구성의 Eosinophilic / ì:əsínəfilik

산성 색소에 쉽게 염색되는 성질을 의미하기도 하며, 호산구와 관련된 질환을 표현할 경우에도 사용한다.

적혈구대소부동증 Anisocytosis / ænàisəsaitə́sis

정상적으로 적혈구의 크기는 미약하게 다르지만, 그 정도가 뚜렷하여 크고 작은 적혈구가 혈액 중에 다수 존재하는 상태를 말한다.

변형적혈구증가증, 기형적혈구증 Poikilocytosis / pɔ̀ikiləsaitóusis

혈액 내에 비정상적인 모양으로 변형된 적혈구가 다수 존재하는 상태를 말한다.

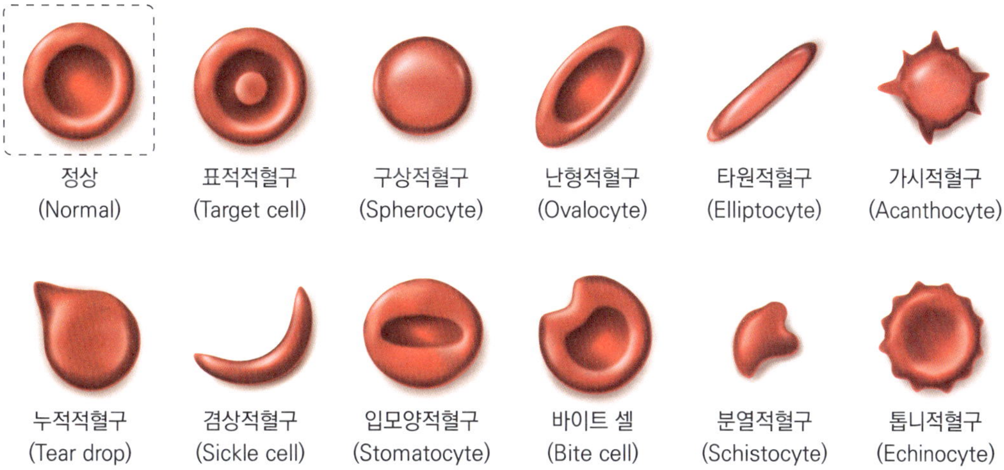

그림 15-7 다양한 모양의 적혈구

공모양적혈구, 구상적혈구 Spherocyte / sfírəsait

적혈구에서 정상적으로 관찰되는 중심부의 창백한 부위가 없는 공 모양의 적혈구를 말한다.

입모양적혈구, 구순적혈구 Stomatocyte / stóumətəsait

적혈구에서 정상적으로 관찰되는 중심부의 창백한 원형 부위가 입(길쭉한) 모양으로 변형된 적혈구를 말한다.

톱니적혈구, 유극적혈구 Echinocyte / ekinousait

적혈구 표면에 가시돌기를 가진 적혈구를 말한다.

가시적혈구 Acanthocyte / əkǽnθəsait

적혈구 표면에 다양한 형태와 크기의 돌출된 구조물을 가진 적혈구를 말한다.

분열적혈구 Schistocyte / skístəsait

다양한 원인에 의해 적혈구가 파괴되어 발생한 적혈구의 조각을 말한다.

일산화탄소헤모글로빈 Carboxyhemoglobin / kɑːrbὰksilhìːməglóubin

헤모글로빈이 일산화탄소와 결합하여 생기는 화합물로 일산화탄소는 헤모글로빈에 대한 친화력이 산소보다 강력하여 일산화탄소 중독을 일으키고 저산소증에 빠진다.

(핵)좌방이동 Left shift / left ʃift

백혈구의 감별계산 시 미성숙한 호중구 세포 비율이 정상적인 호중구보다 많이 관찰되는 경우를 말한다.

화학주성 Chemotaxis / kèmətǽksis

특정 물질의 화학적인 농도차에 의해 생물 또는 각각의 세포가 이동하는 것을 말한다. 동물의 체내에서 백혈구가 손상된 조직 또는 염증부위로 이동하는 것이 대표적인 예이다.

탐식하다, 식균하다 Phagocytize / fǽgəsàitaiz

외부에서 동물의 체내로 세균과 같은 미생물이 침입하였을 때, 호중구와 대식구가 이를 세포 내로 잡아들여 세포 내 소화를 하는 작용을 말한다.

다형태의 Pleomorphic / plìːəmɔ́ːrfik

주로 세포가 여러 가지 형태의 모양을 가지는 경우에 사용한다.

응고장애, 응고병증 Coagulopathy / kouæ̀gjulápəθi

혈액응고 과정에 문제가 발생하여 혈액응고가 정상적으로 이루어지지 않는 상태를 말한다.

혈소판증가증 Thrombocytosis / θràmbousaitóusis

혈관 내에 지혈에 중요한 역할을 하는 혈소판이 과도하게 존재하는 상태를 말한다.

혈소판감소증 Thrombocytopenia / θràmbousàitəpíːniə

혈관 내에 지혈에 중요한 역할을 하는 혈소판의 수가 정상적인 경우보다 감소한 상태를 말한다.

범혈구감소증 Pancytopenia / pæ̀nsaitəpíːniə

혈관 내에 적혈구, 백혈구, 혈소판 모두가 전부 감소되어 있는 상태를 말한다. 대부분 골수에 심각한 병증이 있어 조혈작용이 제대로 이루어지지 않아 발생한다.

파종성 혈관내 응고 Disseminated Intravascular Coagulopathy(DIC) / disémənèitid ìntrəvǽskjulər kouæ̀gjulápəθi

외상, 출혈, 종양, 감염 등의 다양한 원인에 의해 응고를 촉진하는 인자들이 혈관 내로 유입되어 이에 대한 반응으로 광범위하게 혈관 내 혈액응고가 나타나는데, 이러한 과정에서 혈액응고인자들이 소진되어 다른 곳에서는 정상적으로 지혈작용이 이루어지지 않아 출혈을 일으키는 상태를 말한다.

혈종 Hematoma / hìmətóumə

동물의 체내에서 발생한 출혈이 특정한 장소에 고여 형성된 혈액 덩어리를 말한다.

지혈 Hemostasis / hìːmoustéisis

혈액이 혈관에서 빠져나가는 것을 멈추게 하는 것으로 건강한 동물은 혈관수축, 혈소판기능, 혈액응고인자의 복합작용에 의해 이루어진다. 수술과정에서 발생하는 출혈에 대한 지혈은 다양한 지혈도구(지혈겸자, 전기소락기 등)에 의해 물리적 방법으로 이루어진다.

프로트롬빈 Prothrombin / prouθrámbin

혈장에 존재하는 혈액응고 인자의 하나로 트롬빈의 불활성 전구물질이며, 제Ⅱ인자라고도 한다. 활성 트롬보블라스틴과 칼슘이온의 작용에 의해 트롬빈으로 전환된다.

트롬빈 Thrombin / θrámbin

프로트롬빈에서 유래하는 효소로서 피브리노겐을 피브린으로 변환시킨다.

협측점막출혈시간 Buccal Mucosal Bleeding Time(BMBT) / bʌ́kəl mjuːkóusəl blíːdiŋ taim

BMBT용 특수 기구를 이용해 윗입술 안쪽 점막에 절개 부위를 만들어 출혈을 유발한 후, 이 출혈이 멈출때까지의 시간을 측정하는 검사 방법으로 혈소판 기능을 평가하기 위해 사용한다.

활성화부분트롬보플라스틴시간 activated Partial Thromboplastin Time(aPTT) / ǽktəvèitid páːrʃəl θràmbəplǽstin taim

혈액응고에 관여하는 트롬보플라스틴을 첨가하여 응고시간을 조사하는 검사로, 내

인성 경로와 공통 경로에 관여하는 응고인자들을 평가하는 데 가장 뛰어난 선별검사로 사용된다.

프로트롬빈시간 Prothrombin Time(PT) / prouθrάmbi taim

혈액응고 인자 중 하나인 프로트롬빈이 트롬빈이 되면서 혈액이 응고하기까지의 시간을 측정하는 검사로 외인성 경로와 공통 경로에 관여하는 응고인자들을 평가하는 검사이다.

2. 동물방사선학 관련 용어

전자기파 Electromagnetic waves / ilèktroumægnétik weivz

전기장과 자기장의 진동이 서로 수직을 이루면서 각각의 수직방향으로 공간을 진행하는 파동을 말한다. 가시광선뿐만 아니라 라디오파, 마이크로파, 적외선, 자외선, 방사선(X-선), 감마선 등이 포함된다.

가시광선 Visible light / vízəbəl lait

눈으로 볼 수 있는 파장 범위를 가지는 빛을 말하며, 대략 380~780nm 범위의 파장을 가진 전자기파이다.

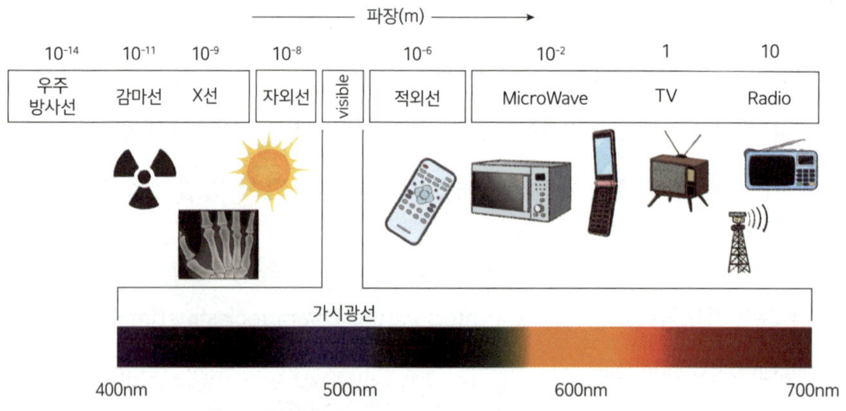

그림 15-8 전자기파 스펙트럼

X선 X-ray / eks rei

방사선의 중의 하나로 자외선보다 파장이 짧은 전자기파로 고속의 전자가 중금속과 충돌하여 발생한다. 뢴트겐이 처음 발견하여 뢴트겐선이라고도 한다.

산란방사선 Scattered radiation / skǽtərd rèidiéiʃən

특정 물체에 조사된 방사선이 물체 간에 상호작용을 일으켜 여러 방향으로 산란되면서 발생하는 방사선을 말한다.

힐효과 Heel effect / hiːl ifékt

X선관에서 X선이 방출될 때, X선의 강도가 균등하지 않아 음극쪽으로 더 많이 방출되고 양극쪽으로는 감소되어 덜 방출되는 현상을 현상을 말하며, X선 촬영 시에는 동물 신체 중 두꺼운 부위를 음극 방향으로 하여 촬영하는 것이 좋다.

킬로볼트 Kilovolt(kV) / kíləvòult

음극과 양극의 전위차를 말하는 것으로 X선의 가속력, 즉 투과력과 관계가 있다.

킬로볼트피크 Kilovolt peak(kVp) / kíləvòult piːk

음극과 양극의 최대 전위차를 말하며, 교류 형태의 전류는 정류과정을 거치면 직류로 바뀌게 되는데, 이때 발생하는 최대 전압을 일컫는다.

밀리암페어 Milliampere(mA) / míliǽmpiər

X선 관전류를 나타내는 데 사용하는 단위로 1/1,000암페어이다.

밀리암페어세컨드 Milliampere second(mAs) / míliǽmpiər sékənd

mA × s(초)를 의미하는 것으로 X선 발생 장치에서 발생하는 X선의 총량과 같기 때문에 방사선 사진의 밀도와 관련이 있다.

초점 필름 거리 Focal Film Distance(FFD) / fóʊkəl fɪlm dístəns

X선 발생장치부터 필름 또는 검출기까지의 거리를 말하는 것으로 보통 100cm로 설정하며, 거리가 멀어질수록(FFD가 증가할수록) X선 강도를 높여야 한다.

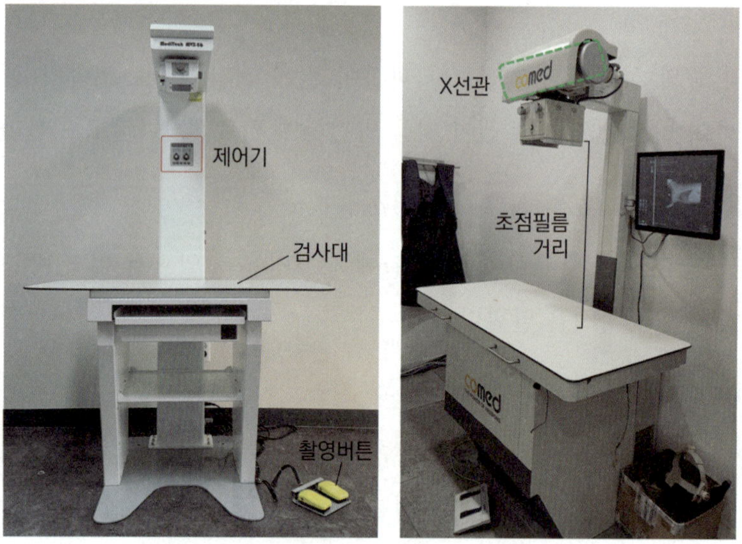

그림 15-9 X-선 장비의 구성

전산화 방사선촬영술 Computed Radiography(CR) / kəmpjúːtid rèidiágrəfi

X선 촬영 시, X선과 반응하는 형광체가 에너지를 보존하고 있다가 추후에 레이져 빔 등으로 에너지를 가하면 저장되어 있던 에너지가 빛의 형태로 방출되고 이 빛을 감지하여 디지털화하고 영상가공을 거치는 방사선 촬영술이다. X선 필름이 필요 없고, 촬영한 사진의 후처리를 통해 화질을 개선시킬 수 있다.

디지털 방사선촬영술 Digital Radiography(DR) / dídʒitl rèidiágrəfi

X선 촬영 시 필름이나 이미지 플레이트(image plate: CR에서 사용하는 필름 역할을 하는 기구) 대신에 X선 테이블 또는 아래에 X선을 검출할 수 있는 검출기를 장착하여 X선 촬영 이미지를 바로 디지털 신호로 바꾸어 영상으로 변환시키는 장치를 말한다. CR과 마찬가지로 필름이 필요 없고, 촬영한 사진의 후처리 과정을 통해 화질을 개선할 수 있다.

의료용 디지털 영상처리 및 통신 Digital Imaging and Communication In Medicine(DICOM) / dídʒitl ímædʒiŋ ənd kəˌmjuːnɪ́keɪʃn ɪn médəsn

의료용 영상장비로부터 나온 다양한 이미지를 통합 운영하기 위한 표준 규격의 총칭이다.

의료영상저장전송시스템 Picture Archiving and Communication System(PACS) / ˈpɪktʃə(r) ɑ́ːrkaiviŋ ənd kəˌmjuːnɪˈkeɪʃn sístəm

의료 영상정보를 표준 규격에 맞추어 디지털화(DICOM)하여 저장, 판독, 검색 및 전송을 컴퓨터를 통해 빠르고 쉽게 할 수 있는 시스템을 말한다.

방사선 비투과성 Radiopacity / rèidioupǽsiti

방사선이 투과하지 못하는 성질을 의미하는 것으로 금속이나 뼈들이 비투과성이 높아 X선 검사에서 흰색으로 보이고, 공기나 가스는 비투과성이 낮아 X선 검사에서 어두운 검은색으로 관찰된다.

방사선 밀도 Density / dénsəti

X선 촬영 시 많은 수의 X선이 동물을 투과하여 필름 또는 검출기에 도달하여 영상에 검은색이 증가하면, 방사선 밀도가 높은 것을 의미한다. kVp와 mAs가 모두 영향을 준다.

방사선 대조도 Contrast / kántræst

X선 촬영 시 이미지에서 검은색과 흰색의 중간 색인 회색 음영이 나타나는 정도를 말하는 것으로 대조도가 높은 음영은 회색 음영이 적고 검은색과 흰색 음영이 더 많이 나타난다. 주로 kVp에 영향을 많이 받는다.

왜곡 Distortion / distɔ́ːrʃən

X선 촬영 시 동물의 신체부위가 테이블 또는 검출기의 기울기와 평행하게 배치되지 않거나 지나치게 멀어져서 원래의 크기와 모양보다 달라지는 현상을 말한다.

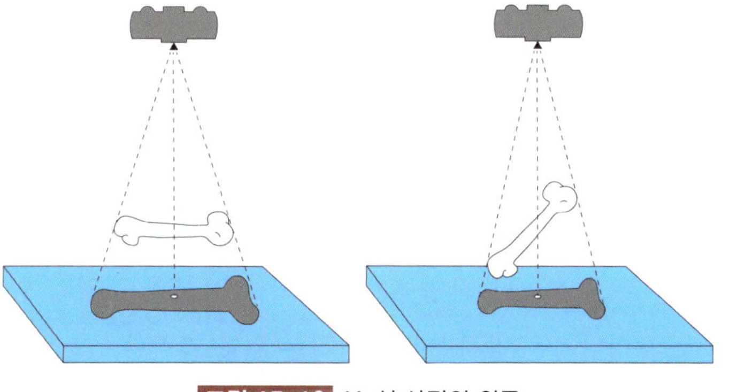

그림 15-10 X-선 사진의 왜곡

조영제 Contrast medium / kántræst míːdiəm

영상진단 검사 또는 시술 시 특정 장기나 그 주변이 잘 보일 수 있도록 체내에 투약하는 물질을 말하며, 검사시 투과되는 정도에 따라 양성조영제, 음성조영제로 구분하고 대표적인 조영제로 요오드화 조영제, 바륨 조영제, 가돌리늄 조영제가 있다.

흡수선량 Absorbed dose / əbsɔ́ːbd dous

동물이나 물질의 단위 질량당 흡수된 방사선의 에너지를 말하는 것으로 단위는 라드(rad)가 사용되었으나 현재는 그레이(Gy)를 사용한다.

선량당량 Dose equivalent / dous ikwívələnt

피폭의 영향을 모든 방사선에 대해 공통된 척도로 평가하기 위해 사용하는 양을 말하는 것으로, 흡수선량, 노출된 방사선의 성질, 체내에 분포하는 정도에 따라 달라진다. 단위는 과거에는 렘(rem)을 사용하였으나 현재는 시버트(Sv)를 사용한다.

최대허용선량 Maximum Permissible Dose(MPD) / mǽksəməm pəːrmísəbəl dous

방사선 방호기준의 추천한도에 의해 사람이나 동물이 받아들이는 전리방사선의 최대치를 말한다.

열발광선량계 Thermoluminescence Dosimeter(TLD) / θəːrmolùːminésns dousímitər

방사선을 쪼인 결정성 물질을 가열하면 나타나는 열형광 현상을 이용하는 선량계로 일정기간 동안 누적선량을 측정하는 데 사용한다.

ALARA(알라라 원칙) As Low As Reasonably Achivable / æz loʊ æz riːznəbli ə'tʃiːvəbl

"방사선 피폭의 수준을 합리적으로 달성가능한 한 감소하는 것이 좋다"라는 방사선 방호의 기본 원칙을 일컫는 용어이다.

방사선 피폭 Radiation exposure / rèidiéiʃən ikspóuʒər

방사선 건강 관리상의 용어로 사람이나 동물이 방사선에 노출되는 것을 말한다.

방사선 차폐 Radiation shield / rèidiéiʃən ʃiːld

방사선을 사용하는 시설이나 작업공간 등에서 방사선원 주위의 한정된 영역을 둘러싸서 외부로 새어나가는 방사선을 차단하는 일을 말한다.

배등쪽(의), 복배상(의) Ventro-Dorsal(VD) / véntrə dɔ́ːrsəl

방사선 촬영 시 동물을 등쪽으로 눕혀 방사선이 배로 먼저 들어와 등쪽으로 빠져나가도록 촬영하는 자세(position)를 지칭할 때 사용한다.

등배쪽(의), 배복상(의) Dorso-Ventral(DV) / dɔ́ːrsə véntrəl

방사선 촬영 시 동물을 엎드리게하여 방사선이 등으로 먼저 들어와 배쪽으로 빠져나가도록 촬영하는 자세(position)를 지칭할 때 사용한다.

외측 횡와위(의) Lateral recumbency / lǽtərəl rikʌ́mbənsi

방사선 촬영 시 옆으로(외측으로) 눕히는 자세를 말한다. 오른쪽, 왼쪽으로 눕힐 수 있다.

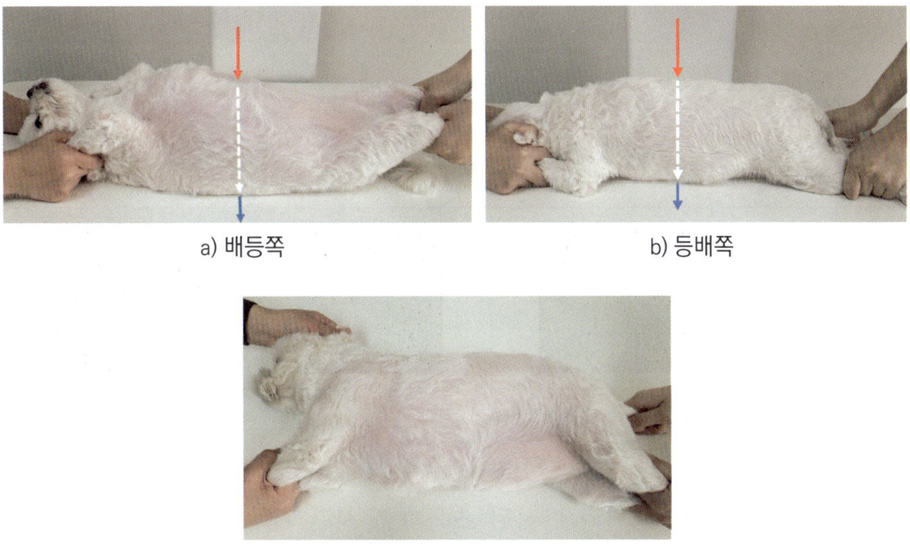

a) 배등쪽 b) 등배쪽 c) 오른쪽 외측

그림 15-11 동물환자의 X선 촬영 자세

초음파검사, 초음파촬영 Ultrasonography / ʌ̀ltrəsounɑ́grəfi

가청주파수보다 큰 음파를 동물의 체내에 전파시킨 후, 반사되어 되돌아오는 음파를 컴퓨터를 이용해 영상화하여 체내의 심부구조를 관찰하는 검사이다.

에코발생, 메아리발생 Echogenicity / ékoudʒènisiti

초음파검사 시 초음파가 투과되는 매질의 성질에 따라 반사되어 돌아오는 에코(echo)의 발생정도를 말한다.

프로브, 탐촉자 Probe / proub

초음파 장비 본체와 연결하여 실제로 초음파를 생성하고 반사되어 돌아온 초음파를 수신하는 장비로 충격에 약하므로 관리를 잘 해야 하며, 동물에서는 모양과 사용하는 주파수에 따라 용도가 다르며 대표적으로 컨벡스(convex), 리니어(linear), 섹터(sector) 등이 있다.

표 15-1 초음파검사 시 사용하는 탐촉자(probe)의 종류

Probe type	Linear	Convex	Sector
탐촉자에서 나오는 빔의 형태			
화면 영상의 예	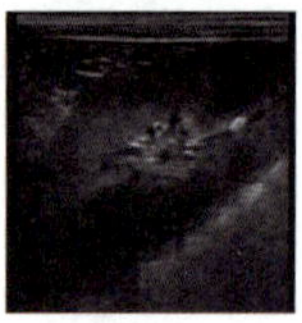	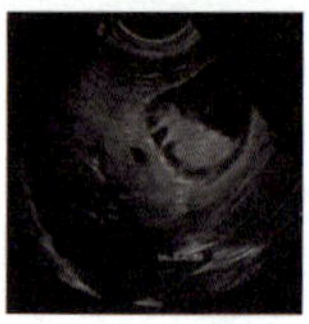	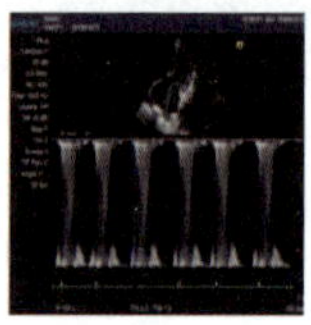

B 모드 B(brightness)-mode / bi moud

탐촉자로 초음파를 발생시켜 반사된 초음파를 시간과 주파수에 따라 점의 밝기로 표시한 것이 B 모드로 여러개의 초음파를 동시에 사용하여 2차원 영상을 만들게 된다. 일반적인 초음파검사가 B 모드 검사이다.

M 모드 M(motion)-mode / em moud

B 모드에서 특정 위치를 선택하여 해당 선상에서의 초음파의 변화를 가로는 시간, 세로는 반사된 초음파 신호가 변화하는 것을 실시간으로 영상화하는 것이다. 움직이는 장기 즉, 심장 초음파에 주로 사용된다.

도플러 모드 Doppler-mode / dáplər moud

초음파검사 시 해당 조직(의학에서는 주로 혈액)이 탐촉자 방향으로 움직이는지 또는 멀어지는지에 따라 반사된 초음파의 주파수가 변화하는 원리를 이용하여 이 정보를 칼라로 화면에 표시해주기도 하고(칼라도플러), 그래프(가로축은 시간, 세로축은 변화의 방향과 속도)로 표현(CW, PW 도플러)하기도 한다.

허상 Artifact / á:rtəfæ̀k

초음파검사 시 실제로는 존재하지 않지만 존재하는 것처럼 화면에 보이거나 실제로는 존재하지만 화면에는 관찰되지 않는 것처럼 실제와 다른 영상이 나타나는 것을 허상이라고 한다. 허상은 진단에 도움이 되기도 하지만 방해가 되기도 하기 때문에 해석하는 데 주의해야 한다.

투시검사 Fluoroscopy / flù:əràskəpi

X선을 발생시켜 동물에게 투과시켜 이미지를 생성시키는 이동식 장치로 기본 원리는 X선 검사와 동일하지만 실시간으로 X선을 방출하고 투과된 방사선을 형광체(또는 검출기)에서 실시간으로 영상화하여 모니터를 통해 확인할 수 있다. 따라서 방사선 피폭과 차폐를 신중하게 고려해야 한다. C-arm이 대표적인 투시검사 장치이다.

컴퓨터단층촬영 Computed Tomography(CT) / kəm'pju:tɪd tə'mɑ:grəfi

X선 발생기와 검출기가 환자의 둘레를 돌면서 얇은 X선을 조사하고 검출기에서는 X선이 감소한 양을 측정하여 이를 컴퓨터로 분석하고 재구성하여 신체의 단면 영상을 만드는 장치로 단면 영상을 조합하여 3차원적인 이미지를 만들 수도 있다.

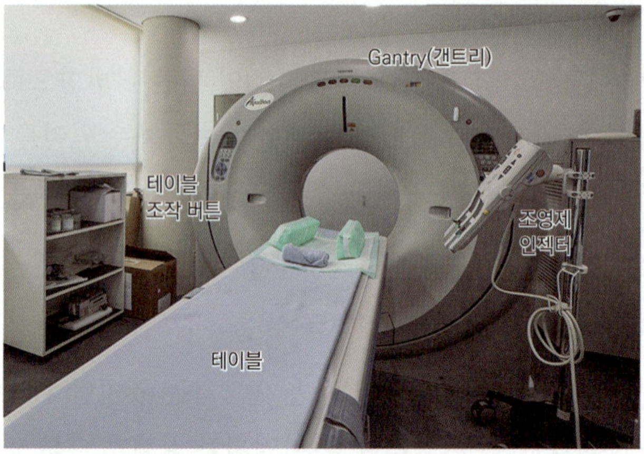

그림 15-12 CT 검사실과 장비

자기공명영상촬영 Magnetic Resonance Imaging(MRI) / mægnétik rézənəns ímædʒiŋ

거대한 자석으로 되어있는 장치에 환자가 들어가면 환자 몸속의 수소 원자핵이 자기장과 상호 작용면서 발생하는 전자파를 검출하여 영상화하는 장치이다. CT에 비해 방사선 노출에 대한 위험이 없는 것이 큰 장점이다.

3. 약리학 관련 용어

약리학 Pharmacology / fɑ̀ːrməkɑ́lədʒi

약물의 용도, 효과, 작용기전, 부작용 등에 대해 연구하는 학문이다.

약물동력학, 약동학 Pharmacokinetics / fɑ̀ːrməkoukinétiks

약물이 체내에 투여됨에 있어 흡수, 분포, 대사, 배설 과정을 연구하는 약리학의 한 분야이다.

반감기 Half-life / hǽf-laif

약물이 동물에게 투여되었을 때 체내에서 분포 또는 분해되어 기준치의 절반으로 감소하는데 걸리는 시간을 말한다. 어떤 특정 물질이 자연적으로 분해되어 그 양이 반으로 감소하는 데 걸리는 시간을 뜻하기도 한다.

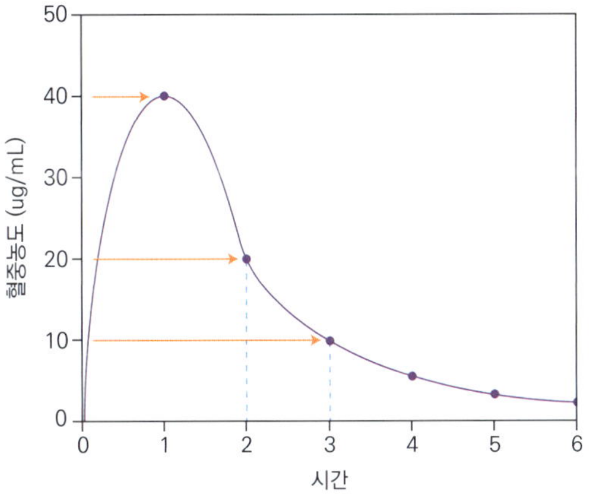

그림 15-13 시간에 따른 약물의 농도 변화와 반감기

친수성(의) Hydrophilic / hàidroufílik

물분자를 좋아하는 성질이란 의미로 물과 잘 섞이거나 녹는 성질을 말한다.

친유성(의) Lipophilic / lìpoufílik

물과 친화성이 낮고 기름과 친화성이 커 지방이나 지질에 잘 섞이거나 녹는 성질을 말한다.

지방단백질 Lipoprotein / lìpoupróutiːin

지질과 단백질 복합체의 총칭으로 생체조직(세포막)과 혈장(혈장 지방단백질)에 분포한다.

간독성 Hepatotoxicity / hèpətoutaksísiti

간세포에 대해 독성을 가지고 있는 것을 말한다.

콩팥독성, 신독성 Nephrotoxicity / nèfroutaksísiti

신장세포에 대해 독성을 가지고 있는 것을 말한다.

생체내변환 Biotransformation / bàiətrænsfərméiʃən

동물의 체내에서 효소의 작용 등에 의해 발생하는 약물이나 화합물의 화학적 변화를 말한다.

약물력학, 약력학 Pharmacodynamics / fὰːrməkoudainǽmiks

약물의 생화학적 또는 생리학적 효과와 작용기전에 대해 연구하는 약리학의 한 분야로 특정 약물의 작용과 효과, 화학적 구조와 작용 및 효과와의 상관관계 등에 대해 연구한다.

수용체 Receptor / riséptər

세포표면이나 세포질 내에 있는 특이한 분자구조로서 특정물질과 선택적으로 결합하여 특이한 생리적 작용을 나타낸다.

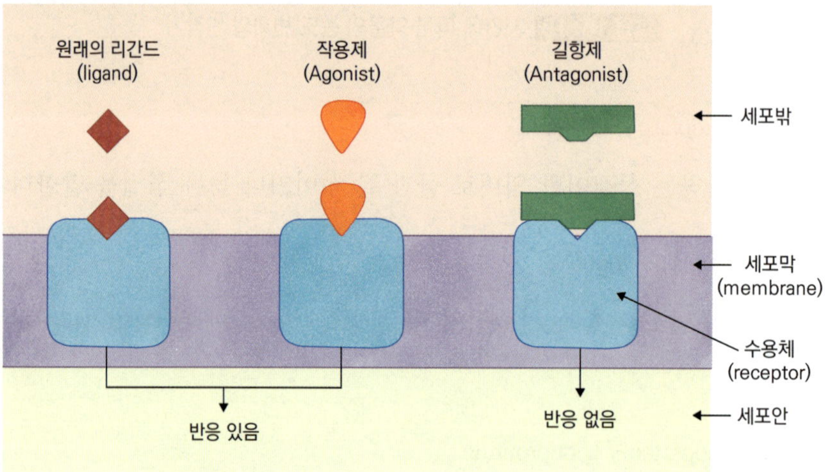

그림 15-14 작용제(agonist)와 길항제(antagonist)의 차이

작용제 Agonist / ǽgənist

수용체와 결합하여 약리작용을 시작시키는 물질 또는 약물을 말한다.

길항제 Antagonist / æntǽgənist

원래의 리간드나 특정 약물의 작용을 약하게 하거나 나타나지 못하게 하는 물질이나 약물을 말한다.

의약품(의), 약제(의) Pharmaceutical / fὰːrməsjúːtikəl

의약품을 통칭하는 단어이다.

4. 약물 투약

1 약물의 무게 및 농도에 대한 용어

약어	풀어쓰기	의미	비고
kg	Kilogram / kí(ː)lougræm	킬로그램, 1kg=1000g	질량의 단위
g	Gram / græm	그램, 1g=0.001kg, 1kg=1000g	
mg	Milligram / míligræm	밀리그램, 1mg=0.001g, 1g=1000mg	
mcg	Microgram / máikrougræm	마이크로그램, 1mcg=0.001mg, 1mg=1000mcg(μg)	
L	liter / líːtər	리터, 1L=1000ml	부피의 단위
dl	Deciliter / désəliːtər	데시리터, 1dl=0.1L, 1L=10dl	
ml	Milliliter(=cc) / míləliːtər	밀리리터, 1ml=0.001L, 1L=1000ml	
μl	Microliter / máikroulíːtər	마이크로리터, 1μl=0.001ml, 1ml=1000μl	
mg/T	Milligram per tablet	1알(tablet)에 포함된 약물의 질량(mg)	농도의 단위
mg/ml	Milligram per milliliter	액체 1ml에 포함된 약물의 질량(mg)	
%	Percent	퍼센트 예 3%: 3mg의 약물이 100ml 용액에 포함	

2 약물 투약 시 자주 사용되는 투약 경로 약어

약어	풀어쓰기	의미	약어	풀어쓰기	의미
AD	Right ear	오른쪽 귀	OD	Right eye	오른쪽 눈
AS	Left ear	왼쪽 귀	OS	Left eye	왼쪽 눈
AU	Both ears	양쪽 귀	OU	Both eyes	양쪽 눈
ID	Intradermal / ìntrədə́ːrməl	피내(의)	IM	Intramuscular / intrəmʌ́skjulər	근육 내(의)
IO	Intraosseous / ìntrəásiəs	골내(의)	IP	Intraperitoneal / ìntrəpèritouníəl	복강 내(의)

IT	Intratracheal / ìntrətréikiəl	기관 내(의)	IV	Intravenous / ìntrəví:nəs	정맥 내(의)
SQ, SC	Subcutaneous / sʌ̀bkju(:)téinjəs	피하(의)	ID	Intradermal / ìntrədə́:rməl	진피 내(의)
PO	Per os	구강으로	PR	Per rectal	직장으로

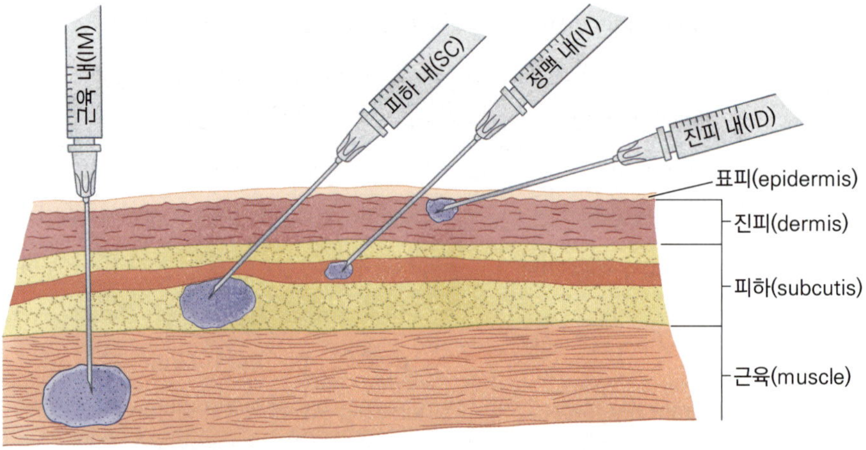

그림 15-15 자주 사용되는 비경구(parenteral) 약물 투여 경로

장관의 Enteral / éntərəl

경구 또는 관을 이용하여 소화기로 약물을 투여하는 방법을 말한다.

장관 외의, 비경구의 Parenteral / pæréntərəl

경구 또는 소화기 외의 경로로 약물을 투여하는 방법을 말한다.

피부경유, 경피적 Transdermal / tæ̀nsdə́:rməl

연고나 크림, 패치 등의 형태로 피부를 통해 약물을 투여하는 방법을 말한다.

비강 내(의) Intranasal / ìntrənéizəl

비강으로 약물을 투여하는 방법을 말한다.

3 약물 투여 시 시간 또는 횟수에 대한 약어

약어	풀어쓰기	의미	약어	풀어쓰기	의미
a.c., ac	Before meals	식전	p.c., pc	After meals	식후
NPO	Nothing by mouth	경구 투약 금지	ad lib.	As desired	원하는 대로, 임의량
PRN	As needed	필요할 때마다	s.i.d., SID	Once daily	하루에 한 번 (= q24h)
b.i.d., BID	Twice daily	하루에 두 번 (= q12h)	t.i.d., TID	3 times daily	하루에 세 번 (= q8h)
q.i.d., QID	4 times daily	하루에 네 번 (= q6h)	q4h	Every 4 hours	매 4시간마다
q.o.d., QOD	Every other day	하루 걸러 한 번 (= q48h)			

정속주입 Constant Rate Infusion(CRI) / kánstənt reit infjúːʒən

일정한 속도로 약물을 투여하는 방법을 지칭하는 것으로 단위는 투여량/체중/시간(예: mcg/kg/h)으로 표기하며, 정확하게 약물을 투여해야 하기 때문에 정확한 계산이 필요하다.

4 약물의 기능을 나타내는 용어

항미생물제, 항균제 Antimicrobial / æntimaikróubiəl

미생물을 죽이거나 그 번식과 성장을 억제하는 물질이나 약물을 말하는 것으로 넓은 범위로 항생제, 항진균제, 항바이러스제 등을 모두 뜻하지만 좁은 의미로는 항균제를 뜻하기도 한다.

항생제, 항생물질 Antibiotic / æntibaióutik

특정 미생물에 의해 만들어지는 물질로 다른 미생물의 발육을 억제하거나 죽이는 능력을 가진 화학물질로 좁은 의미로는 세균에 작용하는 물질을 말한다.

병원성의 Pathogenic / pæθədʒénik

병원체가 숙주를 감염시켜 증상이나 질병을 일으키는 성질을 말한다.

병원체 Pathogen / pǽθədʒən

질병을 유발하는 원인이 되는 미생물이나 물질을 말한다.

병원내의 Nosocomial / nòusoukámiəl

병원이나 의료기관에서 감염된 미생물에 의해 질병이 발생하는 경우에 사용하는 단어이다(예: nosocomal infecation).

동물사람공통감염증, 인수공통전염병 Zoonosis / zòuənóusis

사람과 동물의 양쪽에 이환되는 감염병을 말하는 것으로, 특히 동물에서 사람에게 감염되는 병을 말한다.

공생, 공생균 Commensal / kəménsəl

살아있는 동식물과 밀접한 관계를 유지하며, 숙주에게는 병원성이 없어 질병을 유발하지 않고 이익을 주거나 해를 가하지 않고 함께 사는 미생물을 말한다.

살균성, 살균제 Bactericidal / bæktí(ː)risaidəl

항생제의 작용을 구분하는 방법 중 하나로 정균성과는 달리 세균을 파괴하는 성질이나 약물을 말한다.

살진균성 Fungicidal / fʌ̀ŋdʒisáidəl

곰팡이를 죽이는 어떤 물질이나 약물의 성질을 말한다.

바이러스살멸성 Virucidal / vìrjusáidəl

바이러스를 중화시키거나 파괴하는 어떤 물질이나 약물의 성질을 말한다.

정균성, 정균제 Bacteriostatic / bækti(ː)rioustǽtik

살균성과는 달리 세균의 발육 또는 증식을 억제하는 성질이나 약물을 말한다.

항진균제, 항곰팡이제 Antimycotic / ǽntimaikátik, Antifungal / ǽntifʌ́ŋgəl

진균의 성장을 억제하는 화합물질이나 약물을 말한다.

살균제, 방부제 Antiseptic / æ̀ntiséptik

미생물을 반드시 죽이지는 않아도 그 발육과 증식을 저지하는 물질을 말한다.

소독제 Disinfectant / disinféktənt

생명체가 아닌 물질을 소독하는 약물이나 물질을 말한다.

세포독성 Cytotoxicity / sàitoutɑksísəti

세포에 독작용을 일으키는 정도를 말한다.

프로바이오틱스 Probiotics / proʊbaɪ'ɑːtɪks

동물의 건강에 유익하다고 판단하는 살아있는 미생물을 말한다.

프리바이오틱스 Prebiotics / prìːbaiɑ́tiks

장내 유익한 세균(프로바이오틱스)의 성장과 발육을 촉진하거나 활성화시키는 영양분을 말한다.

생물학적제제 Biologicals / bàiəlɑ́dʒikəlz

생물체나 그 생성물로 만든 약물로 백신, 항원, 항독소 등이 있다.

진통제 Analgesics / æ̀nældʒíːziks

의식의 소실을 일으키지 않고 통증을 제거하거나 완화시키는 약물이다.

마취제 Anesthetics / æ̀nisθétiks

지각을 마비시키거나 의식을 잃게 하여 근육의 긴장 및 반사를 제거하는 약물이다.

진정제 Sedatives / sédətivz

흥분이나 활동성을 가라앉히는 약물이다.

항염증제, 소염제 Anti-inflammatory / æ̀nti-inflǽmətɔ̀ri

염증과정을 억제하는 약물로 스테로이드성과 비스테로이드성으로 구분할 수 있다.

스테로이드성 소염제 Steroidal anti-inflammatory / stérɔid(ə)l æ̀nti-inflǽmətɔ̀ri

스테로이드 성분이면서 진통, 해열 효과가 있는 약물을 의미하는 것으로 대표적 약물로는 프레드니솔론, 덱사메타손 등이 있다.

비스테로이드성 소염제 Non-steroidal anti-inflammatory / nɑn stérɔid(ə)l æ̀nti-inflǽmətə̀riz

진통, 해열 효과가 있는 약물 중 스테로이드 성분이 아닌 약물을 말하며 대표적 약물로는 아스피린, 케토프로펜, 멜록시캄, 셀레콕시브 등이 있다.

면역억제제 Immunosuppressive / ìmjuːnəsəprésiv

동물 생체의 면역체계의 활성을 억제하거나 막는 약물을 말한다.

살충제, 농약 Pesticide / péstəsàid, Insecticide / inséktisaid

곤충을 선택적으로 죽이기 위해 사용하는 화학물질이다.

구충제 Parasiticide / pæ̀rəsítisaid

기생충을 사멸시켜 기생충 감염을 치료하는 약으로 광범위한 표현이다.

살비제 Acaricide / ækǽrisaid

진드기, 응애류를 죽이는 약물이다.

구충제 Anthelmintic / æ̀nθelmíntik

장관에 기생하는 기생충을 구제하는 약물을 말한다.

해열제 Antipyretic / æ̀ntipairétik

체온이 비정상적으로 상승하였을 때, 체온을 낮추기 위해 사용하는 약물을 말한다.

진해제, 기침약 Antitussive / æ̀ntitʌ́siv

기침을 완화시키거나 억제하는 약물이다.

거담제, 가래약 Expectorant / ekspéktərənt

폐, 기관, 기관지로부터 점액이나 삼출물을 줄여주거나 배출을 촉진하거나 약물이다.

항구토제, 구토약 Antiemetic / æ̀ntiimétik

구토나 메스꺼움을 감소시키거나 방지하는 약물이다.

지사제, 설사약 Antidiarrheal / æ̀ntidàiəríːəl

설사를 억제하거나 줄여주기 위해 사용하는 약물이다.

사하제, 설사제 Cathartic / kəθάːrtik

장의 연동운동을 자극하거나 장 내용물의 부피를 증가시켜 설사를 유도하는 약물이다.

이뇨제 Diuretic / dàijurétik

소변량을 증가시켜 체내의 불필요한 수분의 배출을 유도하는 약물이다.

연습 TEST

A 빈칸에 알맞은 한글 및 영어 의학용어를 쓰시오.

문번	한글 의학용어	영어 의학용어
01		Hematology
02	항응고제	
03	용혈	
04		Serum
05		Plasma
06	섬유소원	
07		Packed Cell Volume(PCV)
08		Polycythemia
09		Anemia
10		Leukopenia
11	지질혈증	
12	황달	
13		Erythropoiesis
14		Eosinophilic
15	변형적혈구증가증	
16	공모양적혈구	
17		Left shift
18		Coagulopathy
19	혈소판감소증	
20	혈종	
21		Scattered radiation
22	디지털 방사선촬영술	
23		PACS (Picture Archiving and Communication System)
24	왜곡	

25	조영제	
26		As Low As Reasonably Achivable
27		VD, Ventro-Dorsal
28		Artifact
29	투시검사	
30		Pharmacokinetics
31		Half-life
32		Lipophilic
33		Hepatotoxicity
34	콩팥독성	
35		Pharmacodynamics
36	수용체	
37		Agonist
38		Antagonist
39	장관 외의	
40		Antibiotic
41		Nosocomial
42	인수공통전염병	
43	살균제	
44	정균제	
45		Disinfectant
46		Prebiotics
47		Analgesics
48	마취제	
49		Immunosuppressive
50	진해제	
51		Antiemetic
52		Diuretic

정답

01	혈액학	02	Anticoagulant	03	Hemolysis	04	혈청	05	혈장
06	Fibrinogen	07	농축세포 용적	08	적혈구증가증	09	빈혈	10	백혈구감소증
11	Lipemia	12	Icterus	13	적혈구형성	14	호산성의	15	Poikilocytosis
16	Spherocyte	17	(핵)좌방이동	18	응고장애	19	Thrombocyto-penia	20	Hematoma
21	산란방사선	22	Digital Radiography(DR)	23	의료영상저장전송 시스템	24	Distortion	25	Contrast medium
26	ALARA	27	배등쪽(의), 복배상(의)	28	허상	29	Fluoroscopy	30	약물동력학
31	반감기	32	친유성(의)	33	간독성	34	Nephrotoxicity	35	약물력학
36	Receptor	37	작용제	38	길항제	39	Parenteral	40	항생제
41	병원내의	42	Zoonosis	43	Bactericidal	44	Bacteriostatic	45	소독제
46	프리바이오틱스	47	진통제	48	Anesthetics	49	면역억제제	50	Antitussive
51	항구토제	52	이뇨제						

부록

CHAPTER별 용어 총정리

CHAPTER 02 해부구조 및 방향에 따른 용어

□□□	Cell	sel	세포
□□□	Cell membrane	sel ˈmembreɪn	세포막
□□□	Nucleus	ˈnuːkliəs	핵
□□□	Chromosome	ˈkroʊməsoʊm	염색체
□□□	Mitochondria	maɪtəˈkɑːndrɪə	사립체
□□□	Endoplasmic reticulum	endoʊˈplæzmɪk rɪˈtɪkjʊləm	세포질그물, 소포체
□□□	Stem cell	stem sel	줄기세포
□□□	Muscle cell	ˈmʌsəl sel	근육세포
□□□	Epithelial cell	epɪˈθɪliəl sel	상피세포
□□□	Nerve cell	nɜːrv sel	신경세포
□□□	Fat cell	fæt sel	지방세포
□□□	Tissue	tɪʃuː	조직
□□□	Epithelial tissue	eɛpɪˈθɪliəl ˈtɪʃuː	상피조직
□□□	Epithelium	epɪˈθɪliəm	상피
□□□	Simple squamous epithelium	ˈsɪmpl ˈskweɪməs epɪˈθɪliəm	단층편평상피
□□□	Simple cuboidal epithelium	sɪmpl kjuːˈbɔɪdəl epɪˈθɪliəm	단층입방상피
□□□	Simple columnar epithelium	ˈsɪmpl kəˈlʌmnər epɪˈθɪliəm	단층원주상피
□□□	Stratified squamous epithelium	strætɪfaɪd ˈskweɪməs epɪˈθɪliəm	중층편평상피
□□□	Stratified cuboidal epithelium	ˈstrætɪfaɪd kjuːˈbɔɪdəl epɪˈθɪliəm	중층입방상피
□□□	Stratified columnar epithelium	strætɪfaɪd kəˈlʌmnər epɪˈθɪliəm	중층원주상피
□□□	Pseudostratified epithelium	suːdoʊˈstrætɪfaɪd epɪˈθɪliəm	거짓중층상피
□□□	Transitional epithelium	trænˈzɪʃənl epɪˈθɪliəm	이행상피
□□□	Endothelium	endoʊˈθɪliəm	내피

□□□	Glandular epithelium	ˈglændjʊlər epɪˈθɪliəm	샘상피
□□□	Exocrine gland	eksəkrɪn glænd	외분비샘
□□□	Endocrine gland	endoʊkrɪn glænd	내분비샘
□□□	Connective tissue	kəˈnɛktɪv ˈtɪʃuː	결합조직
□□□	Dense connective tissue	dens kəˈnektɪv ˈtɪʃuː	치밀결합조직
□□□	Adipose tissue	ˈædɪpoʊs ˈtɪʃuː	지방조직
□□□	Loose connective tissue	l uːs kəˈnektɪv ˈtɪʃuː	성긴결합조직
□□□	Liquid connective tissue	ˈlɪkwɪd kəˈnektɪv ˈtɪʃuː	액체결합조직
□□□	Muscular tissue	ˈmʌskjʊlər ˈtɪʃuː	근육조직
□□□	Nervous tissue	ˈnɜːrvəs ˈtɪʃuː	신경조직
□□□	Organ system	ˈɔːrgən ˈsɪstəm	기관 및 계통
□□□	Digestive system	daɪˈdʒestɪv ˈsɪstəm	소화계통
□□□	Respiratory system	ˈrespərətɔːri ˈsɪstəm	호흡계통
□□□	Urinary system	jʊərɪnɛri ˈsɪstəm	비뇨계통
□□□	Circulatory system	sɜːrkjʊləˌtɔːri ˈsɪstəm	순환계통
□□□	Reproductive system	ˌriːprəˈdʌktɪv ˈsɪstəm	생식계통
□□□	Endocrine system	endəkrɪn ˈsɪstəm	내분비계통
□□□	Immune system	ɪˈmjuːn ˈsɪstəm	면역계통
□□□	Skeletal system	skelɪtl ˈsɪstəm	뼈대계통
□□□	Muscular system	mʌskjʊlər ˈsɪstəm	근육계통
□□□	Integumentary system	ɪnˈtegjʊmentəri ˈsɪstəm	피부계통
□□□	Nervous system	nɜːrvəs ˈsɪstəm	신경계통
□□□	Nervous system	nɜːrvəs ˈsɪstəm	신경계통
□□□	Sensory system	sensəri ˈsɪstəm	감각계통
□□□	Median plane	miːdiən pleɪn	정중단면

□□□	Sagittal plane	sædʒɪtl pleɪn	시상면
□□□	Dorsal plane	dɔːrsəl pleɪn	등쪽단면
□□□	Transverse plane	trænsvɜːrs pleɪn	가로단면
□□□	Rostral	rɒstrəl	앞쪽, 주둥이쪽
□□□	Cranial, Anterior	ˈkreɪniəl, ænˈtɪəriər	앞쪽, 머리쪽
□□□	Caudal, Posterior	ˈkɔːdəl, pɒsˈtɪəriər	뒤쪽, 꼬리쪽
□□□	Dorsal	dɔːrsəl	등쪽, 배측
□□□	Ventral	ventrəl	배쪽, 복측
□□□	Medial	miːdiəl	안쪽, 내측
□□□	Lateral	ˈlætərəl	가쪽, 외측
□□□	Proximal	prɒksɪməl	몸쪽, 근위
□□□	Distal	dɪstəl	먼쪽, 원위
□□□	Right, Dexter	raɪt, dekstər	오른쪽
□□□	Left, Sinster	left, sɪnɪstər	왼쪽
□□□	Superficial	suːpərˈfɪʃəl	얕은, 표층
□□□	Deep	diːp	깊은, 심층
□□□	Superior	suːˈpɪəriər	위
□□□	Inferior	ɪnˈfɪəriər	아래
□□□	Palmar	pɑːlmɑːr	앞발바닥쪽
□□□	Plantar	ˈplæntɑːr	뒷발바닥쪽
□□□	Flexion	ˈflekʃən	굽힘
□□□	Extension	ɪkˈstenʃən	폄
□□□	Abduction	æbˈdʌkʃən	벌림, 외전
□□□	Adduction	ædˈdʌkʃən	모음, 내전
□□□	Rotation	roʊˈteɪʃən	회전

□□□	Elevation	elɪˈveɪʃən	올림
□□□	Depression	dɪˈpreʃən	내림
□□□	Constriction	kənˈstrɪkʃən	수축
□□□	Dilation	daɪˈleɪʃən	확장
□□□	Abdominal cavity	æbˈdɒmɪnəl ˈkævəti	배안, 복강
□□□	Thoracic cavity	θɔːˈræsɪk ˈkævəti	가슴안, 흉강
□□□	Pelvic cavity	pelvɪk ˈkævəti	골반안, 골반강
□□□	Cranial cavity	kreɪniəl ˈkævəti	머리뼈안, 두개강
□□□	Spinal cavity	spaɪnəl ˈkævəti	척수안, 척수강

☑ CHAPTER 03 근골격계통(Musculoskeletal system)

□□□	Long bone	lɔːŋ boʊn	긴뼈
□□□	Short bone	ʃɔːrt boʊn	짧은뼈
□□□	Flat bone	flæt boʊn	납작뼈
□□□	Irregular bone	i'regjələr boʊn	불규칙뼈
□□□	Round bone	raʊnd boʊn	둥근뼈
□□□	Epiphysis	ipífəsis	뼈끝
□□□	Diaphysis	daiǽfəsis	뼈몸통
□□□	Metaphysis	mitǽfisis	뼈몸통끝, 골간단
□□□	Epiphyseal line	i-ˌpi-fə-ˈsē-əl laɪn	뼈끝선
□□□	Articular cartilage	ɑːˈtɪkjʊlə kɑə-təlɪʤ	관절연골
□□□	Spongy bone	spʌnʤi boʊn	해면뼈
□□□	Compact bone	kəmˈpækt boʊn	치밀뼈
□□□	Periosteum	pèriástiəm	골외막
□□□	Endosteum	endástiəm	골내막
□□□	Red bone marrow	rɛd boʊn ˈmɛroʊ	적색골수
□□□	Yellow bone marrow	ˈjɛloʊ boʊn ˈmɛroʊ	황색골수
□□□	Nutrient artery	ˈnuːtriənt ˈɑːrtəri	영양동맥
□□□	Medullary cavity	médəlèri ˈkævəti	골수강
□□□	Cranial bone	ˈkreɪniəl boʊn	머리뼈
□□□	Frontal bone	ˈfrʌntəl boʊn	이마뼈, 전두골
□□□	Parietal bone	pəˈraɪətəl boʊn	마루뼈, 두정골
□□□	Temporal bone	ˈtɛmpərəl boʊn	관자뼈, 측두골
□□□	Occipital bone	ɑːkˈsɪpɪtl boʊn	뒤통수뼈, 후두골

□□□	Sphenoid bone	ˈsfiːnɔɪd boʊn	나비뼈, 접형골
□□□	Ethmoid bone	ˈɛθmɔɪd boʊn	벌집뼈, 사골
□□□	Ear bone	ɪr boʊn	귀뼈
□□□	Malleus	ˈmælɪəs	망치뼈
□□□	Incus	ˈɪŋkəs	모루뼈
□□□	Stapes	ˈsteɪpiːz	등자뼈
□□□	Facial bone	ˈfeɪʃəl boʊn	얼굴뼈
□□□	Incisive bone	ɪnˈsaɪsɪv boʊn	앞니뼈
□□□	Lacrimal bone	ˈlækrəməl boʊn	눈물뼈, 누골
□□□	Maxilla	mækˈsɪlə	위턱뼈, 상악골
□□□	Nasal bone	ˈneɪzl boʊn	코뼈, 비골
□□□	Zygomatic bone	ˌzaɪgəˈmætɪk boʊn	광대뼈, 권골
□□□	Palatine bone	ˈpælətɪn boʊn	구개골
□□□	Pterygoid bone	ˈtɛrɪgɔɪd boʊn	접형골, 익상골
□□□	Turbinate bone	ˈtɜːrbɪnət boʊn	코선반뼈, 비갑개
□□□	Mandible	ˈmændɪbəl	아래턱뼈, 하악골
□□□	Vomer	ˈvoʊmɜːr	서골
□□□	Hyoid apparatus	ˈhaɪɔɪd ˌæpəˈrætəs	혀뼈장치
□□□	Vertebral column	ˈvɜːtɪbrəl ˈkɒləm	척추
□□□	Cervical vertebra	ˈsɜːrvɪkəl ˈvɜːtɪbrə	목뼈, 경추
□□□	Atlas	ˈætləs	고리뼈, 환추
□□□	Axis	ˈæksɪs	중쇠뼈, 축추
□□□	Thoracic vertebra	θɔːˈræsɪk ˈvɜːtɪbrə	등뼈, 흉추
□□□	Lumbar vetebra	ˈlʌmbɑːr ˈvɜːtɪbrə	허리뼈, 요추
□□□	Sacral vertebra	ˈseɪkrəl ˈvɜːtɪbrə	엉덩이뼈, 천추

□□□	Coccygeal vertebra	ˌkɒksɪˈdʒiːəl ˈvɜːtɪbrə	꼬리뼈, 미추
□□□	Rib	rɪb	갈비뼈, 늑골
□□□	Sternum	ˈstɜːrnəm	복장뼈, 흉골
□□□	Appendicular skeleton	ˌæpənˈdɪkjʊlər ˈskɛlɪtən	사지뼈대
□□□	Thoracic limb	θɔːˈræsɪk lɪm	앞다리뼈
□□□	Scapula	ˈskæpjʊlə	어깨뼈, 견갑골
□□□	Clavicle	ˈklavɪkəl	빗장뼈, 쇄골
□□□	Humerus	ˈhjuːmərəs	상완뼈, 상완골
□□□	Radius & Ulna	ˈreɪ.di.əs & ˈʌl.nə	노뼈(요골)와 자뼈(척골)
□□□	Carpal bone	ˈkɑːrpl boʊn	앞발목뼈, 완골
□□□	Metacarpal bone & Digital phalanges	ˌmɛtəˈkɑːrpəl boʊn & ˈdɪdʒɪtəl fəˈl æn.dʒiz	앞발허리뼈(완절골)와 앞발가락뼈 (지골)
□□□	Hind limbs	haɪnd lɪmz	뒷다리뼈
□□□	Ilium	ˈɪliəm	엉덩뼈, 장골
□□□	Pubis	ˈpjuːbɪs	두덩뼈, 치골
□□□	Ischium	ˈɪskiəm	궁둥뼈, 좌골
□□□	Femur	ˈfiːmər	넙다리뼈, 대퇴골
□□□	Tibia	ˈtɪbiə	정강뼈, 경골
□□□	Fibula	ˈfɪbjʊlə	종아리뼈, 비골
□□□	Tarsal bone	ˈtɑːrsəl boʊn	뒷발목뼈, 부골
□□□	Metatarsal bone & Pedal phalanges	ˌmɛtəˈtɑːrsəl boʊn & ˈpɛdəl fəˈlæn.dʒiz	뒷발허리뼈(부전골)와 뒷발가락뼈 (지골)
□□□	Callus	kæləs	가골
□□□	Osteomyelitis	ὰstioumàiəláitis	골수염
□□□	Fracture	frækt∫ə(r)	골절

□□□	Closed fracture, Simple fracture	klo͡ʊzd ˈfræktʃər, ˈsɪmpəl ˈfræktʃər	폐쇄골절, 단순골절
□□□	Comminuted fracture	ˈkɒmɪnjuːtɪd ˈfræktʃər	분쇄골절
□□□	Complete fracture	kəmˈpliːt ˈfræktʃər	완전골절
□□□	Compound fracture, Open fracture	ˈkɑːmpaʊnd ˈfræktʃər, ˈoʊpən ˈfræktʃər	복잡골절, 개방골절
□□□	Compression fracture	kəmˈprɛʃən ˈfræktʃər	압박골절
□□□	Incomplete fracture, Green-stick fracture	ˌɪnkəmˈpliːt ˈfræktʃə, ˈgriːn stɪk ˈfræktʃər	불완전골절, 생나무골절
□□□	Malunion	mæljúːniən	부정유합
□□□	Crepitation	ˌkrepɪˈteɪʃn	비빔소리, 마찰음
□□□	Periostitis	ˌpɛriɒsˈtaɪtɪs	뼈막염, 골막염
□□□	Osteopathy	ɑːstiɑːpəθi	뼈병증, 골병증
□□□	Osteomalacia	ὰstioumәléiʃә,-ʃiә,-siә	뼈연화, 골연화
□□□	Osteitis	ὰstiáitis	뼈염, 골염
□□□	Osteoporosis	ɑːstioʊpəroʊsɪs	뼈엉성증, 골다공증
□□□	Osteosarcoma	ɒstioʊsɑːrˈkoʊmə	뼈육종
□□□	Osteoma	ὰstióumә	뼈종, 골종
□□□	Delayed union	dɪˈleɪd juːniən	지연 유합
□□□	Myelitis	màiәláitis	척수염
□□□	Open reduction	ˈoʊpən rɪˈdʌkʃən	개방골절교정, 개방정복술
□□□	Internal fixation	ɪnˈtɜːrnəl fɪkˈseɪʃən	내부고정
□□□	Bone graft	boʊn græft	뼈이식, 골이식
□□□	External fixation	ɪksˈtɜːrnəl fɪkˈseɪʃən	외부고정
□□□	Amputation	ˌæmpjuˈteɪʃən	절단
□□□	Orthopedic surgery	ˌɔːrθəˈpiːdɪk ˈsɜːdʒəri	정형외과 수술

□□□	Orthopedic splint	ˌɔːrθəˈpiːdɪk splɪnt	정형외과용덧대, 정형외과용스플린트
□□□	Closed reduction	kloʊzd rɪˈdʌkʃən	폐쇄골절교정, 폐쇄정복술
□□□	Fibrous joint	ˈfaɪbrəs dʒɔɪnt	섬유관절
□□□	Hyaline cartilage joint	ˈhaɪəlɪn ˈkɑːrtɪlɪdʒ dʒɔɪnt	유리연골관절
□□□	Synovial joint	sɪˈnoʊviəl dʒɔɪnt	윤활관절
□□□	Articular surface	ɑːrˈtɪkjələr ˈsɜːrfɪs	관절면
□□□	Articular capsule	ɑːrˈtɪkjələr ˈkæpsjuːl	관절주머니, 관절낭
□□□	Collateral ligament	kəˈlætərəl ˈlɪgəmənt	곁인대
□□□	Shoulder joint	ˈʃoʊldɚ dʒɔɪnt	어깨관절
□□□	Elbow joint	ˈɛlboʊ dʒɔɪnt	앞다리굽이관절
□□□	Carpal joint	ˈkɑːrpəl dʒɔɪnt	앞무릎관절, 완관절, 앞발목관절
□□□	Sacroiliac joint	sækroʊˈɪliæk dʒɔɪnt	엉치엉덩관절, 천장골관절
□□□	Hip joint	hɪp dʒɔɪnt	엉덩관절, 고관절
□□□	Knee joint, Stifle joint	niː dʒɔɪnt, ˈstaɪfəl dʒɔɪnt	무릎관절
□□□	Tarsal joint	ˈtɑːrsəl dʒɔɪnt	뒷발목관절
□□□	Metatarsal joint	ˌmɛtəˈtɑːrsəl dʒɔɪnt	뒷발허리관절
□□□	Tibial crest compression test	ˈtɪbiəl krɛst kəmˈprɛʃən tɛst	경골 압박 검사
□□□	Strain	streɪn	긴장, 염좌
□□□	Arthritis	ɑːrθraɪtɪs	관절염
□□□	Rheumatoid arthritis	ˈruːmətɔɪd ɑːrˈθraɪtɪs	류마티스 관절염
□□□	Cranial drawer test	ˈkreɪniəl ˈdrɔːər tɛst	무릎 앞당김 검사
□□□	Patella luxation	pəˈtɛlə lʌkˈseɪʃən	무릎뼈 탈구
□□□	Subluxation	sʌblʌkˈseɪʃən	부분탈구, 부분이탈
□□□	Osteoarthritis	ɑːstiːoʊˈɑːrθraɪtɪs	뼈관절염, 골관절염

☐☐☐	Sprain	spreɪn	삠, 염좌
☐☐☐	Cruciate ligament rupture	ˈkruːʃieɪt lɪgˈmɛnt ˈrʌptʃər	십자인대 파열
☐☐☐	Hip dysplasia	hɪp dɪsˈpleɪʒə	엉덩관절형성이상, 고관절형성이상
☐☐☐	Herniated intervertebral disc	ˈhɜːr.ni.eɪ.tɪd ˌɪn.tərˈvɜːr.tɪ.bəl dɪsk	척추사이원반 탈출증
☐☐☐	Degenerative arthritis	dɪdʒɛnəˈreɪtɪv ɑːrˈθraɪtɪs	퇴행관절염
☐☐☐	Lameness	læmnis	파행, 절뚝거림
☐☐☐	Synovitis	sɪnoʊˈvaɪtɪs	활막염
☐☐☐	Tibial plateau leveling osteotomy	tɪbiəl ˈplæteɪ.oʊ ˈlɛvəlɪŋ ɒstiːˈɒtəmi	경골 고원 평준화 골절개술
☐☐☐	Tibial tuberosity advancement	tɪbiəl ˌtuːbəˈrɒsɪti ædˈvɑːnsmənt	경골조면전진술
☐☐☐	Laminectomy	ˌlæmɪˈnɛktəmi	고리판절제(술), 척추궁절제(술)
☐☐☐	Arthroscopy	ɑːrˈθrɒskəpi	관절경검사
☐☐☐	Arthrotomy	ɑːrˈθrɒtəmi	관절절개(술)
☐☐☐	Arthrography	ɑːrˈθrɒgrəfi	관절조영(술)
☐☐☐	Hemilaminectomy	ˌhiː.mɪˈlæmɪˈnɛktəmi	반고리판절제(술), 반측후궁절제(술)
☐☐☐	Ortolani test	ˈɔːrtəˌlæni tɛst	오토라니 검사
☐☐☐	Muscle fiber	ˈmʌsəl ˈfaɪ.bər	근섬유
☐☐☐	Fascia	ˈfæʃə	근막
☐☐☐	Tendon	ˈtɛndən	힘줄, 건
☐☐☐	Ligament	ˈlɪgəmənt	인대
☐☐☐	Myosin filament	maɪəsɪn ˈfɪləmənt	미오신 필라멘트
☐☐☐	Actin filament	æktɪn ˈfɪləmənt	액틴 필라멘트
☐☐☐	Striated muscle	straɪeɪtɪd ˈmʌsl	가로무늬근육, 횡문근
☐☐☐	Smooth muscle	smuːð ˈmʌsl	민무늬근육, 평활근

□□□	Voluntary muscle	vɒlәntɛri ˈmʌsl	수의근육
□□□	Involunatry muscle	ɪnˈvɒlәntɛri ˈmʌsl	불수의근육
□□□	Myocardium	maɪoʊˈkɑːrdiәm	심장근육
□□□	Skeletal muscle	skɛlɪtәl ˈmʌsl	골격근육
□□□	Visceral muscle	vɪsәrәl ˈmʌsl	내장근육
□□□	Masseter muscle	mæsɪtәr ˈmʌsl	깨물근, 교근
□□□	Temporal muscle	tɛmpәrәl ˈmʌsl	관자근, 측두근
□□□	Transversospinalis group	trænsvɜːrsәʊˈspaɪnælɪs gruːp	가로돌기가시근무리
□□□	Longissimus group	lɒnˈdʒɪsɪmәs gruːp	가장긴근무리
□□□	External intercostal muscle	ekstɜːnәl ˌɪntәˈkɒstәl ˈmʌsl	바깥갈비사이근
□□□	Internal intercostal muscle	ɪnˈtɜːnәl ˌɪntәˈkɒstәl ˈmʌsl	속갈비사이근
□□□	Diaphragm	daɪәfrægm	가로막, 횡격막
□□□	Brachiocephalicus muscle	brækioʊsɪˈfælɪkәs ˈmʌsl	상완머리근
□□□	Latissimus dorsi muscle	lәˈtɪsɪmәs ˈdɔːrsaɪ ˈmʌsl	넓은등근, 광배근
□□□	Pectoral muscle	ˈpɛktәrәl ˈmʌsl	가슴근, 흉근
□□□	Triceps brachii muscle	ˈtraɪsɛps ˈbreɪkiː ˈmʌsl	상완세갈래근
□□□	Biceps brachii muscle	ˈbaɪsɛps ˈbreɪkiː ˈmʌsl	상완두갈래근
□□□	Brachialis muscle	brækiˈeɪlɪs ˈmʌsl/	상완근
□□□	Gluteal muscle	gluːˈtiːәl ˈmʌsl	볼기근, 둔근
□□□	Quadriceps femoris muscle	ˈkwɒdrɪˌsɛps ˈfɛmәrɪs ˈmʌsl	넙다리네갈래근, 대퇴사두근
□□□	Biceps femoris muscle	ˈbaɪsɛps ˈfɛmәrɪs ˈmʌsl	넙다리두갈래근, 대퇴이두근
□□□	Semitendinous muscle	sɛmɪtɛndɪˈnәs ˈmʌsl	반힘줄근
□□□	Semimembranosus muscle	sɛmɪˌmɛmbrәˈnәʊsәs ˈmʌsl	반막근
□□□	Gastrocnemius muscle	gæstrɒkˈniːmiәs ˈmʌsl	장딴지근
□□□	Achilles tendon	әˈkɪliːz ˈtɛndәn	뒷발꿈치힘줄, 아킬레스건

□ □ □	Rigidity	rɪˈdʒɪdəti	경직
□ □ □	Fascitis	fæʃiˈaɪtɪs	근막염
□ □ □	Myofibrosis	maɪoʊfaɪˈbroʊsɪs	근섬유증
□ □ □	Myositis	maɪoʊˈsaɪtɪs	근염
□ □ □	Cramp	kræmp	근육경련
□ □ □	Muscle atrophy	ˈmʌsl ˈætrəfi	근위축
□ □ □	Spasm	ˈspæzəm	연축
□ □ □	Tremor	ˈtrɛmər	떨림, 진전
□ □ □	Myasthenia gravis	maɪəsˈθiːniə ˈgrævɪs	중증근무력증
□ □ □	Lipoma	laɪˈpoʊmə	지방종
□ □ □	Leiomyoma	leɪoʊmaɪˈoʊmə	평활근종
□ □ □	Fasciectomy	fæsiˈɛktəmi	근막절제
□ □ □	Myoplasty	ˈmaɪəʊplæsti	근성형
□ □ □	Myorrhaphy	maɪˈɒrəfi	근육봉합
□ □ □	Myotomy	maɪˈɒtəmi	근육절개

☑ CHAPTER 04 심장혈관계통(Cardiovascular system)

□□□	Apex of heart	ˈeɪpɛks əv hɑːrt	심장끝
□□□	Base of heart	beɪs əv hɑːrt	심장바닥
□□□	Septum	ˈsɛptəm	중격
□□□	Pericardium	pɛrɪˈkɑːrdiəm	심장막, 심외막
□□□	Myocardium	maɪoʊˈkɑːrdiəm	심장근육
□□□	Endocardium	ɛndoʊˈkɑːrdiəm	심내막
□□□	Atrium	ˈeɪtriəm	심방
□□□	Right atrium	raɪt ˈeɪtriəm	우심방
□□□	Left atrium	lɛft ˈeɪtriəm	좌심방
□□□	Ventricle	ˈvɛntrɪkəl	심실
□□□	Right ventricle	raɪt ˈvɛntrɪkəl	우심실
□□□	Left ventricle	lɛft ˈvɛntrɪkəl	좌심실
□□□	Valve	vælv	판막
□□□	Atrioventricular valve	eɪtrioʊvɛnˈtrɪk.jələ vælv	방실판막
□□□	Bicuspid valve	baɪˈkʌspɪd vælv	이첨판
□□□	Tricuspid valve	traɪˈkʌspɪd vælv	삼첨판
□□□	Semilunar valve	sɛmiˈluːnə vælv	반월판
□□□	Aortic valve	eɪˈɔːrtɪk vælv	대동맥판
□□□	Pulmonary valve	ˈpʌlmənɛri vælv	폐동맥판
□□□	Coronary artery	ˈkɔːrənɛri ˈɑːrtəi	관상동맥
□□□	Aorta	eɪˈɔːrtə	대동맥
□□□	Vena cava	viːnə ˈkeɪvə	대정맥

□□□	Cranial vena cava	ˈkreɪniəl ˌviːnə ˈkeɪvə	전대정맥
□□□	Caudal vena cava	ˈkɔːdəl viːnə ˈkeɪvə	후대정맥
□□□	Pulmonary artery	ˈpʌlmənɛri ˈɑːrtɚ	폐동맥
□□□	Pulmonary vein	ˈpʌlmənɛri veɪn	폐정맥
□□□	Cardiac conduction system	ˈkɑːrdiæk kənˈdʌkʃən ˈsɪstəm	심장전도계통
□□□	Sinoatrial node(S-A node)	sàinouéitriəl noʊd	동방결절
□□□	Atrioventricular node (A-V node)	eɪtrioʊvɛntrɪkjəlɚ noʊd	방실결절
□□□	Atrioventricular bundle	eɪtrioʊvɛntrɪkjəlɚ ˈbʌndəl	방실다발
□□□	Purkinje fiber	ˈpɜːrkɪndʒi faɪbɚ	푸르킨예섬유
□□□	Systole	ˈsɪstəli	수축기
□□□	Diastole	daɪæstəli	확장기
□□□	Cardiac pulse	ˈkɑːrdiæk pʌls	심박동
□□□	Blood pressure	blʌd prɛʃɚ	혈압
□□□	Electrocardiogram	ɪlɛktroʊkɑːrdioʊgræm	심전도
□□□	P-wave	piː weɪv	P-파
□□□	QRS-wave	kjuː ɑːr ɛs weɪv	QRS-파
□□□	T-wave	tiː weɪv	T-파
□□□	Arrhythmia	ərɪðmiə	부정맥
□□□	Fibrillation	faɪbrɪleɪʃən	세동
□□□	Tachycardia	æki'kɑːrdiə	빈맥
□□□	Bradycardia	brædi'kɑːrdiə	서맥
□□□	Cardiac arrest	ˈkɑːrdiæk ərɛst	심정지
□□□	Cardiomegaly	kɑːrdioʊmɛgəli	심비대
□□□	Cardiomyopathy	kɑːrdioʊmaɪɒpəθi	심근병증

□□□	Palpitation	pælpɪteɪʃən	두근거림
□□□	Cyanosis	saɪənoʊsɪs	청색증
□□□	Murmur	ˈmɜːrmɚ	잡음
□□□	Regurgitation	rɪˌgɝːdʒɪteɪʃən	역류
□□□	Aortic stenosis	eɪɔːrtɪk stənoʊsɪs	대동맥판협착
□□□	Pulmonary stenosis	pʌlmənɛri stənoʊsɪs	폐동맥판협착
□□□	Tricuspid valve insufficiency	traɪkʌspɪd vælv ɪnsəfɪʃənsi	삼첨판폐쇄부전증
□□□	Patent ductus arteriosus	ˈpeɪtənt dʌktəs ɑːrtɪoʊsəs	동맥관잔존증
□□□	Patent foramen ovale	peɪtənt fɔːrəmən oʊˈvæli	난원공개존증
□□□	Atrial septal defect	eɪtriəl sɛptəl diːfɛkt	심방중격결손
□□□	Ventricular septal defect	ˈvɛntrɪkjʊlɚ sɛptəl diːfɛkt	심실중격결손
□□□	Atrioventricular septal defect	eɪtrioʊvɛntrɪkjəlɚ sɛptəl diːfɛkt	방실중격결손
□□□	Tetralogy of fallot	tɛˈtrælədʒi əv fəˈloʊ	팔로사징
□□□	Congestive heart failure	kənˈdʒɛstɪv ˈhɑːrt ˈfeɪljɚ	울혈성심부전
□□□	Endocarditis	ɛndoʊkɑːrˈdaɪtɪs	심내막염
□□□	Myocarditis	ˌmaɪoʊkɑːrˈdaɪtɪs	심근염
□□□	Doppler ultrasound	dä-plər ʌltrəsaʊnd	도플러 초음파검사
□□□	Echocardiography	èkoukàːrdiάgrəfi	심초음파검사
□□□	Cardiocentesis	kàːrdiəsentísis	심장천자
□□□	Cardiopulmonary resuscitation	kɑːrdioʊpʌlmənɛri rɪsʌsɪteɪʃən	심폐소생술
□□□	Pacemaker	ˈpeɪsmeɪkə(r)	심박조율기
□□□	Pericardiectomy	pèrikàːrdiékəmi	심장막절개
□□□	Sphygmomanometer	sfigmoumənάmətə	혈압계
□□□	Blood	blʌd	혈액
□□□	Red blood cell, Erythrocyte	red blʌd sɛl, ɪrɪθrəsaɪt	적혈구

□□□	Reticulocyte	rɪtɪkjələsaɪt	그물적혈구, 세망적혈구
□□□	Hemoglobin	hí:məglòubi	혈색소
□□□	White blood cell, Leukocyte	waɪt blʌd sel, ˈlu:kəsaɪt	백혈구
□□□	Granulocyte	ˈgrænjələsaɪt	과립백혈구
□□□	Neutrophil	ˈnu:trəfɪl	호중구
□□□	Eosinophil	i:əsɪnəfɪl	호산구
□□□	Basophil	ˈbeɪsəfɪl	호염구
□□□	Agranulocyte	eɪgrænjəloʊsaɪt	무과립백혈구
□□□	Lymphocyte	ˈlɪmfoʊsaɪt	림프구
□□□	Monocyte	ˈmɒnoʊsaɪt	단핵구
□□□	Platelet	ˈpleɪtlɪt	혈소판
□□□	Plasma	plæzmə	혈장
□□□	Aorta	eɪɔ:rtə	대동맥
□□□	Artery	ˈɑ:rtəi	동맥
□□□	Vena cava	ˈvi:nə ˈkeɪvə	대정맥
□□□	Vein	veɪn	정맥
□□□	Capillary	ˈkæpəleri	모세혈관
□□□	Ductus arteriosus	ˈdʌktəs ɑ:rtɪoʊsəs	동맥관
□□□	Systemic circulation	sɪˈstemɪkɪ sə̀:rkjuléiʃən	온몸순환
□□□	Pulmonary circulation	pʌlməneri sə̀:rkjuléiʃən	폐순환
□□□	Fetal circulation	ˈfi:təl sə̀:rkjuléiʃən	태아순환
□□□	Portal vein	ˈpɔ:rtəl veɪn	문맥
□□□	Hypoxia	haɪpɑ:ksiə	저산소증
□□□	Vasoconstriction	veɪzoʊkənstrɪkʃən	혈관수축
□□□	Vasodilatation	veɪzoʊdaɪləteɪʃən	혈관확장

□□□	**Congestion**	kəndʒestʃən	울혈
□□□	**Edema**	ɪdiːmə	부종
□□□	**Hemolysis**	himáləsis	용혈
□□□	**Hemostasis**	hiːməstéisis	지혈
□□□	**Hemorrhage**	ˈhémәridʒ	출혈
□□□	**Anemia**	əˈniːmiə	빈혈
□□□	**Septicemia**	sèptəsíːmiə	패혈증
□□□	**Aneurysm**	ænjərɪzəm	동맥류
□□□	**Arteritis**	àːrtəráitis	동맥염
□□□	**Arterosclerosis**	ɑːtɪərɪəʊsklerəʊsɪs	동맥경화증
□□□	**Phlebitis**	fləˈbaɪtɪs	정맥염
□□□	**Thrombus**	θrámbəs	혈전
□□□	**Thrombosis**	θrɑːmboʊsɪs	혈전증
□□□	**Embolus**	ˈembələs	색전
□□□	**Embolism**	embəlɪzəm	색전증
□□□	**Ischemia**	ɪsˈkiːmɪə	허혈
□□□	**Infarct**	ˈɪnfɑːrkt	경색
□□□	**Infarction**	ɪnfɑːrkʃən	경색증
□□□	**Arteriotomy**	ɑːrtiəriátəmi	동맥절개
□□□	**Anastomosis**	ənæstəmoʊsɪs	연결, 문합
□□□	**Angiography**	ǽndʒiágrəfi	혈관조영
□□□	**Venipuncture**	vɛnɪpʌŋktʃər	정맥천자
□□□	**Catheterization**	kæθɪtəraɪzeɪʃən	카테터삽입
□□□	**Bone marrow transplantation**	boʊn mærəʊ trænsplænteɪʃən	골수이식(술)
□□□	**Transfusion**	trænsfjuːʒən	수혈

☑ CHAPTER 05 소화기계통(Digestive system)

□□□	Oral cavity	'ɔːrəl 'kævɪti	구강
□□□	Tooth	tuːθ	치아
□□□	Enamel	ɪ'næml	사기질, 법랑질
□□□	Dentin	déntn	상아질
□□□	Crown	kraʊn	치아머리, 치관
□□□	Alveolar	ælviːələr	이틀, 치조
□□□	Root	ruːt	치아뿌리, 치근
□□□	Cementum	siméntəm	시멘트질
□□□	Periodontal ligament	perioʊdɑːntl lɪgəmənt	치아주위인대
□□□	Incisior	ɪnsaɪzər	앞니 절치
□□□	Canine	keɪnaɪn	송곳니, 견치
□□□	Premolar	priːmóulər	작은어금니, 소구치
□□□	Molar	moʊlər	큰어금니, 대구치
□□□	Mastication	mæ̀stəkéiʃən	저작, 씹기
□□□	Salivary gland	sæləveri glænd	침샘
□□□	Saliva	səlaɪvə	침
□□□	Parotid gland	pərɑːtɪd glænd	귀밑샘
□□□	Mandibular gland	mændɪbjʊlər glænd	턱밑샘
□□□	Sublingual gland	sʌblɪŋgwəl glænd	혀밑샘
□□□	Tongue	tʌŋ	혀
□□□	Taste buds	teɪst bʌdz	맛봉오리, 미뢰
□□□	Gingiva	dʒindʒáivə	잇몸
□□□	Soft palate	sɔːft pælət	연구개

□□□	Hard palate	hɑːrd pælət	경구개
□□□	Pharynx	ferɪŋks	인두
□□□	Nasopharynx	neɪzoʊferɪŋks	코인두, 비인두
□□□	Oropharynx	ɔːroʊ'ferɪŋks	입인두
□□□	Laryngopharynx	lærɪŋgoʊferɪŋks	후두인두
□□□	Epiglottis	epɪglɑːtɪs	후두덮개
□□□	Vocal cord	voʊkəl kɔːrd	성대
□□□	Esophagus	ɪ'sɑː.fəgəs	식도
□□□	Stomach	'stʌmək	위
□□□	Gastric fundus	'gæstrɪk 'fʌndəs	위바닥
□□□	Cardia	'kɑːrdiə	들문, 분문
□□□	Gastric body	'gæstrɪk 'bɒdi	위몸통
□□□	Pylorus	paɪ'lɔːrəs	날문, 유문
□□□	Pyloric sphincter	paɪ'lɔːrɪk 'sfɪŋktər	날문조임근
□□□	Small intestine	smɔːl ɪn'testɪn	작은창자, 소장
□□□	Duodenum	duː.ə'diːnəm	샘창자, 십이지장
□□□	Jejunum	dʒɪ'dʒuːnəm	빈창자, 공장
□□□	Ileum	'ɪliəm	돌창자, 회장
□□□	Villi	'vɪlaɪ	융모
□□□	Large intestine	lɑːrdʒ ɪn'testɪn	큰창자, 대장
□□□	Cecum	'siːkəm	막창자, 맹장
□□□	Colon	'koʊlən	잘록창자, 결장
□□□	Ascending colon	ə'sɛndɪŋ 'koʊlən	오름잘록창자, 상행결장
□□□	Transverse colon	'trænsvɝːs 'koʊlən	가로잘록창자, 횡결장
□□□	Descending colon	dɪ'sɛndɪŋ 'koʊlən	내림잘록창자, 하행결장

□□□	Rectum	ˈrɛktəm	곧창자, 직장
□□□	Anus	ˈeɪnəs	항문
□□□	Anal sphincter	ˈeɪnəl ˈsfɪŋktɚ	항문조임근
□□□	Liver	ˈlɪvɚ	간
□□□	Gallbladder	ˈgɔːlˌblædɚ	담낭
□□□	Bile duct	ˈbaɪl dʌkt	쓸개길, 담관
□□□	Bile	baɪl	쓸개즙, 담즙
□□□	Bilirubin	bɪlɪˈruːbɪn	빌리루빈
□□□	Pancreas	pæŋkriəs	이자, 췌장
□□□	Pancreatic duct	pæŋkriˈætɪk dʌkt	이자관, 췌장관
□□□	Helitosis	hælɪˈtoʊsɪs	입냄새
□□□	Cholecystitis	ˌkoʊlɪsɪsˈtaɪtɪs	쓸개염, 담낭염
□□□	Anorexia	ænəˈreksiə	식욕부진
□□□	Cholelithiasis	ˌkoʊlɪlɪˈθaɪəsɪs	담석증
□□□	Cholelith, Gallstone	ˈkoʊlɪlɪθ, gɔːlstoʊn	담석
□□□	Cholestasis	koʊləˈsteɪsɪs	담즙정체
□□□	Constipation	kɑːnstɪˈpeɪʃən	변비
□□□	Diarrhea	daɪəˈriːə	설사
□□□	Duodenal ulcer	duːəˈdiːnəl ˈʌlsɚ	샘창자 궤양, 십이지장 궤양
□□□	Dysphagia	dɪsˈfeɪdʒiə	삼킴곤란, 연하곤란
□□□	Enteritis	entəˈraɪtɪs	장염, 창자염
□□□	Esophagitis	ɪsɒfəˈdʒaɪtɪs	식도염
□□□	Fatty liver	ˈfæti ˈlɪvər	지방간
□□□	Gastric ulcer	gæstrɪk ˈʌlsɚ	위궤양
□□□	Gastritis	gæˈstraɪtɪs	위염

□□□	Hepatitis	hɛpə'taɪtɪs	간염
□□□	Hernia	'hɚːniə	탈장
□□□	Inguinal hernia	'ɪŋgwɪnəl 'hɚːniə	고샅탈장, 사타구니탈장
□□□	Hiatal hernia	haɪ'eɪtəl 'hɚːniə	구멍탈장
□□□	Pancreatitis	ˌpæŋkriə'taɪtɪs	이자염, 췌장염
□□□	Hematemesis	ˌhiːmə'teməsɪs	토혈
□□□	Nausea	'nɔːziə	구역
□□□	Vomiting	'vɑːmɪtɪŋ	구토
□□□	Ascities	ə'saɪtiːz	복수
□□□	Abdominal pain	æb'dɑːmənəl peɪn	복통
□□□	Colic	'kɑːlɪk	산통
□□□	Abdominal distention	æb'dɑːmənəl dɪ'stɛnʃən	복부팽만
□□□	Hepatomegaly	hɛpətoʊ'mɛgəli	간비대
□□□	Hyperglycemia	haɪpɚglaɪ'siːmiə	고혈당
□□□	Hypoglycemia	haɪpoʊglaɪ'siːmiə	저혈당
□□□	Hypercholesterolemia	haɪpɚkəlɛstɚoʊ'liːmiə	고콜레스테롤혈증
□□□	Hypocholesterolemia	haɪpoʊkəlɛstɚoʊ'liːmiə	저콜레스테롤혈증
□□□	Hyperbilirubinemia	haɪpɚbɪlɪˌruːbɪ'niːmiə	고빌리루빈혈증
□□□	Melena	mɛlɪnə	흑색변
□□□	Steatorrhea	stiːətə'riːə	지방변
□□□	Tenesmus	tə'nɛzməs	뒤무직
□□□	Gingivitis	dʒɪndʒɪ'vaɪtɪs	잇몸염
□□□	Periodontal disease	pɛrioʊ'dɑːntəl dɪ'ziːz	치주병
□□□	Stomatitis	stoʊmə'taɪtɪs	입안염, 구내염
□□□	Tonsillitis	tɑːnsɪ'laɪtɪs	편도염

□□□	Cleft palate	klɛft ˈpælət	입천장갈림증, 구개열
□□□	Dental calculus	dɛntəl ˈkælkjələs	치석
□□□	Dental plaque	dɛntəl plæk	치태
□□□	Malocclusion	mæləˈkluːʒən	맞물림장애, 부정교합
□□□	Peritonitis	pɛrɪtəˈnaɪtɪs	복막염
□□□	Megacolon	mɛgəkoʊlən	거대결장증
□□□	Intestinal obstruction	ɪnˈtɛstɪnəl əbˈstrʌkʃən	장폐쇄
□□□	Ileus	ˈɪliəs	장폐색증
□□□	Volvulus	ˈvɑːlvjələs	장꼬임, 염전
□□□	Intussusception	ɪntəsəˈsɛpʃən	장중첩증
□□□	Rectal prolapse	ˈrɛk.təl ˈproʊ.læps	직장탈출
□□□	Liver cirrhosis, Hepatic cirrhosis	ˈlɪvɚ səˈroʊsɪs, hɪˈpætɪk səˈroʊsɪs	간경화증
□□□	Jaundice	ˈdʒɑːn.dɪs	황달
□□□	Sialoadenectomy	saɪəloʊædɪˈnɛktəmi	침샘절제
□□□	Sialoadenotomy	saɪəloʊædɪˈnɒtəmi	침샘절개
□□□	Esophagography	ɪsɒfəˈgrɒgrəfi	식도조영
□□□	Barium contrast medium	ˈbɛəriəm ˈkɒntræst ˈmiːdiəm	바륨조영제
□□□	Gastrotomy	gæsˈtrɒtəmi	위절개
□□□	Gastrectomy	gæsˈtrɛktəmi	위절제
□□□	Anastomosis	ənæstəˈmoʊsɪs	문합술
□□□	Gastric lavage	gæstrɪk ləˈvɑːʒ	위세척
□□□	Barium enema	ˈbɛəriəm ˈɛnɪmə	바륨 관장
□□□	Enterectomy	ɛntəˈrɛktəmi	장절제
□□□	Herniorrhaphy	hɜːniˈɔːrəfi	탈장교정
□□□	Laparotomy	læpəˈrɒtəmi	개복

☑ CHAPTER 06 호흡기계통(Respiratory system)

□□□	Nasal cavity	neɪzəl kævɪti	비강
□□□	Pharynx	ˈfærɪŋks	인두
□□□	Larynx	ˈlærɪŋks	후두
□□□	Epiglottis	ɛpɪˈglɒtɪs	후두개
□□□	Trachea	ˈtreɪkiə	기관
□□□	Sinuses	ˈsaɪnəs	부비동
□□□	Rhinitis	raɪˈnaɪtɪs	비염
□□□	Sinusitis	ˌsaɪnəˈsaɪtɪs	굴염, 동염, 부비동염
□□□	Laryngitis	ˌlærɪnˈdʒaɪtɪs	후두염
□□□	Pharyngitis	ˌfærɪnˈdʒaɪtɪs	인두염
□□□	Tracheitis	ˌtreɪkiˈaɪtɪs	기관염
□□□	Upper Respiratory Infection (URI)	ˈʌpər ˌrɛspəˈrɑːtɔːri ɪnˈfɛkʃən	상부호흡기 감염
□□□	Nasopharyngitis	ˌneɪzoʊˌfærɪnˈdʒaɪtɪs	비인두염
□□□	Brachycephalic Airway Syndrome(BAS)	ˌbrækiˈsɛfəlɪk ˈɛrweɪ ˈsɪnˌdroʊm	단두증후군
□□□	Epistaxis	ˌɛpɪˈstæksɪs	코피
□□□	Stridor	ˈstraɪdər	그렁거림, 협착음
□□□	Dyspnea	ˈdɪspniə	호흡곤란
□□□	Sneezing	ˈsniːzɪŋ	재채기
□□□	Coughing	ˈkɔːfɪŋ	기침
□□□	Nasal discharge	ˈneɪzəl ˈdɪsˌtʃɑːrdʒ	비강 분비물
□□□	Obstruction	əbˈstrʌkʃən	폐쇄
□□□	Endoscopy	ɪnˈdɒskəpi	내시경 검사

☐☐☐	Nasopharyngeal swab	ˌnæzəʊˈfærɪndʒɪəl swɑːb	비인두 면봉 검사
☐☐☐	Tracheostomy	ˌtrækiˈɒstəmi	기관절개술
☐☐☐	Nasal flush	ˈneɪzəl flʌʃ	비강 세척
☐☐☐	Laryngoscopy	ˌlærɪnˈɡɒskəpi	후두경검사
☐☐☐	Bronchi	ˈbrɒŋkaɪ	기관지
☐☐☐	Bronchiole	ˈbrɒnkiəʊl	세기관지
☐☐☐	Alveoli	ælˈviːəʊlaɪ	허파꽈리, 폐포
☐☐☐	Lung	lʌŋ	허파, 폐
☐☐☐	Pleura	ˈplʊərə	흉막
☐☐☐	Parietal pleura	pəˈraɪətəl ˈplʊərə	벽쪽가슴막, 벽측흉막
☐☐☐	Visceral pleura	ˈvɪsərəl ˈplʊərə	내장쪽가슴막, 내장측흉막
☐☐☐	Diaphragm	ˈdaɪəfræɡm	가로막, 횡격막
☐☐☐	Pneumonia	njuːˈmoʊ.ni.ə	폐렴
☐☐☐	Bronchitis	brɒŋˈkaɪ.tɪs	기관지염
☐☐☐	Bronchiolitis	ˌbrɒŋ.kiˈɒl.ɪ.tɪs	세기관지염
☐☐☐	Pleural effusion	ˈplʊr.əl ɪˈfjuː.ʒən	가슴막삼출, 흉막삼출
☐☐☐	Pneumothorax	ˌnjuː.moʊˈθɔː.ræks	기흉
☐☐☐	Pulmonary edema	ˈpʊl.məˌnɛr.i ɪˈdiː.mə	폐부종
☐☐☐	Pulmonary fibrosis	ˌpʊl.məˌnɛr.i faɪˈbroʊ.sɪs	폐섬유화
☐☐☐	Asthma	ˈæz.mə	천식
☐☐☐	Chronic Obstructive Pulmonary Disease(COPD)	ˈkrɒn.ɪk əbˈstrʌk.tɪv ˈpʊl.məˌnɛr.i dɪˈziːz	만성 폐쇄성 폐질환
☐☐☐	Emphysema	ˌɛm.fɪˈziː.mə	폐기종
☐☐☐	Pulmonary thromboembolism	ˈpʊl.məˌnɛr.i ˌθrɒm.boʊˈɛm.bəˌlɪz.əm	폐혈전색전증

□□□	**Lung neoplasia**	lʌŋ ˌniː.oʊˈpleɪ.ʒə	폐종양
□□□	**Tachypnea**	ˌtæk.ɪpˈniː.ə	빠른호흡
□□□	**Bradypnea**	ˌbræd.ɪpˈniː.ə	느린호흡
□□□	**Cyanosis**	ˌsaɪ.əˈnoʊ.sɪs	청색증
□□□	**Hemoptysis**	hɪˈmɒp.tɪ.sɪs	객혈
□□□	**Wheezing**	ˈwiː.zɪŋ	쌕쌕거림
□□□	**Crackles**	ˈkræk.lz	거품소리, 수포음
□□□	**Hyperpnea**	ˌhaɪ.pərˈpniː.ə	과다호흡
□□□	**Hypoxemia**	ˌhaɪ.pɒkˈsiː.mi.ə	저산소혈증
□□□	**Ventilation**	ˌvɛn.tɪˈleɪ.ʃən	환기
□□□	**Perfusion**	pɜːˈfjuː.ʒən	관류
□□□	**Atelectasis**	ˌæt.ɪˈlɛk.tə.sɪs	무기폐
□□□	**Thoracocentesis**	ˌθɔːrəkoʊsɛnˈtiːsɪs	흉강천자
□□□	**Bronchoscopy**	brɒŋˈkɒskəpi	기관지경검사
□□□	**Thoracotomy**	ˌθɔːrəˈkɒtəmi	개흉술
□□□	**Tracheal wash**	ˈtreɪkiəl wɒʃ	기관 세척
□□□	**Endotracheal intubation**	ˌɛndəʊˈtreɪkiəl ˌɪn.tjʊˈbeɪ.ʃən	기관내 삽관

☑ CHAPTER 07 비뇨기계통(Urinary system)

□□□	Kidney	ˈkɪd.ni	콩팥, 신장
□□□	Renal cortex	ˈriː.nəl ˈkɔːr.teks	콩팥 겉질
□□□	Renal medulla	ˈriː.nəl məˈdʌl.ə	콩팥 속질
□□□	Renal pelvis	ˈriː.nəl ˈpel.vɪs	콩팥깔때기, 신우
□□□	Nephron	ˈnef.rɒn	네프론, 콩팥단위
□□□	Glomerulus	gləˈmer.jə.ləs	토리, 사구체
□□□	Glomerular capsule	gləˈmɛr.jʊ.lɚ ˈkæp.səl	토리주머니, 사구체주머니
□□□	Renal corpuscle	ˈriː.nəl ˈkɔːr.pə.səl	콩팥소체, 신소체
□□□	Juxtaglomerular cell	ˌdʒʌk.stə.gləˈmɛr.jʊ.lɚ sɛl	토리곁세포
□□□	Collecting duct	kəˈlek.tɪŋ dʌkt	집합관
□□□	Proximal tubule	ˈprɒk.sɪ.məl ˈtjuː.bjuːl	토리쪽세관
□□□	Henle's loop	ˈhɛn.liz luːp	헨레고리
□□□	Distal tubule	ˈdɪs.təl ˈtjuː.bjuːl	먼쪽세관
□□□	Ureter	jʊˈriː.tər	요관
□□□	Urinary bladder	ˈjʊə.rɪ.nə.ri ˈblæd.ər	방광
□□□	Trigone	ˈtraɪ.goʊn	방광 삼각부
□□□	Urethra	jʊˈriː.θrə	요도
□□□	Nephritis	nəˈfraɪtɪs	콩팥염, 신염
□□□	Pyelonephritis	ˌpaɪəloʊnɪˈfraɪtɪs	깔때기콩팥염, 신우신염
□□□	Glomerulonephritis	gləˌmɛrjəloʊnɪˈfraɪtɪs	토리콩팥염, 사구체신염
□□□	Urolithiasis	ˌjʊəroʊlɪˈθaɪəsɪs	요로돌증, 요결석증
□□□	Cystitis	sɪˈstaɪtɪs	방광염
□□□	Urethritis	ˌjʊərɪˈθraɪtɪs	요도염

□□□	Urinary Tract Infection(UTI)	ˈjʊrɪˌnɛri trækt ˌɪnfekˈʃən	요로감염
□□□	Hydronephrosis	ˌhaɪdroʊnɪˈfroʊsɪs	물콩팥증, 수신증
□□□	Proteinuria	ˌproʊtiːˈnʊəriə	단백뇨
□□□	Hematuria	ˌhiːməˈtjʊəriə	혈뇨
□□□	Anuria	ˈæn.jʊəriə	무뇨
□□□	Oliguria	ˌɒlɪˈgjʊəriə	소변감소, 핍뇨
□□□	Pollakiuria	ˌpɒləˌkaɪˈʊəriə	빈뇨
□□□	Polyuria	ˌpɒliˈjʊəriə	다뇨
□□□	Dysuria	dɪsˈjʊəriə	배뇨장애
□□□	Stranguria	strænˈgjʊəriə	통증배뇨
□□□	Incontinence	ɪnˈkɒntɪnəns	요실금
□□□	Azotemia	ˌæzəˈtiːmiə	질소혈증
□□□	Uremia	juːˈriːmiə	요독증
□□□	Nephrolithasis	ˌnɛfroʊlɪˈθaɪəsɪs	콩팥돌증, 신석증
□□□	Renal failure	ˈriːnəl ˈfeɪljər	콩팥기능상실, 신부전
□□□	Acute Renal Failure(ARF)	əˈkjuːt ˈriː.nəl ˈfeɪ.ljər	급성 콩팥기능상실, 급성 신부전
□□□	Chronic Renal Failure(CRF)	ˈkrɒnɪk ˈriː.nəl ˈfeɪ.ljər	만성 콩팥기능상실, 만성 신부전
□□□	Creatinine	kriˈætɪˌniːn	크레아티닌
□□□	Blood Urea Nitrogen(BUN)	blʌd ˈjʊəriə ˈnaɪtrədʒən	혈액요소질소
□□□	Urinalysis	ˌjʊərɪˈnælɪsɪs	소변 검사
□□□	Cystocentesis	ˌsɪstoʊsɛnˈtiːsɪs	방광 천자
□□□	Dialysis	daɪˈælɪsɪs	투석
□□□	Renal biopsy	ˈriːnəl ˈbaɪɒpsi	콩팥생검, 신장생검
□□□	Intravenous Pyelography(IVP)	ˌɪntrəˈviːnəs ˌpaɪəˈlɒgrəfi	정맥깔대기조영술, 정맥신우조영술
□□□	Cystoscopy	sɪˈstɒskəpi	방광경 검사

☑ CHAPTER 08 암컷 생식기계통(Female reproductive system)

□□□	Ovary	ˈoʊ.vɛr.i	난소
□□□	Follicle	ˈfɒl.ɪ.kəl	난포
□□□	Corpus luteum	ˈkɔːr.pəs ˈluː.ti.əm	황체
□□□	Oviduct	ˈoʊ.vɪ.dʌkt	난관
□□□	Uterus	ˈjuː.tə.rəs	자궁
□□□	Uterine horns	ˈjuː.tə.rɪn hɔːrnz	자궁각
□□□	Uterine body	ˈjuː.tə.rɪn ˈbɒd.i	자궁체
□□□	Endometrium	ˌɛn.dəʊˈmiː.tri.əm	자궁내막
□□□	Myometrium	ˌmaɪ.oʊˈmiː.tri.əm	자궁근육층
□□□	Perimetrium	ˌpɛr.ɪˈmiː.tri.əm	자궁외막
□□□	Cervix	ˈsɜː.vɪks	자궁목, 자궁경부
□□□	Vagina	vəˈdʒaɪ.nə	질
□□□	Vestibule of vagina	ˈvɛs.tɪ.bjuːl	질안뜰, 질어귀, 질전정
□□□	Vulva	ˈvʌl.və	음부, 음문
□□□	Mammary glands	ˈmæm.ə.ri glændz	젖샘, 유선
□□□	Ovarian cyst	oʊˈvɛr.i.ən sɪst	난소낭종
□□□	Oophoritis	ˌoʊ.əˈfaɪ.rɪ.tɪs	난소염
□□□	Pyometra	ˌpaɪ.oʊˈmiː.trə	자궁축농증
□□□	Endometritis	ˌɛn.doʊ.məˈtraɪ.tɪs	자궁내막염
□□□	Metritis	mɪˈtraɪ.tɪs	자궁염
□□□	Cystic Endometrial Hyperplasia (CEH)	ˈsɪs.tɪk ˌɛn.doʊˈmiː.tri.əl ˌhaɪ.pɜːrˈpleɪ.ʒə	낭종성자궁내막증식
□□□	Vaginitis	ˌvædʒ.ɪˈnaɪ.tɪs	질염

□□□	Mastitis	mæˈstaɪ.tɪs	유선염
□□□	Mammary tumor	ˈmæməri tuːmɚ	유선종양
□□□	Dystocia	dɪsˈtoʊ.ʃə	난산
□□□	Retained placenta	rɪˈteɪnd plæˈsɛn.tə	태반잔류
□□□	False pregnancy, Pseudocyesis	ˌfɔːls ˈprɛg.nən.si, ˌsuː.doʊ.saɪˈiː.sɪs	가임신
□□□	Prolapsed uterus	ˈproʊ.læpst ˈjuː.tə.rəs	자궁탈출
□□□	Hypogalactia	ˌhaɪ.poʊ.gəˈlæk.ti.ə	분유저하증
□□□	Agalactia	ˌæ.gəˈlæk.ti.ə	젖마름증
□□□	Infertility	ˌɪn.fərˈtɪl.ə.ti	불임
□□□	Superovulation	ˌsuː.pərˌɒv.jʊˈleɪ.ʃən	과배란
□□□	Estrus cycle	ˈɛstrəs ˈsaɪkəl	발정주기
□□□	Proestrus	proʊˈiː.strəs	발정전기
□□□	Estrus	ˈɛs.trəs	발정기
□□□	Metestrus	mɛtˈɛs.trəs	발정후기
□□□	Diestrus	ˈdaɪ.ɛs.trəs	무발정기
□□□	Ovulation	ˌɒv.jʊˈleɪ.ʃən	배란
□□□	Fertilization	ˌfɜː.tɪ.laɪˈzeɪ.ʃən	수정
□□□	Implantation	ˌɪm.plænˈteɪ.ʃən	착상
□□□	Gestation	dʒɛˈsteɪ.ʃən	임신
□□□	Parturition	ˌpɑːr.tʃəˈrɪʃ.ən	분만
□□□	Lactation	lækˈteɪ.ʃən	수유
□□□	Ovariohysterectomy(OHE)	oʊˌvɛr.i.oʊˌhɪs.təˈrɛk.tə.mi	난소자궁적출술
□□□	Artificial Insemination(AI)	ˌɑːr.tɪˈfɪʃ.əl ˌɪnˌsem.ɪˈneɪ.ʃən	인공수정
□□□	Cesarean section(C-section)	sɪˈzɛr.i.ən ˈsɛk.ʃən	제왕절개

□□□	**Vaginal cytology**	ˈvædʒ.ɪ.nəl saɪˈtɒl.ə.dʒi	질 세포학
□□□	**Progesterone test**	proʊˈdʒɛs.təˌroʊn tɛst	프로게스테론 검사
□□□	**Embryo transfer**	ˈɛm.bri.oʊ ˈtræns.fɜːr	배아이식
□□□	**Spaying**	ˈspeɪ.ɪŋ	암컷 중성화 수술

☑ CHAPTER 09 수컷 생식기계통(Male reproductive system)

□□□	Testes	ˈtɛstiːz	고환
□□□	Seminiferous tubules	ˌsɛmɪˈnɪfərəs ˈtjuːbjuːlz	정세관
□□□	Leydig cells	ˈlaɪdɪg sɛlz	라이디히 세포
□□□	Sertoli cells	ˈsɜːrtəli sɛlz	세르톨리 세포
□□□	Scrotum	ˈskroʊtəm	음낭
□□□	Epididymis	ˌɛpɪˈdɪdɪmɪs	부고환
□□□	Vas deferens	ˌvæs ˈdɛfəˌrɛnz	정관
□□□	Prostate gland	ˈprɒsteɪt ˌglænd	전립샘
□□□	Bulbourethral gland	ˌbʌlboʊjʊˈriːθrəl ˌglænd	망울요도샘
□□□	Penis	ˈpiːnɪs	음경
□□□	Glans penis	glænz ˈpiːnɪs	음경귀두
□□□	Os penis	ɒs ˈpiːnɪs	음경골
□□□	Prepuce	ˈpriːpjuːs	포피
□□□	Spermatic cord	spərˈmætɪk kɔːrd	정삭
□□□	Androgen	ˈændrəʊdʒən	안드로겐
□□□	Testosterone	tɛsˈtɒstərɒn	테스토스테론
□□□	Cryptorchidism	ˌkrɪpˈtɔːrkɪdɪzəm	잠복고환
□□□	Orchitis	ɔːˈkaɪtɪs	고환염
□□□	Epididymitis	ˌɛpɪˌdɪdɪˈmaɪtɪs	부고환염
□□□	Prostatitis	ˌprɒstæˈtaɪtɪs	전립선염
□□□	Hydrocele	ˈhaɪdrəʊsiːl	음낭수종
□□□	Hematocele	ˈhiːməˌtəʊsiːl	혈음낭종
□□□	Spermatocele	ˌspɜːməˈtiːsiːl	정낭종

□□□	**Paraphimosis**	ˌpærəˈfɪmoʊsɪs	포피반전
□□□	**Balanoposthitis**	ˌbælənəʊˈpɒstɪˌtaɪtɪs	귀두포피염
□□□	**Testicular torsion**	tɛsˈtɪkjʊlər ˈtɔːrʒən	고환염전
□□□	**Testicular neoplasia**	tɛsˈtɪkjʊlər niˈəʊpleɪzɪə	고환 종양
□□□	**Prostatic hyperplasia**	prɒˈstætɪk haɪpəˈpleɪʒə	전립선 비대증
□□□	**Azoospermia**	ˌeɪzəʊʊˈspɜːrmɪə	무정자증
□□□	**Scrotal hernia**	ˈskroʊtl ˈhɜːrniə	음낭 탈장
□□□	**Spermatogenesis**	ˌspɜːrmætəʊˈdʒɛnɪsɪs	정자형성
□□□	**Ejaculation**	ɪˌdʒækjʊˈleɪʃən	사정
□□□	**Fertility**	fɜːˈtɪləti	생식능력
□□□	**Infertility**	ˌɪn.fəˈtɪlɪti	불임
□□□	**Copulation**	ˌkɒpjʊˈleɪʃən	교미
□□□	**Castration**	kæˈstreɪʃən	거세
□□□	**Prostatic biopsy**	prɒˈstætɪk ˈbaɪɒpsi	전립선 생검
□□□	**Semen analysis**	ˈsiːmən əˈnæləsɪs	정액 분석
□□□	**Artificial Insemination(AI)**	ˌɑːrtɪˈfɪʃəl ɪnˌsɛmɪˈneɪʃən	인공수정
□□□	**Electroejaculation**	ɪˌlɛktrəʊˌɪdʒækjʊˈleɪʃən	전기사정

☑ CHAPTER 10 신경계통(Nervous system)

□□□	Cerebrum	ˈsɛrɪbrəm	대뇌
□□□	Cerebellum	ˌsɛrɪˈbɛləm	소뇌
□□□	Brainstem	ˈbreɪnˌstɛm	뇌간
□□□	Medulla oblongata	mɪˈdʌlə ɒˈblɒŋɡɑːtə	연수
□□□	Pons	pɒnz	교뇌
□□□	Midbrain	ˈmɪdˌbreɪn	중뇌
□□□	Spinal cord	ˈspaɪnəl kɔːrd	척수
□□□	Meninges	mɪˈnɪndʒiːz	뇌수막
□□□	Dura mater	ˈdjʊərə ˈmeɪtə	경막
□□□	Arachnoid mater	əˈræknɔɪd ˈmeɪtə	지주막
□□□	Pia mater	ˈpiːə ˈmeɪtə	연막
□□□	Cerebrospinal Fluid(CSF)	ˈsɛrɪbrəʊspaɪnəl ˈfluːɪd	뇌척수액
□□□	Nerve	nɜːrv	신경
□□□	Afferent nerve	ˈæfərənt nɜːrv	감각신경
□□□	Efferent nerve	ˈɛfərənt nɜːrv	운동신경
□□□	Neurons	ˈnjʊərɒnz	뉴런
□□□	Axon	ˈæksɒn	축삭
□□□	Dendrites	ˈdɛndraɪts	가지돌기
□□□	Synapse	ˈsɪnæps	시냅스, 연접
□□□	Autonomic Nervous System (ANS)	ˌɔːtəˈnɒmɪk ˈnɜːrvəs ˈsɪstəm	자율신경계
□□□	Sympathetic nervous system	ˌsɪmpəˈθɛtɪk ˈnɜːrvəs ˈsɪstəm	교감신경계

□□□	Parasympathetic nervous system	ˌpærəˈsɪmpəˈθɛtɪk ˈnɜːrvəs ˈsɪstəm	부교감신경계
□□□	Peripheral Nervous System (PNS)	pəˈrɪfərəl ˈnɜːrvəs ˈsɪstəm	말초신경계
□□□	Cranial nerves	ˈkreɪnɪəl nɜːrvz	두경신경
□□□	Spinal nerves	ˈspaɪnəl nɜːrvz	척수신경
□□□	Neurotransmitter	ˌnjʊərəʊˈtrænsmɪtə	신경전달물질
□□□	Encephalitis	ɪnˌsɛfəˈlaɪtɪs	뇌염
□□□	Meningitis	ˌmɛnɪnˈdʒaɪtɪs	수막염
□□□	Cerebellar ataxia	ˌsɛrɪˈbɛlər æˈtæksɪə	소뇌성 운동실조증
□□□	Epilepsy	ˈɛpɪlɛpsi	간질
□□□	Seizure	ˈsiːʒər	발작
□□□	Nourodegenerative diseases	ˌnjʊərəʊdɪˈdʒɛnərətɪv dɪˈziːzɪz	신경퇴행성 질환
□□□	Intervertebral Disc Disease (IVDD)	ˌɪntərˈvɜːtɪbrəl dɪsk dɪˈziːz	추간판 질환
□□□	Spinal cord injury	ˈspaɪnəl kɔːrd ˈɪndʒəri	척수 손상
□□□	Hydrocephalus	ˌhaɪdrəʊˈsɛfələs	수두증
□□□	Tetanus	ˈtɛtnəs	파상풍
□□□	Rabies	ˈreɪbiːz	광견병
□□□	Canine Cognitive Dysfunction Syndrome(CCDS)	ˈkeɪnaɪn kɒgˈnɪtɪv dɪsˈfʌŋkʃən ˈsɪndrəʊm	개 인지 장애 증후군
□□□	Myelitis	ˌmaɪəˈlaɪtɪs	척수염
□□□	Polyradiculoneuritis	ˌpɒlɪˌrædɪkjʊləʊnɜːˈraɪtɪs	다발근신경염
□□□	Neuropathy	nʊˈrɒpəθi	신경병증
□□□	Autonomic dysfunction	ˌɔːtəˈnɒmɪk dɪsˈfʌŋkʃən	자율신경계 장애
□□□	Paresthesia	ˌpærəsˈθiːʒə	감각이상

□□□	Magnetic Resonance Imaging (MRI)	ˌɛsˌɑːr'aɪ	자기공명영상
□□□	Computed Tomography (CT Scan)	'siː'tiː skæn	컴퓨터 단층촬영
□□□	Electroencephalogram(EEG)	ɪˌlɛktrəʊˌɪnsɛfə'lɛɪgræm	뇌파검사
□□□	Cerebrospinal Fluid(CSF) analysis	'sɛrɪbrəʊspaɪnəl 'fluːɪd ə'næləsɪs	뇌척수액 분석
□□□	Nerve Conduction Velocity (NCV)	nɜːrv kən'dʌkʃən və'lɒsɪti	신경 전도 속도 검사
□□□	Electromyography(EMG)	ɪˌlɛktrəʊmaɪ'ɒgrəfi	근전도검사
□□□	Anticonvulsants	ˌæntɪkən'vʌlsənts	항간질제
□□□	Analgesics	ˌænəl'dʒiːzɪks	진통제
□□□	Nerve fiber	'nɜːrv ˌfaɪbər	신경섬유
□□□	Ganglion	'gæŋgliən	신경절
□□□	Peripheral nerve	pə'rɪfərəl 'nɜːrv	말초신경
□□□	Plexus	'plɛksəs	신경총
□□□	Motor nerve	'moʊtər 'nɜːrv	운동신경
□□□	Sensory nerve	'sɛnˌsɔːri 'nɜːrv	감각신경
□□□	Spinal nerves	'spaɪnəl 'nɜːrvz	척수신경
□□□	Vagus nerve	'veɪgəs 'nɜːrv	미주신경
□□□	Sciatic nerve	saɪ'ætɪk 'nɜːrv	좌골신경
□□□	Paralysis	pə'rælɪsɪs	마비
□□□	Paresthesia	pærɪs'θiːʒə	감각 이상
□□□	Pain	peɪn	통증
□□□	Ataxia	ə'tæksiə	운동실조
□□□	Muscle atrophy	'mʌsəl 'ætrəfi	근육 위축

□□□	Peripheral neuropathy	pəˈrɪfərəl nʊˈrɒpəθi	말초신경병증
□□□	Electrodiagnostic test	ɪˌlɛktroʊdaɪɡˈnɒstɪk tɛst	전기진단
□□□	Nerve conduction study	ˈnɜːrv ˌkənˈdʌkʃən ˈstʌdi	신경전도검사
□□□	Nerve regeneration therapy	ˈnɜːrv ˌriːdʒəˈnɛɪʃən ˈθɛrəpi	신경 재생 치료
□□□	Rehabilitation exercises	riːəˌbɪlɪˈteɪʃən ˈɛksərˌsaɪzɪz	재활운동
□□□	Electrical stimulation	ɪˌlɛktrɪkəl ˌstɪmjʊˈleɪʃən	전기 자극 치료

☑ CHAPTER 11 피부계통(Integumentary system)

□□□	Epidermis	èpədə́ːrmis	표피, 외피
□□□	Stratum corneum	stréitəm ˈkɔːnɪəm	각질층
□□□	Melanocyte	mélənousait	멜라닌세포
□□□	Dermis	də́ːrmis	진피
□□□	Hair follicle	hεər fálikəl	털집, 모낭
□□□	Piloerection	pàilouilékʃən	털세움, 입모
□□□	Tactile sensation	tǽktil senséiʃən	촉감
□□□	Sebaceous gland	sibéiʃəs glænd	피부기름샘, 피지선
□□□	Sebum	síːbəm	피지, 피부기름
□□□	Anal sac(gland)	éinəl sak(glænd)	항문샘, 항문낭
□□□	Perianal gland	pèriéinəl glænd	항문주위샘
□□□	Seborrhea gland	sèbəríːə	지루
□□□	Circumoral gland	sɜː(r).kəmˈɒrəl glænd	입둘레샘
□□□	Digital pad	dídʒitl pæd	발가락 볼록살
□□□	Accessory carpal pad	æksésəri kɑ́ːrpəl pæd	부앞발목 볼록살
□□□	Dewclaw	duːklɔ́ː	며느리발톱
□□□	Simple follicle	símpəl fálikəl	단순 털주머니(모낭)
□□□	Compound follicle	kəmpáund fálikəl	복합 털주머니(모낭)
□□□	Guard hair(= Primary hair)	gɑːrd hεər	보호털, 일차털
□□□	Cuticle	kjúːtikl	각피, 껍질
□□□	Wool hair(= Secondary hair)	wul hεər	속털, 이차털
□□□	Tactile hair(= Whisker)	tǽktil hεər	촉각털, 촉모
□□□	Hair shaft	hεər ʃæft	털줄기, 모간

□□□	Hair root	hɛər ʃæft	털뿌리, 모근
□□□	Hair bulb	hɛər bʌlb	털망울, 모구
□□□	Anagen phase	ǽnədʒen feiz	털 성장기
□□□	Catagen phase	kǽtədʒen feiz	털 퇴행기
□□□	Telogen phase	télədʒən feiz	털 휴지기
□□□	Collagen	kɑ́lədʒən	콜라겐, 아교질
□□□	Squamous cell carcinoma	skwéimous sel kɑ̀ːrsənóumə	편평세포암종, 편평상피암
□□□	Malignant melanoma	məlígnənt mèlənóumə	악성 흑색종
□□□	Alopecia	æ̀loupíːʃiə	탈모
□□□	Dermatitis	də̀ːrmətáitis	피부염
□□□	Demodicosis	diːmɑ́dikosis	모낭충증
□□□	Pyoderma	pàiədə́ːrmə	고름피부증, 농피증
□□□	Dermatophytosis(= Ringworm)	də̀ːrmətoufaitóusis	피부사상균증, 피부진균증
□□□	1st degree burn	fəːrst digríː bəːrn	1도 화상
□□□	2nd degree burn	sékənd digríː bəːrn	2도 화상
□□□	3rd degree burn	θəːrd digríː bəːrn	3도 화상
□□□	Erythema	èriθíːmə	홍반, 발적
□□□	Edema	idíːmə	부종
□□□	Wheal	hwiːl	두드러기, 팽진
□□□	Urticaria	ə̀ːrtikέəriə	두드러기, 담마진
□□□	Pruritus	pruəráitəs	가려움증, 소양감
□□□	Purulent	pjúərələnt	화농성의
□□□	Serous	síərəs	장액성의
□□□	Dehiscence	dihísns	벌어짐, 열개
□□□	Granulation tissue	græ̀njuléiʃən tíʃuː	육아조직

□□□	Scar	skɑːr	흉터, 반흔
□□□	Keloid	kíːlɔid	켈로이드, 흉터종
□□□	Allergic dermatitis	ələ́ːrdʒik də̀ːrmətáitis	알러지성 피부염
□□□	Hypersensitivity	hàipərsénsitiviti	과민성, 과민증
□□□	Pododermatitis	pɔdodə̀ːrmətáitis	족피부염
□□□	Flea allergy dermatitis	fliː ǽlərdʒi də̀ːrmətáitis	개벼룩 알레르기 피부염
□□□	Food allergy	fuːd ǽlərdʒi	음식 알러지
□□□	Hypoallergenic	hàipouæ̀lərdʒénik	저자극성의, 저알러지성의
□□□	Atopic dermatitis	ətάpik də̀ːrmətáitis	아토피(성) 피부염
□□□	Onychectomy	ὰnikéktəmi	발톱절제술
□□□	Tenotomy	tenάtəmi	힘줄절단술, 건절단술
□□□	Intradermal skin test	ìntrədə́ːrməl skin test	피내반응검사

☑ CHAPTER 12 감각계통(Sensory system)

□□□	External ear	ikstə́ːrnəl iər	외이
□□□	Ear pinna	iər pínə	귓바퀴
□□□	Ear canal	iər kənǽl	외이도
□□□	Cerumen	sirúːmən	귀지
□□□	Tympanic membrane(ear drum)	timpǽnik mémbrein	고막
□□□	Middle ear	mídl iər	중이
□□□	Tympanic bulla	timpǽnik búlə	고실
□□□	Otic ossicle	óutik ásikəl	귓속뼈, 청소골, 이소골
□□□	Eustachian tube	juːstéiʃiən tjuːb	유스타키오관
□□□	Inner ear	ínər iər	내이
□□□	Vestibular apparatus	vestíbjələr ӕpəréitəs	전정기관
□□□	Vestibule	véstəbjùːl	전정
□□□	Semicircular canal	sémisə́ːrkjələr kənǽl	반고리관
□□□	Otolith	óutəliθ	이석
□□□	Otitis externa	outáitis ikstə́ːrnə	외이도염
□□□	Otitis media	outáitis míːdiə	중이염
□□□	Otitis interna	outáitis intə́ːrnə	내이염
□□□	Ear mite(Otodectes cynotis)	iər mait	귀 진드기
□□□	Vestibular disease	vestíbjələr dizíːz	전정 질환
□□□	Ataxia	ətǽksiə	운동실조
□□□	Nystagmus	nistǽgməs	안구진탕
□□□	Head tilt	hed tilt	머리 기울임
□□□	Otoscope	óutəskòup	검이경

□□□	Otoscopic exam	òutəskóupik igzǽm	검이경 검사
□□□	Myringotomy	mìriŋgátəmi	고막절개술
□□□	Zepp's procedure	zéps prəsíːdʒər	외측이도 절제술, 젭스 수술
□□□	Total ear canal ablation	tóutl iər kənǽl æbléiʃən	전이도 적출술
□□□	Bulla osteotomy	búlə àstiátəmi	고실뼈 절골술
□□□	Optical	áptikəl	시각의, 광학의
□□□	Binocular	bənákjələr	쌍안의
□□□	Ophthalmology	àfθælmálədʒi	안과학
□□□	Ophthalmologist	àfθælˈmálədʒist	안과 수의사
□□□	Orbit	ɔ́ːrbit	눈구멍, 안와
□□□	Eyeball, globe	aibɔːl, gloub	눈알, 안구
□□□	Eyelid, Palpebrae	ailid, pǽlpəbra	눈꺼풀, 안검
□□□	Canthus	kǽnθəs	눈구석, 안각
□□□	Lacrimal punctum	lǽkrəməl pʌ́ŋktəm	눈물점
□□□	Nasolacrimal duct	néizoulǽkrəməl dʌkt	코눈물관, 비루관
□□□	Lacrimal gland	lǽkrəməl glænd	눈물샘
□□□	Nictitating membrane, third eyelid	ˈnik-tə-ˌtātɪŋ ˈmembreɪn	깜박눈꺼풀, 순막, 제3안검
□□□	Conjunctiva	kàndʒʌŋktáivə	결막
□□□	Palpebral conjunctiva	pǽlpəbrəl kàndʒʌŋktáivə	눈꺼풀 결막
□□□	Bulbar conjunctiva	bʌ́lbər kàndʒʌŋktáivə	눈알 결막
□□□	Limbus	límbəs	가장자리
□□□	Sclera	sklí(ː)rə	공막
□□□	Meibomian gland	mʌɪˈbəʊmɪən glænd	눈꺼풀판샘
□□□	Cornea	kɔ́ːrniə	각막

□□□	Descemet('s) membrane	dəsimétʃs mémbrein	데스메막
□□□	Anterior chamber	æntíəriər tʃéimbər	앞방, 전안방
□□□	Aqueous humor	éikwiəs hjúːmər	눈방수, 방수
□□□	Vitreous humor	vítriəs hjúːmər	유리체액, 초자체액
□□□	Iris	àiris	홍채
□□□	Ciliary body	sílièri bádi	섬모체, 모양체
□□□	Zonular fiber	zóunjulər fáibər	섬모체띠섬유
□□□	Pupil	pjúːpl	동공
□□□	Posterior chamber	pastíəriər tʃéimbər	뒤방, 후방
□□□	Lens	lenz	수정체
□□□	Vitreous chamber	vítriəs tʃéimbər	유리체방
□□□	Retina	rétənə	망막
□□□	Fundus	fʌ́ndəs	(안구)바닥, 안저
□□□	Tapetum lucidum	tə'piːtəm lusídəm	반사판
□□□	Choroid	kɔ́ːrɔid	맥락막
□□□	Uvea	júːviə	포도막
□□□	Optic nerve	áptik nəːrv	시신경
□□□	Optic disc	áptik disk	시각신경원반, 시각신경유두
□□□	Photoreceptor, Rod	fòutouriséptər, raːd	광수용체, 막대세포
□□□	Photoreceptor, Cone	fòutouriséptər, koʊn	광수용체, 원뿔세포
□□□	Proptosis	praptóusis	돌출
□□□	Exophthalmos	èksafθǽlməs	안구돌출
□□□	Lagophthalmos	læ̀gɔfθǽlməs	토끼눈증, 토안
□□□	Prolapse of nictitans gland, Cherry eye	proulǽps av nik-tə-ˌtänz glænd, tʃéri ai	깜박눈꺼풀샘탈출, 제3안검 돌출증, 체리아이

□□□	Keratoconjunctivitis Sicca(KCS)	kèrətoukəndʒʌ̀ŋktiváitis sikɑ	건성 각결막염
□□□	Mydriasis	midráiəsis	동공확대, 산동
□□□	Miosis	maióusis	동공축소, 축동
□□□	Anisocoria	æ̀naisəkóuriə	동공부등, 동공부동증
□□□	Blepharoptosis	blèfərətóusis	눈꺼풀처짐, 안검하수
□□□	Horner's syndrome	hɔ́:rnərs síndroum	호너증후군
□□□	Uveitis	jù:viáitis	포도막염
□□□	Synechia	sinékiə	유착
□□□	Blepharospasm	blèfərəspǽzəm	눈꺼풀연축, 안검경련
□□□	Hyphema	haifí:mə	앞방출혈, 전안방출혈
□□□	Glaucoma	glaukóumə	녹내장
□□□	Ectropion	ektróupiən	눈꺼풀겉말림, 안검외반
□□□	Entropion	entróupiɑ̀n	눈꺼풀속말림, 안검내반
□□□	Superficial corneal ulcer	sù:pərfíʃəl kɔ́:rniəl ʌ́lsə	각막표면궤양
□□□	Corneal ulceration	kɔ́:rniəl ʌ̀lsəréiʃən	각막궤양형성
□□□	Descemetocele	dəsimətɑ́sil	데스메막류
□□□	Corneal edema	kɔ́:rniəl ɪ́di:mə	각막부종
□□□	Cataract	kǽtərǽkt	백내장
□□□	Nuclear sclerosis	njú:kliər skliəróusis	수정체 핵경화
□□□	Retinopathy	rètənɑ́pəθi	망막병증
□□□	Retinal detachment	rétənǽl ditǽtʃmənt	망막박리
□□□	Progressive Retinal Atrophy(PRA)	prəgrésiv rétənǽl ǽtrəfi	진행성 망막 위축
□□□	Ophthalmoscopy	ɑfθælmɑ́skəpi	검안경검사
□□□	Ophthalmoscope	ɑfθǽlməskòup	검안경

□□□	Intraocular pressures(IOP)	ìntrəάkjulər préʃərs	안압
□□□	Tonometry	təu'nɜmitri	안압측정
□□□	Enucleation	injù:kliéiʃən	안구적출
□□□	Blepharoplasty	bléfərəplæ̀sti	눈꺼풀성형술, 안검성형술
□□□	Blepharorrhaphy	blèfərɔ́:rəfi	눈꺼풀봉합술, 안검판봉합술
□□□	Conjunctival graft	kὰndʒʌŋktáival græft	결막이식
□□□	Nasal concha	néizəl kάŋkə	코선반, 비갑개
□□□	Ethmoturbinal	èθnoutə́:rbinl	벌집뼈선반, 사골갑개
□□□	Ethmoid	éθmɔid	벌집뼈, 사골
□□□	Sneeze	sni:z	재채기
□□□	Reverse sneezing	rivə́:rs sni:ziŋ	역류성 재채기
□□□	Nasal discharge	néizəl distʃά:rdʒ	비루, 비강 삼출물
□□□	Rhinitis	rainάitis	비염
□□□	Oronasal fistula	ὰrənéizəl fístʃulə	구강비강누공
□□□	Rhinoscopy	rainάskəpi	비경검사
□□□	Turbinectomy	tə́:rbinéktəmi	비갑개절제술

☑ CHAPTER 13 내분비계통(Endocrine system)

□□□	Hormone	hɔ́ːrmoun	호르몬
□□□	Endocrine	éndoukràin	내분비
□□□	Endocrinology	èndoukrainάlədʒi	내분비학
□□□	Pituitary gland	pitjúːətèri glænd	뇌하수체
□□□	Adenohypophysis	æ̀dinouhaipάfisis	샘 뇌하수체
□□□	Anterior Pituitary	æntíəriər pitjúːətèri	뇌하수체 전엽
□□□	Adrenocorticotropic hormone	ədríːnoukɔ̀ːrtikoutrάfik hɔ́ːrmoun	부신피질자극호르몬
□□□	Thyroid-stimulating hormone	θáirɔid stímjəlèitiŋ hɔ́ːrmoun	갑상샘자극호르몬
□□□	Growth hormone	grouθ hɔ́ːrmoun	성장호르몬
□□□	Follicle-stimulating hormone	fάlikəl stímjəlèitiŋ hɔ́ːrmoun	난포자극호르몬
□□□	Luteinizing hormone	lúːtiənàiziŋ hɔ́ːrmoun	황체형성호르몬
□□□	Prolactin	proulǽktin	프로락틴
□□□	Neurohypophysis	njùərouhaipάfəsis	신경뇌하수체
□□□	Posterior pituitary	pαstíəriər pitjúːətèri	뇌하수체 후엽
□□□	Antidiuretic hormone	æ̀ntidàijuərétik hɔ́ːrmoun	항이뇨호르몬
□□□	Oxytocin	ὰksətóusin	옥시토신
□□□	Thyroid gland	θáirɔid glænd	갑상샘
□□□	Triiodothyronine(T3)	tràiaiòudouθáirənìːn	트리요오드티로닌
□□□	Thyroxine(Tetraiodothyronine, T4)	θairάksiːn	티록신
□□□	Calcitonin	kæ̀lsətóuni	칼시토닌
□□□	Parathyroid gland	pərάːθáirɔid glænd	부갑상샘

□□□	Parathyroid Hormone(PTH)	pərɑ́ːθáirɔid hɔ́ːrmoun	부갑상샘호르몬
□□□	Adrenal gland	ədríːnəl glænd	부신
□□□	Adrenal cortex	ədríːnəl kɔ́ːrteks	부신겉질, 부신피질
□□□	Adrenocortical hormone	ədríːnokɔ́ːrtikəl hɔ́ːrmoun	부신겉질호르몬, 부신피질호르몬
□□□	Mineralocorticoid	minərəlokɔ́ːrtəkɔ̀id	무기질코르티코이드, 미네랄로코르티코이드
□□□	Aldosterone	ǽldoustiróun	알도스테론
□□□	Glucocorticoid	glùːkekɔ́ːrtikɔid	당질코르티코이드, 글루코코르티코이드
□□□	Cortisol	kɔ́ːrtəsɔ̀ːl	코티솔
□□□	Adrenal medulla	ədríːnəl mədʌ́lə	부신속질, 부신수질
□□□	Adrenomedullary hormone	ədríːnomédəlèri hɔ́ːrmoun	부신속질호르몬, 부신수질호르몬
□□□	Epinephrine,	èpənéfrin	에피네프린
□□□	Norepinephrine	nɔ̀ːrepənéfriːn	노르에피네프린
□□□	α-Adrenergic receptor	ǽlfə ǽdrənə́ːrdʒik riséptər	알파 아드레날린 수용체
□□□	β-Adrenergic receptor	béitə ǽdrənə́ːrdʒik risépt	베타 아드레날린 수용체
□□□	Pancreas	pǽŋkriəs	췌장, 이자
□□□	Glucagon	glúːkəgɑ̀n	글루카곤
□□□	Insulin	ínsəlin	인슐린
□□□	Ovary	óuvəri	난소
□□□	Estrogen	éstrədʒən	에스트로겐
□□□	Progesterone	proudʒéstəròun	프로게스테론
□□□	Testis	téstiːs	고환, 정소
□□□	Testosterone	testɑ́stəròun	테스토스테론
□□□	Erythropoietin	iriθroupɔ́iətən	에리트로포이에틴

□□□	Gastrin	gǽstrin	가스트린
□□□	Renin	ríːnin	레닌
□□□	Angiotensin	æ̀ndʒiouténsin	안지오텐신
□□□	Angiotensin-Converting Enzyme(ACE)	æ̀ndʒiouténsin kənvə́ːrtiŋ énzaim	안지오텐신전환효소
□□□	Homeostasis	ho·moe·ostéisis	항상성
□□□	Negative feedback	négətiv fiːdbæk	음성되먹임
□□□	Diabetes insipidus	dàiəbíːtis insípədəs	요붕증
□□□	Diabetes mellitus	dàiəbíːtis mélitəs	당뇨병
□□□	Goiter	gɔ́itər	갑상샘종
□□□	Hyperthyroidism	háipərθáirɔidìzəm	갑상샘기능항진증
□□□	Hypothyroidism	hàipəθáirɔidìzəm	갑상샘기능저하증
□□□	Hyperadrenocorticism	hàipərədrènəkɔ́ːrtisizəm	부신겉질항진증, 부신피질기능항진증
□□□	Hypoadrenocorticism (Addison's disease)	hàipəædrìːnəkɔ́ːrtisizəm	부신겉질저하증, 부신피질기능저하증
□□□	Thyroidectomy	θàirɔidéktəmi	갑상샘절제술
□□□	Parathyroidectomy	pərɑ́ːθàirɔidéktəmi	부갑상샘절제술
□□□	Pancreatitis	pæ̀ŋkriətáitis	췌장염
□□□	Diabetic ketoacidosis	dàiəbíːtis kíːtouæ̀sədóusis	당뇨병성 케톤산증

☑ CHAPTER 14 면역계통(Immune system)

□□□	Spleen	spli:n	지라, 비장
□□□	Thymus	θáiməs	가슴샘, 흉선
□□□	Tonsil	tάnsil	편도
□□□	Lymph node	límf noud	림프절
□□□	Lymphoblast	límfoublæ̀st	림프아구, 림프모구
□□□	Humoral immunity	hjú:mərəl imjú:nəti	체액성 면역
□□□	Pathogen	pǽθədʒən	병원체
□□□	Antigen	ǽntidʒən	항원
□□□	Immunoglobulin	ìmju:nouglάbjulin	면역글로불린
□□□	Memory cell	mèməri sel	기억세포
□□□	Interleukin(IL)	ìntə(:)rlú:kin	인터류킨
□□□	Splenomegaly	splì:nəmégəli	비장종대
□□□	Immunodeficiency	ìmju:noudifíʃənsi	면역결핍, 면역부전
□□□	Tonsillitis	tὰnsəláitis	편도선염, 편도염
□□□	Lymphadenopathy	limfæ̀dənάpəθi	림프절병증, 림프절질환
□□□	Active immunity	ǽktiv imjú:nəti	능동면역
□□□	Passive immunity	pǽsiv imjú:nəti	수동 면역
□□□	Maternal antibody	mətə́:rnl ǽntibὰdi	모체이행항체
□□□	Immunization, Vaccination	ìmju(:)nizéiʃən, væ̀ksinéiʃən	면역법, 예방접종
□□□	Anamnestic response	æ̀næmnéstik rispάns	기왕성 반응, 면역기억반응
□□□	Sensitization	sènsitizéiʃən	감작, 면역화
□□□	Hyposensitization	hàipəsènsitizə́iʃən	민감저하화, 저감작
□□□	Immunosuppression	ìmju:nəsəpréʃən	면역억제

□□□	Anaphylaxis	ӕ̀nəfəlǽksis	아나필락시스
□□□	Inflammation	ìnfləméiʃən	염증
□□□	Pyrexia(= Fever)	paiəréksiə(= fíːvər)	발열
□□□	Autoimmune	ɔ̀ːtouimjúːn	자가면역
□□□	Autoantibody	ɔ̀ːtouǽntibɑ̀di	자가항체
□□□	Idiopathic	ìdiəpǽθik	특발성의, 원인불명의
□□□	Immune-mediated hemolytic anemia	imjúːn míːdièitid hìːməlítik əníːmiə	면역매개성 용혈성 빈혈
□□□	Immune-mediated thrombocytopenia	imjúːn míːdièitid θrɑ̀mbousàitəpíːniə	면역매개성 혈소판감소증
□□□	Alloantibody	ӕ̀louǽntibɑ̀di	동종항체
□□□	Splenectomy	splinéktəmi	비장적출술
□□□	Lymphadenectomy	limfӕ̀dinéktəmi	림프절절제술
□□□	Immunosuppressant	ìmjuːnəsəprésənt	면역억제제

CHAPTER 15 기타

□□□	Hematology	hèmətálədʒi	혈액학
□□□	Anticoagulant	æ̀ntikouǽgiulənt	항응고제
□□□	Coagulation	kouæ̀gjuléiʃən	응고, 응고반응
□□□	Coagulopathy	kouæ̀gjulápəθi	응고장애, 응고병증
□□□	Hemolysis	hiːmálisis	용혈
□□□	Centrifuge	séntrifjuːdʒ	원심분리기
□□□	Serum	sí(ː)rəm	혈청, 장액
□□□	Plasma	plǽzmə	혈장
□□□	Fibrinogen	faibrínədʒən	피브리노겐, 섬유소원
□□□	Serology	siːrálədʒɪ	혈청학
□□□	Packed Cell Volume(PCV)	pækt sel váljuːm	농축세포 용적
□□□	Hematocrit(HCT)	hémətəkrit	적혈구용적률, 헤마토크리트
□□□	Polycythemia, Erythrocytosis	pàlisaiθíːmiə, iriθrousaitóusis	적혈구증가증, 적혈구과다증
□□□	Anemia	əníːmiə	빈혈
□□□	Leukocytosis	lùːkəsaitóusis	백혈구증가증
□□□	Leukopenia	lùːkəpíːniə	백혈구감소증
□□□	Buffy coat	bʌ́fi kout	버피코트
□□□	Lipemia	laipíːmiə	지질혈증, 지방혈증
□□□	Hyperbilirubinemia	hàipərbilirùːbiníːmiə	고빌리루빈혈증
□□□	Icterus	íktərəs	황달
□□□	Total solid	tóutl sálid	총고형물
□□□	Total Protein(TP)	tóutl próutiːin	총단백질
□□□	Refractometer	rìfræktámitər	굴절계

□□□	Erythropoiesis	iriθroupɔiíːsis	적혈구형성
□□□	Polychromasia	pɑ́likroːmeisiə	다염적혈구증가증
□□□	Basophilic	bèisəfílik	호염기성의
□□□	Eosinophilic	ìːəsínəfilik	호산성의, 호산구성의
□□□	Anisocytosis	ænàisəsaitə́sis	적혈구대소부동증
□□□	Poikilocytosis	pɔ̀ikiləsaitóusis	변형적혈구증가증, 기형적혈구증
□□□	Spherocyte	sfírəsait	공모양적혈구, 구상적혈구
□□□	Stomatocyte	stóumətəsait	입모양적혈구, 구순적혈구
□□□	Echinocyte	ekinousait	톱니적혈구, 유극적혈구
□□□	Acanthocyte	əkǽnθəsait	가시적혈구
□□□	Schistocyte	skístəsait	분열적혈구
□□□	Carboxyhemoglobin	kɑːrbɑ̀ksilhìːməglóubin	일산화탄소헤모글로빈
□□□	Left shift	left ʃift	(핵)좌방이동
□□□	Chemotaxis	kèmətǽksis	화학주성
□□□	Phagocytize	fǽgəsàitaiz	탐식하다, 식균하다
□□□	Pleomorphic	plìːəmɔ́ːrfik	다형태의
□□□	Coagulopathy	kouæ̀gjulɑ́pəθi	응고장애, 응고병증
□□□	Thrombocytosis	θrɑ̀mbousaitóusis	혈소판증가증
□□□	Thrombocytopenia	θrɑ̀mbousàitəpíːniə	혈소판감소증
□□□	Pancytopenia	pæ̀nsaitəpíːniə	범혈구감소증
□□□	Disseminated Intravascular Coagulopathy(DIC)	disémənèitid ìntrəvǽskjulər kouæ̀gjulɑ́pəθi	파종성 혈관내 응고
□□□	Hematoma	hìmətóumə	혈종
□□□	Hemostasis	hìːmoustéisis	지혈
□□□	Prothrombin	prouθrɑ́mbin	프로트롬빈

□□□	Thrombin	θrámbin	트롬빈
□□□	Buccal Mucosal Bleeding Time (BMBT)	bʌ́kəl mjuːkóusəl blíːdiŋ taim	협측점막출혈시간
□□□	activated Partial Thromboplastin Time(aPTT)	ǽktəvèitid páːrʃəl θràmbəplǽstin taim	활성화부분트롬보플라스틴시간
□□□	Prothrombin Time(PT)	prouθrámbi taim	프로트롬빈시간
□□□	Electromagnetic waves	ilèktroumægnétik weivz	전자기파
□□□	Visible light	vízəbəl lait	가시광선
□□□	X-ray	eks rei	X선
□□□	Scattered radiation	skǽtərd rèidiéiʃən	산란방사선
□□□	Heel effect	hiːl ifékt	힐효과
□□□	Kilovolt(kV)	kíləvòult	킬로볼트
□□□	Kilovolt peak(kVp)	kíləvòult piːk	킬로볼트피크
□□□	Milliampere(mA)	míliæmpiər	밀리암페어
□□□	Milliampere second(mAs)	míliæmpiər sékənd	밀리암페어세컨드
□□□	Focal Film Distance(FFD)	fóukəl fɪlm dístəns	초점 필름 거리
□□□	Computed Radiography(CR)	kəmpjúːtid rèidiágrəfi	전산화 방사선촬영술
□□□	Digital Radiography(DR)	dídʒitl rèidiágrəfi	디지털 방사선촬영술
□□□	Digital Imaging and Communication In Medicine(DICOM)	dídʒitl ímædʒiŋ ənd kəˌmjuːnɪˈkeɪʃn ɪn médəsn	의료용 디지털 영상처리 및 통신
□□□	Picture Archiving and Communication System(PACS)	ˈpɪktʃə(r) áːrkaiviŋ ənd kəˌmjuːnɪˈkeɪʃn sístəm	의료영상저장전송시스템
□□□	Radiopacity	rèidioupǽsiti	방사선 비투과성
□□□	Density	dénsəti	방사선 밀도

□□□	Contrast	kάntræst	방사선 대조도
□□□	Distortion	distɔ́ːrʃən	왜곡
□□□	Contrast medium	kάntræst míːdiəm	조영제
□□□	Absorbed dose	əbsɔ́ːbd dous	흡수선량
□□□	Dose equivalent	dous ikwívələnt	선량당량
□□□	Maximum Permissible Dose (MPD)	mæksəməm pəːrmísəbəl dous	최대허용선량
□□□	Thermoluminescence Dosimeter(TLD)	θəːrmolùːminésns dousímitər	열발광선량계
□□□	As Low As Reasonably Achivable	æz loʊ æz riːznəbli ə'tʃiːvəbl	ALARA(알라라 원칙)
□□□	Radiation exposure	rèidiéiʃən ikspóuʒər	방사선 피폭
□□□	Radiation shield	rèidiéiʃən ʃiːld	방사선 차폐
□□□	Ventro-Dorsal(VD)	véntrə dɔ́ːrsəl	배등쪽(의), 복배상(의)
□□□	Dorso-Ventral(DV)	dɔ́ːrsə véntrəl	등배쪽(의), 배복상(의)
□□□	Lateral recumbency	lǽtərəl rikʌ́mbənsi	외측 횡와위(의)
□□□	Ultrasonography	ʌ̀ltrəsounάgrəfi	초음파검사, 초음파촬영
□□□	Echogenicity	ékoudʒènisiti	에코발생, 메아리발생
□□□	Probe	proub	프로브, 탐촉자
□□□	B(brightness)-mode	bi moud	B 모드
□□□	M(motion)-mode	em moud	M 모드
□□□	Doppler-mode	dάplər moud	도플러 모드
□□□	Artifact	άːrtəfæ̀k	허상
□□□	Fluoroscopy	flùːəràskəpi	투시검사
□□□	Computed Tomography(CT)	kəm'pjuːtɪd tə'mɑːgrəfi	컴퓨터단층촬영

□□□	Magnetic Resonance Imaging (MRI)	mægnétik rézənəns ímædʒiŋ	자기공명영상촬영
□□□	Pharmacology	fὰːrməkάlədʒi	약리학
□□□	Pharmacokinetics	fὰːrməkoukinétiks	약물동력학, 약동학
□□□	Half-life	hǽf-laif	반감기
□□□	Hydrophilic	hàidroufílik	친수성(의)
□□□	Lipophilic	lìpoufílik	친유성(의)
□□□	Lipoprotein	lìpouprόutiːin	지방단백질
□□□	Hepatotoxicity	hèpətoutaksísiti	간독성
□□□	Nephrotoxicity	nèfroutaksísiti	콩팥독성, 신독성
□□□	Biotransformation	bàiətrænsfərméiʃən	생체내변환
□□□	Pharmacodynamics	fὰːrməkoudainǽmiks	약물력학, 약력학
□□□	Receptor	riséptər	수용체
□□□	Agonist	ǽgənist	작용제
□□□	Antagonist	æntǽgənist	길항제
□□□	Pharmaceutical	fὰːrməsjúːtikəl	의약품(의), 약제(의)
□□□	Enteral	éntərəl	장관의
□□□	Parenteral	pæréntərəl	장관 외의, 비경구의
□□□	Transdermal	tæ̀nsdə́ːrməl	피부경유, 경피적
□□□	Intranasal	ìntrənéizəl	비강 내(의)
□□□	Constant Rate Infusion(CRI)	kάnstənt reit infjúːʒən	정속주입
□□□	Antimicrobial	æ̀ntimaikróubiəl	항미생물제, 항균제
□□□	Antibiotic	æ̀ntibaióutik	항생제, 항생물질
□□□	Pathogenic	pæθədʒénik	병원성의
□□□	Pathogen	pǽθədʒən	병원체

□□□	Nosocomial	nòusoukámiəl	병원내의
□□□	Zoonosis	zòuənóusis	동물사람공통감염증, 인수공통전염병
□□□	Commensal	kəménsəl	공생, 공생균
□□□	Bactericidal	bæktí(ː)risaidəl	살균성, 살균제
□□□	Fungicidal	fʌ̀ndʒisáidəl	살진균성
□□□	Virucidal	vìrjusáidəl	바이러스살멸성
□□□	Bacteriostatic	bæktì(ː)rioustǽtik	정균성, 정균제
□□□	Antimycotic, Antifungal	ǽntimaikátik, æntifʌ́ŋgəl	항진균제, 항곰팡이제
□□□	Antiseptic	æ̀ntiséptik	살균제, 방부제
□□□	Disinfectant	dìsinféktənt	소독제
□□□	Cytotoxicity	sàitoutaksísəti	세포독성
□□□	Probiotics	proʊbaɪ'ɑːtɪks	프로바이오틱스
□□□	Prebiotics	prìːbaiátiks	프리바이오틱스
□□□	Biologicals	bàiəládʒikəlz	생물학적제제
□□□	Analgesics	æ̀nældʒɪ́ːziks	진통제
□□□	Anesthetics	æ̀nisθétiks	마취제
□□□	Sedatives	sédətivz	진정제
□□□	Anti-inflammatory	æ̀nti-inflǽmətə̀riz	항염증제, 소염제
□□□	Steroidal anti-inflammatory	stérɔid(ə)l æ̀nti-inflǽmətə̀riz	스테로이드성 소염제
□□□	Non-steroidal anti-inflammatory	nɑn stérɔid(ə)l æ̀nti-inflǽmətə̀riz	비스테로이드성 소염제
□□□	Immunosuppressive	ìmjuːnəsəprésiv	면역억제제
□□□	Pesticide, Insecticide	péstəsàid, inséktisaid	살충제, 농약
□□□	Parasiticide	pæ̀rəsítisaid	구충제

□ □ □	**Acaricide**	ækərisaid	살비제
□ □ □	**Anthelmintic**	æ̀nθelmíntik	구충제
□ □ □	**Antipyretic**	æ̀ntipairétik	해열제
□ □ □	**Antitussive**	æ̀ntitʌ́siv	진해제, 기침약
□ □ □	**Expectorant**	ekspéktərənt	거담제, 가래약
□ □ □	**Antiemetic**	æ̀ntiimétik	항구토제, 구토약
□ □ □	**Antidiarrheal**	æ̀ntidàiəríːəl	지사제, 설사약
□ □ □	**Cathartic**	kəθάːrtik	사하제, 설사제
□ □ □	**Diuretic**	dàijurétik	이뇨제

저자 약력

김정은

- 경북대학교 수의과대학 학사
- 경북대학교 수의과대학 석사(수의외과학)
- 경북대학교 수의과대학 박사(수의외과학)
- 경북대학교 부속동물병원 진료수의사
- 현) 대구가톨릭대학교 반려동물보건학과 학과장
  한국동물보건사 양성기관 인증위원회 위원
  FASAVA(아시아태평양소동물수의사대회) 2025 동물보건사위원회 위원

정재용

- 경북대학교 수의과대학 학사
- 경북대학교 수의과대학 석사(수의병리학)
- 경북대학교 수의과대학 박사(수의병리학)
- 동물보건 국가 NCS 및 학습모듈 개발진
- 현) 수성대학교 반려동물보건과 교수

이종복

- 서울대학교 수의과대학 학사
- 서울대학교 수의과대학 석사(수의내과/임상병리학)
- 강원대학교 임상수의학 박사 수료(수의내과학)
- 서울대학교 동물병원 및 다수 동물병원 진료수의사, 원장
- 현) 부천대학교 반려동물과 교수

동물보건사를 위한 동물보건의학용어집

초판발행 2025년 7월 25일

지은이 김정은·정재용·이종복
펴낸이 노 현

편 집 이혜미
기획/마케팅 김한유
표지디자인 BEN STORY
제 작 고철민·김원표

펴낸곳 ㈜피와이메이트
서울특별시 금천구 가산디지털2로 53, 210호(가산동, 한라시그마밸리)
등록 2014. 2. 12. 제2018-000080호
전 화 02)733-6771
f a x 02)736-4818
e-mail pys@pybook.co.kr
homepage www.pybook.co.kr
ISBN 979-11-7279-127-8 93520

정 가 28,000원

박영스토리는 박영사와 함께하는 브랜드입니다.